A Practical Guide to GitLab DevSecOps Workflow for CI/CD

impress top gear

The DevSecOps Platformの導入と運用

GitLab実践ガイド

第2版

北山 晋吾／棚井 俊＝著

インプレス

- 本書の利用について

  - 本書の内容に基づく実施・運用において発生したいかなる損害も、株式会社インプレスと著者は一切の責任を負いません。
  - 本書の内容は、2024 年 3 月の執筆時点のものです。本書で紹介した製品／サービスなどの名称や内容は変更される可能性があります。あらかじめご注意ください。
  - Web サイトの画面、URL などは、予告なく変更される場合があります。あらかじめご了承ください。
  - 本書に掲載した操作手順は、実行するハードウェア環境や事前のセットアップ状況によって、本書に掲載したとおりにならない場合もあります。あらかじめご了承ください。

- 商 標

  - GitLab は、GitLab Inc. の米国およびその他の国における商標または登録商標です。
  - Linux は、Linus Torbalds の米国およびその他の国における商標または登録商標です。
  - Kubernetes は、米国およびその他の国における The Linux Foundation の商標または登録商標です。
  - Red Hat および Red Hat をベースとしたすべての商標は、米国およびその他の国における Red Hat Inc. の商標または登録商標です。
  - Amazon Web Services およびその他の AWS 商標は、米国およびその他の諸国における Amazon.com Inc. またはその関連会社の商標です。
  - その他、本書に登場する会社名、製品名、サービス名は、各社の登録商標または商標です。
  - 本書に記載されているシステム名、製品名などには、必ずしも商標表示 (®、©、^{TM}) は付記しておりません。
  - 本書で使用しているアイコンは、Red Hat Inc. が提供し、クリエイティブ・コモンズ 4.0 の国際ライセンス (CC BY 4.0) に基づいてライセンスされています。

    詳細については、ライセンスの規約に従って、以下の情報をご参照ください。

    `https://www.redhat.com/en/about/brand/standards/icons/standard-icons`

はじめに

近年、クラウド技術の発展により多くの企業が自社サービスの開発にクラウドを採用してきました。しかし、顧客のニーズが多様化している今、従来の開発手法と同じやり方を続けていても、クラウドのリソース活用だけでは開発スピードや品質維持には限界が見てきます。

実際のサービス開発に関わる方々からも、次のような声をよく耳にします。

「社内でのノウハウ共有が不十分で、個人の技量に開発プロセスが依存している」
「チームや部署ごとに異なるツールを選択するので、運用コストが増えていく」

このように、個別のサービス要求に応じた開発プロセスを築き上げると、内製化を推進したくとも人手が足りず、すぐにこれらの課題に直面してしまいます。こうした課題の原因の多くは「組織のサイロ化」にあります。つまり、部署ごとにツールやプラットフォームが乱立すると、そのノウハウや責務が個々人に依存し、運用に多くの時間が取られてしまいます。その結果、本来の目的である開発業務に時間をかけられず、新規開発の遅延やサービス品質の低下が生じます。

こうした属人化された開発プロセスから脱却するために、チームで開発プロセスの標準化を図る「DevSecOps」に注目が集まっています。本書のテーマであるGitLabは、まさにこの「The DevSecOps Platform」を目指した統合開発プラットフォームです。Gitリポジトリの管理だけではなく、開発現場で繰り返し行われるビルドやテスト作業を自動化し、開発の早い段階でセキュリティを管理します。そして、開発プロセスの中で生じる効率的なチームコミュニケーションを補う機能を備えています。

本書はこのGitLabの基礎から始め、GitLab CI/CDの演習を通して実用的な開発ライフサイクルを学べる実践ガイドです。本書を通じて、実務の開発ライフサイクルを改善し、多様化する顧客ニーズにも対応できる開発効率を身に付けていただけることを願っています。

是非GitLabの魅力とGitを中心とした開発ライフサイクルの改善を体感してみてください。

2024年03月 吉日

北山 晋吾

本書のターゲット

本書では、チーム開発や部門間のコラボレーションを主体としたGitLabの利用方法について解説を行います。そのため、個人のGitLab利用ではなく、チーム開発を行う皆様に親しんでいただけるように執筆しています。

継続的インテグレーションから継続的デリバリまでのプロセスに関わる開発者、および運用者だけでなく、プロダクトリード、プロダクトマネージャに活用頂けることを願っています。

本書の構成

本書の前半はGitLabの機能紹介を中心とし、後半はサンプルアプリケーションを用いた開発ライフサイクルの演習を行います。

■ GitLabの機能紹介

第1章から第4章までは、GitLabを導入するための基本概念とその機能や導入方法について紹介します。

初めてGitLabに触れる方や改めてGitLabの基本を得たい方向けの章です。

- 第1章 The DevSecOps Platform
  DevSecOpsの概念とともに、GitLabが提唱する「The DevSecOps Platform」のあり方
- 第2章 GitLabの導入
  Omnibusパッケージを活用してSelf-managed型のGitLabをインストールする方法
- 第3章 GitLabを使ってみよう
  GitLabのコア機能である「Gitリポジトリ管理」の基本
- 第4章 GitLab CI/CDを動かしてみる
  開発ライフサイクルの自動化を行う「GitLab CI/CD」の概念

■ 開発ライフサイクルの演習

第5章から第8章までは、GitLab CI/CDを利用した開発ライフサイクルの自動化について学んでいきます。

演習環境を用いて、読者の皆様の手元でコードを反映しながら読み進める章です。実務で活用できるサンプルコードを提供しており、すでに業務でGitLabを活用されている読者の皆様は、後半から読

み進めていただくことも可能です。

- 第 5 章 開発計画
  開発ライフサイクルの構成とサンプルアプリケーションを使った演習環境の準備
- 第 6 章 継続的インテグレーション
  GitLab CI/CD を活用したコンテナのビルドとテストジョブの実行
- 第 7 章 開発レビュー
  GitLab CI/CD と Review apps を活用したデプロイジョブの実行
- 第 8 章 継続的デリバリ
  Merge Request を活用したデプロイやリリースの実行と統計情報の確認

本書における免責事項

GitLab に限らず、ツールの活用は皆様の実務環境に応じて適切な構成が存在します。

世の中には様々なツールが日々開発されていますが、ツールごとに開発されている背景や設計思想が一つひとつ異なります。したがって、ツールが提供された経緯を理解し、利用者の意図に合ったツールを選ぶことが、長くそのツールと付き合うことができる秘訣です。

もちろん利用環境やメンバーの技術力によって、利用すべきツールも異なります。たとえば、アプリケーションに最適なインフラリソースをカスタマイズしたい場合は、インフラリソースを自前で管理することがおすすめです。一方、インフラリソースの運用を他の専門チームや企業に任せ、汎用的なアプリケーションを迅速に開発したい場合にはクラウドが利用されます。このように、チームの求める環境そのものも、そのビジネス要件や利用用途によって大きく変化します。

本書も世の中で多くの方が利用される構成をお伝えできるよう務めていきますが、揺るがないベストプラクティスが存在するわけではありません。時代やその環境とともに適切な構成も変化することを前提として読んでいただけると幸いです。

本書で利用する実行環境

本書の実装に関しては、Amazon Web Services 上の Amazon EC2 インスタンスを活用しています。

ハードウェア (Amazon EC2)

- m5.xlarge(4vCPU / 16GiB) + EBS type gp3 (50GiB)

ソフトウェア

- GitLab Enterprise Edition 16
- Red Hat Enterprise Linux 9

本書で使用するコード

本書で使用するサンプルコードは、以下の URL にある GitLab リポジトリを Fork してご利用ください。使用方法については、書籍内で詳しく説明しています。

なお、サンプルコードについては、依存するライブラリなどの更新に合わせて随時更新される可能性があることを了承ください。

○ GitLab Tutorial

https://gitlab.com/cloudnative_impress/gitlab-tutorial

本書の表記

- コマンドラインのプロンプトは、"$"、"#"で示されます。
- コマンドの実行例およびコードに関する説明は、"##"の後に付記しています。
- 紙面の構成上、本書の解説に影響しない出力結果や表示を一部削除・修正を行っています。コマンドの実行結果の出力やコードを省略している部分は、"..."あるいは…< 省略 >…で表記します。
- 紙面の幅に収まらないコマンドラインでは、行末に"\"を入れ、改行しています。"\"と改行を紙面のとおり入力するか、"\"を取り除いて 1 行で入力してください。

例：

```
$ cd ~/project01
$ echo "# GitLab Project01" > ./README.md
### git add <Option> <Path>  ←コメント
$ git add ./README.md
```

```
$ export GITLAB_RUNNER_REPO=\  ←\記号で折り返し
"https://packages.gitlab.com/install/repositories/runner/gitlab-runner/script.rpm.sh"
$ curl -L $GITLAB_RUNNER_REPO | sudo bash
…<省略>…  ←出力結果を省略
The repository is setup! You can now install packages.
```

謝辞

本書の執筆、および編集に多大な時間を割いてご協力いただきました土屋様には心よりお礼申し上げます。毎度、複雑な編集構成や執筆期間の調整をお願いしているにもかかわらず、柔軟にご対応いただきありがとうございます。最後まで一緒に歩んでいただけたこと、改めて感謝いたします。

また、共著者である棚井 俊様、執筆レビューに携わっていただいた井上 泰介様にもお礼申し上げます。

最後に私事ではございますが、執筆期間中、家事や育児を率先してくれた妻の協力をはじめ、たくさんの方々にお手伝いいただき出版にたどり着けたことを心より感謝いたします。

ありがとうございます。

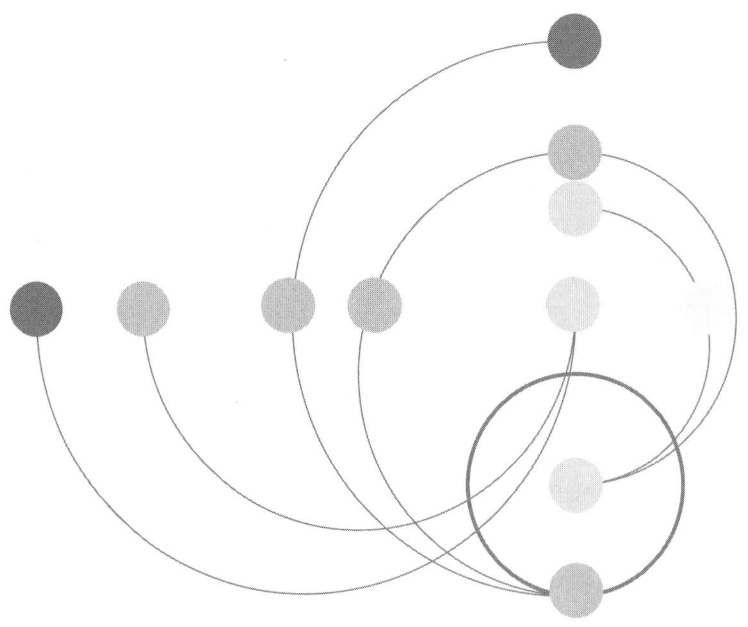

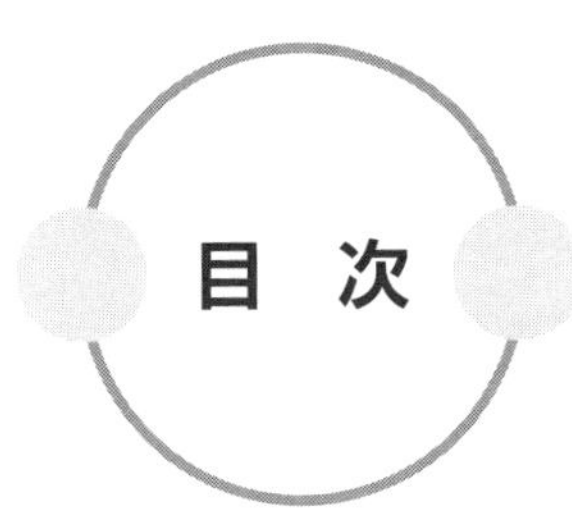

目次

第1章

The DevSecOps Platform

近年、DevSecOpsの採用が増え、アプリケーション開発の効率化が求められています。

DevSecOpsを実践するためには、開発者と運用者、そしてビジネスオーナーが協力し合って開発プロセスを形成し、サービスを迅速に提供するための工夫が必要です。ツールの使い方一つをとっても、属人的な利用をしてしまうとチーム間連携の妨げとなり、スピードのある開発や品質管理は期待できません。そこには必ず、メンバー同士で共有されるツールの利用規約や、開発プロセスの標準化が必要となってきます。

それぞれの企業には、その文化に適した開発スタイルがあり、ツールの導入だけでなくメンバー同士が円滑に共同作業を行うための工夫が盛り込まれています。このように、各ツールの恩恵を受けるためには、組織のメンバーの意識、およびツールの背景を知った上で導入を検討することが、アジリティの高いビジネスを提供するための重要な鍵となります。

本章では、市場から求められるDevSecOpsの概念とともに、GitLabが提唱する「The DevSecOps Platform」の世界に踏み込んでみましょう。

1-1 求められる DevSecOps

近年、IT は我々の生活に欠かせないものとなり、アイデア創出とテクノロジーの融合によって新たなビジネスが次々に産まれています。こうした著しい市場変化やディスラプター[*1]に打ち勝つため、各企業では事業ポートフォリオの見直しやアプリケーション開発ライフサイクルの迅速性が求められています。また既存サービスの品質維持や運用コスト削減が強いられ、既存の開発体制にまで手を加えなければ改善できない状態に直面しています。

たとえば、一人でアプリケーション開発を行った場合、そこにはチームメンバーとの調整コストがないため、比較的迅速な開発およびリリースができます。しかし、組織やチームで大規模なアプリケーション開発を行った場合はそう簡単にはいきません。開発からリリース、レビューまでを一人の担当者だけで行うことはなく、それぞれ異なる役割のメンバーとともに試行錯誤し、意見を交わし合いながらアプリケーションを改善していくことが求められます。

このように、あらゆるビジネスの要求に対して、ユーザーが満足する速さで応えられるよう、迅速にチーム開発を行う活動が DevOps です。DevOps の概念は、各書籍やサイトなどで様々な定義がありますが、本書では以下を定義とします。

> † DevOps はアプリケーション開発者 (Dev) と運用者 (Ops) のコラボレーションです。これはサービス提供における両者の責任を共有し、ツールを介して継続的にビジネスアジリティの向上とリスク低減を追求するエンジニアリング方法論です。

つまり、DevOps の開発体制を築くためには、開発者と運用者間の「コラボレーション」と「ツール」の 2 点の要素が重要になります。

- チームのコラボレーション

  メンバー間のコミュニケーションを図り、迅速にサービスに反映できる活動

- 継続的改善を実現する開発ツール

  継続的改善を実現し、品質を上げ、リスク低減を目指す開発ツールの活用

この開発体制にサービスのセキュリティやガバナンスを遵守するポリシーを組み込んだものが「DevSecOps」です。独立したセキュリティチームだけに依存せず、開発者と運用者自身が開発プロセスの早い段階でセキュリティに対する「ポリシーの準拠」を確認していくことが安全なサービス提

＊1　ディスラプターとは、従来のビジネスや産業に変革をもたらす可能性のある新しい技術や低コストのソリューションを提供する新興企業を指します。

供に繋がります。

- セキュリティポリシーの準拠

  セキュリティを開発サイクルのすべてのフェーズに統合し、セキュリティに対する責任をチーム全体で共有する活動

ここからは DevSecOps を実装するために必要な要素と、GitLab が目指している開発スタイルとの関係について紐解いていきましょう。

1-1-1　チームのコラボレーション

DevSecOps におけるコラボレーションとは「**チームが協力し合える組織構造とコミュニケーション**」の確立を意味します。このコラボレーションの目標は、全員でビジネスリスクを避けつつ、開発者がアプリケーション開発活動に集中し、運用者は安定的なサービス提供とコスト最適化を追求するというビジネス成果を獲得することです。そのためにも、ビジネス分析、開発、テスト、および運用における共通の目標を掲げ、一貫性のある方法で作業状況を可視化できることが重要です。

多くの組織では、業務の効率化を図るために、各チームがそれぞれの役割と責任を持っていました。たとえば、開発者はコードを素早く世の中にリリースしたいと考え、運用者はそのサービスの稼働効率やクラウドを利用したコスト削減に注力していました。さらにセキュリティチームは、自社のサービスを外部の攻撃から守り、ガバナンスを強化することが求められています。すべてのチームが同じ優先順位を持つわけではなく、常に異なる視点で問題解決に取り組む必要がありました。このようにチーム間で役割として溝がある状態を「**組織のサイロ化**」と呼んでいます。

互いの役割をどのように補い、チーム全体の価値を最大化できるかが DevSecOps という言葉に期待されています。そこにはチームの組織構造とコミュニケーションのあり方と大きく関係します。

■ 組織構造

ツール導入によってビジネス成果を得るためには、そのツールの特性が活きる組織構造が求められます。GitLab が提唱する DevSecOps では「**機能別組織**」ではなく「**プロダクトチーム**」を前提とした組織構造を意識しています。ここで述べる組織構造とは、開発チーム（Dev）と運用チーム（Ops）に分断された 2 つのチーム間のやり取りだけの話ではありません。ビジネス、開発、運用、セキュリティを含む、開発工程に関わる全メンバーのやり取りを含んでいます（Figure 1-1）。

- 機能別組織

　各チームの役割を正しく果たすことによって組織全体の課題を分担して、サービスを作り上げます。業務や成果物が明確化されているため、各チームの専門性を活かしながらコスト最適化を目指した大規模な開発が展開できます。

- プロダクトチーム

　1 つのチームでビジネスから運用までのサービス全体を担います。そのチームに関わるすべての人が、ビジネスに対する共通のゴールや責任を共有できることで担当者間の調整を極小化します。これによってビジネスに対する柔軟性とスピードを強化します。

Figure 1-1　機能別組織とプロダクトチーム

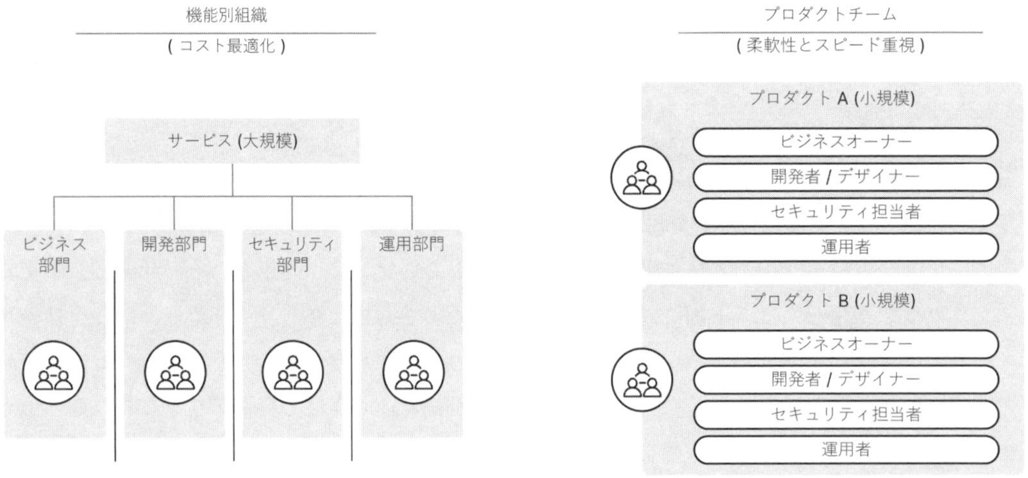

　これまで多くの企業では「**機能別組織**」の構造が採用されており、お互いの役割や作業が明確化されていました。この組織構造によって大きなプロダクトを作る場合にも、業務責任に基づいた成果物を受け渡すことによって、生産効率の高い開発を行ってきました。しかし、ビジネスとシステムが直結する近年では、機能別組織によって引き起こされる課題も見えてきています。

　たとえば大規模なサービス障害が起きた場合、その問題がどこで生じているのかという原因の特定が曖昧になる傾向があります。また、ビジネス需要の変化に対してプロジェクトごとにチームを再構築する必要があるため、柔軟な対応が難しいということも考えられます。

　こうした背景のもと、変化の多いビジネスに迅速に対応する組織構造として考え出されたのが「**プロダクトチーム**」です。プロダクトチームは、そのチーム内でビジネスから運用までの責任をすべて持ったサービスを提供します。これによって、チームとしての目標と個人の利害関係を一致できます。

GitLab を利用するということは、このプロダクトチームを前提とした開発者、運用者およびセキュリティ担当者へのアプローチであることを念頭に置いてください。

■ コミュニケーション

プロダクトチームの組織構造を活かす鍵は、互いの目標と負担を理解し、サービスの運用維持コストを最小化することです。それにはチームメンバー全員が、デプロイ時間とリリースまでの時間を短縮したいという意識を共有することが重要です。これらの意思を共有するには思いやりのあるコミュニケーションが欠かせません。組織にはそれぞれの文化があり、日々の業務におけるコミュニケーションには様々な方法があります。

- 定例ミーティングの開催
- 日々のチャットツール活用
- チームをまたいだタスクベースの依頼
- 会議議事録やプレゼンテーション
- 国境を超えた Web 会議

チームの中にはコード開発が得意な人もいれば、インフラストラクチャの運用や管理を熟知している人もいます。1 つのチームで開発から運用まですべての作業を行うためには、個々人に高いコミュニケーション能力が求められます。したがって、お互いの状況や価値観を深く理解して共通の目標に向かっていくことが最適なビジネス結果を生みます。

GitLab Inc. では、こうしたチームの効率化と信頼を築くコミュニケーションガイドライン（Effective & responsible communication guidelines）を策定しています。各コミュニケーション形態に合わせた手法が紹介されているので、確認してみましょう。

○ コミュニケーションに関するハンドブック

`https://about.gitlab.com/handbook/communication/`

1-1-2 継続的改善を実現する開発ツール

次に開発ツールについて確認しておきましょう。

DevSecOpsでは、継続的改善を実現し、品質を上げ、リスクを低減するために複数の開発ツールを駆使します。ただし、世の中の流行りに乗って、多くの開発ツールやオープンソースソフトウェアを計画なく導入するだけでは意味がありません。まずはDevSecOpsの基礎となる開発ライフサイクルの全体像を理解した上で、各ツールが取り扱っている機能や効果を見ていきます。

■ アプリケーションの開発ライフサイクル

アプリケーションの開発ライフサイクルとは「ビジネス要求を定義して開発者がコードを作成するところからアプリケーションをリリースし、ビジネスへ反映した後のフィードバックをさらなる改善に加えるサイクル」を指します。プロダクトチームでの開発では、多岐にわたるビジネス要求の優先順位を検討し、優先順位が高いものから開発し、リリースしていきます。リリース後は利用者からのフィードバックを得て、素早く次の開発に反映していくことが求められます。

これらを実務で実装するのは容易ではありません。したがって、開発ライフサイクルの各フェーズにおいてツール同士を連携し、自動化することが欠かせません。

アプリケーションの開発ライフサイクルは、次のフェーズから成り立っています（Figure 1-2）。

Figure 1-2 アプリケーションの開発ライフサイクル

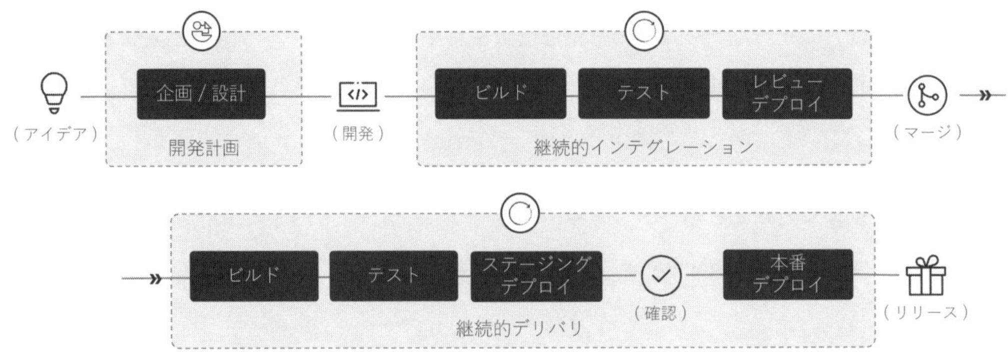

○開発計画

ビジネス要件を企画してから、アプリケーションの開発を行うまでのプロセスを示します。まずこの中ではプロダクトチーム内でアイデアを共有し、その中から課題や要求を整理して計画を立てます。ここですべての開発スケジュールを組み立てるのではなく、要件をIssuesに落とし込み、一定の期間（epics）でどれから開発するのかというマイルストーンを描くことが重要です。これらが揃ってやっとアプリケーションを開発できます。このフェーズにおけるアウトプットは、開発するアプリケーションのアーキテクチャや優先順位を付けたビジネス要求などです。

○継続的インテグレーション（CI：Continuous Integration）

開発者は、開発計画で検討したアプリケーションを開発します。そのソースコードを動的にビルドし、テストを繰り返しながらアプリケーション品質を高めるフェーズが継続的インテグレーションです。主にこのフェーズは開発環境で実施されることが多く、バージョン管理ツール、ビルドツール、テストツール、CIツールなど様々なツールを統合することによって自動化を図ります。また、コードの静的解析などを利用してコードの品質を高める作業も継続的インテグレーションの中で行われます。このフェーズにおける最終的なアウトプットは、動作が保証されたアプリケーションを実行形式のモジュールにした成果物です。これらは、アーティファクト（Artifact）と呼ばれ、Javaバイナリ(WAR, EARファイル)やコンテナイメージなどを指します。

○継続的デリバリ（CD：Continuous Delivery）

継続的インテグレーションで作成したアーティファクトは、ステージングや本番環境にいつでもデプロイできる状態にしておくべきです。アーティファクトを本番環境に安定的にデプロイするフェーズを**継続的デリバリ**と呼び、アーティファクトを展開するまでの一連のプロセスを指します。このフェーズにおけるアウトプットは、本番環境にリリースされたアプリケーションそのものです。

開発ライフサイクルが継続的デリバリに到達した時点で、アプリケーションをビジネスに展開できます。しかし、それだけでは継続的な改善にはなりません。最終的に利用者側からのフィードバックや、サービスの監視などを行い、そこから得られる課題や新たな要求を洗い出すことが最終的な改善プロセスになります。

この中でも、特に継続的インテグレーションと継続的デリバリは、アプリケーション開発において重要なプロセスを担っており、企業が新しい機能をより速く、より頻繁に更新できることを目指しています（Figure 1-3）。

Figure 1-3　CI/CD のメリット

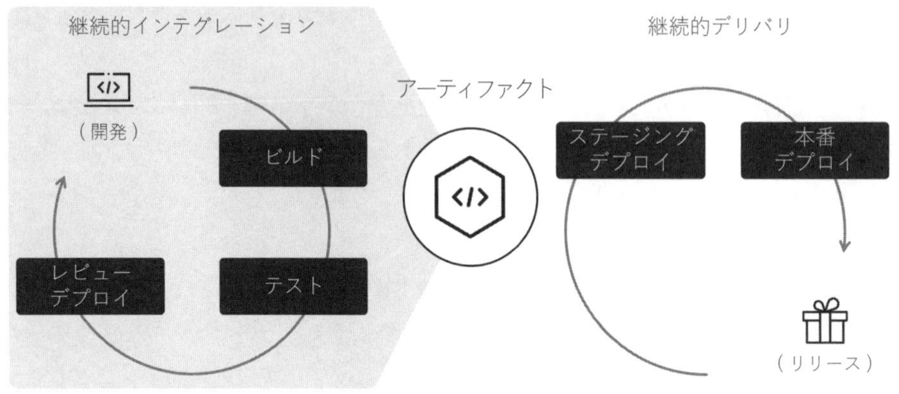

■ DevSecOps を支える開発ツール

DevSecOps における開発支援ツールには、Table 1-1 のようなものがあります。

Table 1-1　DevSecOps を支える開発ツール群

カテゴリ	ツール詳細	プロダクト例
コミュニケーションツール	チーム開発では、開発者同士の開発進捗共有だけでなく、ビジネス側との認識合わせや、システムの状態レポートなどを通知するチャット形式の会話ツール	Slack、Mattermost
バージョン管理ツール	ソースコードやプロジェクトドキュメントなど、システムのリリースに伴いコンテンツの変更管理を行うために、誰が、いつ、何を変更したかなどの変更履歴を記録するツール	GitHub、Bitbucket
チケット管理ツール (IBS/TBS)	アプリケーションやプロジェクトの課題管理や、その課題に対するスケジュール管理など、プロジェクトの状況をメンバー間で共有するツール	JIRA、Redmine
継続的インテグレーションツール (CI ツール)	バージョン管理、テスト、およびビルドツールと連携し、自動的にビルドやテストを任意のタイミングで実施できるツール。その結果をチケット管理ツールやコミュニケーションツールにフィードバックする仕組みも持っている	Jenkins、CircleCI、TravisCI、Tekton Pipelines
ビルドツール	ソースコードのコンパイルやデータベースの設定など、ユーザーの定義に従って実行可能なアプリケーション (Artifact) を動的に作成するツール	Apache Maven、Apache Ant、Gradle
セキュリティツール	脆弱なライブラリの抽出や依存関係を検査するツール。セキュリティ脅威をポリシーで制御する機能を持つツールもある	Sysdig Secure、Trivy、Grype

テストツール	機能テストやライブラリの依存性確認を主体として、アーティファクトの正確性を動的にチェックするツール	Selenium、JUnit
成果物管理ツール	ビルドツールによって作成されたアーティファクトを管理するためのツール。ここで管理している成果物を、デプロイツールを利用して、そのまま本番環境へデプロイする	JFrog Artifactory、Docker Registry
デプロイツール	アーティファクトをデプロイするためのツール。インフラの構成管理自動化ツールなどもこれに含まれる。	Ansible、Chef、Kubernetes
監視ツール	本番環境で動作するアプリケーションの稼働状態やパフォーマンスを監視してくれるツール	Prometheus、Splunk

ツール群とアプリケーションの開発ライフサイクルにおける、全体像を把握しておきましょう（Figure 1-4）。

Figure 1-4　アプリケーションの開発ライフサイクルとツール

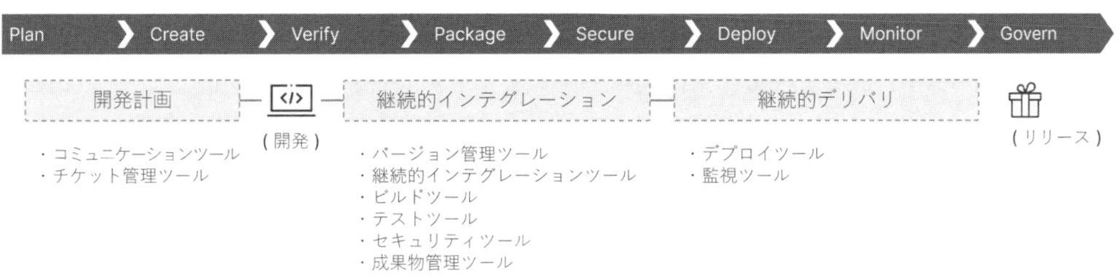

これらすべてのツールを導入する必要はありません。むしろ、チームメンバーの技術成熟度や体制によって、採用するツールの可否を十分に検討する必要があります。ツールを導入する際のポイントは、まずツールの導入理由を明確にすることです。ツールを入れるためには初期費用も学習コストも必要なため、流行りのツールを導入するアプローチではうまく機能しません。先にビジネス要件の優先度を整理し、開発ライフサイクルの各フェーズでその要件を満たせるツールなのかを検討することが重要です。

DevSecOpsを実装する上ではツール選択もアプリケーション開発プロセスを決める重要な要素です。

1-1-3　セキュリティポリシーの準拠

DevSecOpsという概念が提唱される前から、企業のセキュリティポリシーは、非機能要件の一つとして遵守されてきました。特に機能別組織において、セキュリティポリシーの確認はセキュリティ担当者の責務であり、リリース直前に期間を設けて行われることが一般でした。しかし、分業されたセキュリティ管理のもとで、高速なアプリケーション開発を行うには、この方式では多くの課題が伴います。

- 利用している開発ライブラリを修正する工数増加
- セキュリティ確認に伴う一定期間のコードフリーズ
- 軽微なパッチ当てに対する影響調査コストの増加
- リリース遅延による機会損失
- 緊急対応が必要な脆弱性に対する遅い判断

こうした課題に対応するために、プロジェクトチーム体制では開発ライフサイクルの早い段階で、企業のセキュリティポリシーを確認することが望まれています。こうした取り組みを「シフトレフト」と言います。

■ シフトレフトとは

近年ではビルドやテスト作業の多くが自動化できるとともに、開発したアプリケーションのセキュリティポリシーも動的に確認できるツールが整ってきました。こうしたセキュリティツールの発展により、セキュリティ担当者でなくてもセキュリティポリシーの準拠が確認できます。

たとえば、利用ライブラリの依存関係の確認、静的コード解析、ソフトウェア脆弱性確認、ガバナンス規約準拠といったポリシー準拠の多くは開発者や運用者自身が対応できるものであり、これらの確認が自動化されると開発プロセスの中で直すことができます。逆にこれらの確認を後工程に回せば回すほど、変更に対する影響が広くなるだけでなく、その対応に多くの工数やコストがかかってしまいます。そういった観点から、普段の開発ライフサイクルの中に動的セキュリティチェックを加えたものが「シフトレフト（Shift Left）」です（Figure 1-5）。

開発ライフサイクルの後工程（右）で行っていたセキュリティポリシー確認を、前工程（左）に置くことからシフトレフトという名前が付けられています。この際、セキュリティ担当者にも協力を仰ぎながら、開発者および運用者自身がセキュリティ対応を行っていくことが、DevSecOps という言葉の背景に込められています。なお、セキュリティポリシーの確認が自動化されることによってセキュリティ担当者の貢献機会がなくなるといった意図や、開発者や運用者にセキュリティ確認の責任を押し付けるといった概念では決してないため、気を付けておきましょう。

DevSecOps は、セキュリティに対する責任をプロダクトチーム全体で共有する改善活動の一つです。

Figure 1-5　シフトレフトとは

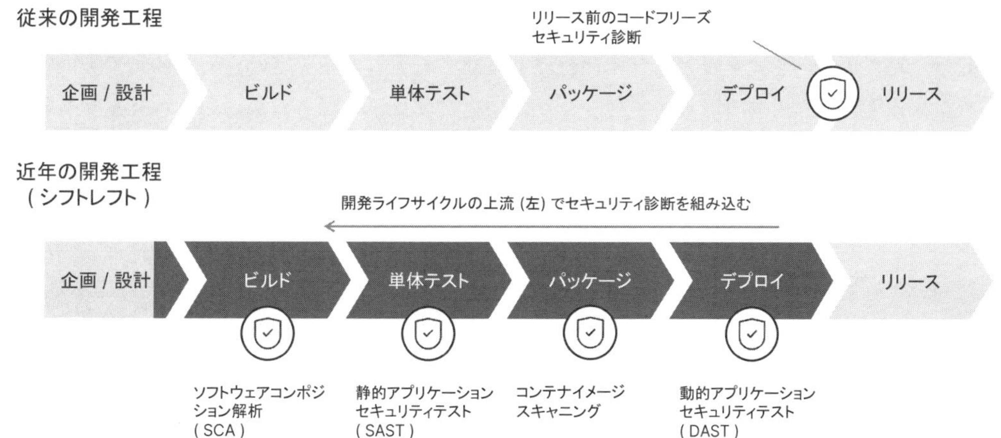

■ シフトレフトの適用範囲

シフトレフトを実装するためには、開発ライフサイクルの中にセキュリティポリシーの確認作業を統合していきます。開発ライフサイクルの早い段階で確認すべきポリシーには、次のようなものがあります（Table 1-2）。

Table 1-2　シフトレフトの適用範囲

適用フェーズ	テストの種類	概要
単体/結合テストフェーズ	静的テスト (SAST: Static Application Security Testing)	ソースコードに含まれる、SQL インジェクション、バッファーオーバーフローなどのセキュリティリスクを確認するテスト
	ソフトウェア・コンポジション解析 (SCA: Software Composition Analysis)	オープンソースおよびサードパーティコンポーネントの既知の脆弱性を検知するテスト
	コードカバレッジテスト	要件の網羅条件がテストによってどれだけ実行されたかを確認するテスト
	依存関係確認テスト	アプリケーションの依存関係を照合し、既知の脆弱性を確認するテスト
	コンテナイメージスキャニング	コンテナイメージに含まれるライブラリの脆弱性を確認するテスト
システムテストフェーズ	動的テスト (DAST: Dynamic Application Security Testing)	攻撃者の視点をシミュレートし、稼働させたアプリケーションにのみに現れる脆弱性を検知するテスト
	ランタイム保護	アプリケーション稼働時にガバナンスやポリシー準拠を検知する制御機能

このように単体テストや結合テストといったアプリケーションの開発時点で動的テストを行うことにより、後工程での対応影響を極小化します。多くのテストは継続的インテグレーションの中で行われますが、アプリケーションのデプロイを行って確認するテストや一定の負荷を与えて脆弱性を検知するようなテストはテスト環境やステージング環境にデプロイを行った後に実施されます。

本書ですべてのテスト項目を取り扱うことはできませんが、これらを開発ライフサイクルに統合することで、全体のコストを大きく圧縮できるだけでなく迅速な開発が実現できます。

1-2　GitLab とは

GitLab は、バージョン管理システムを主体としたアプリケーション開発支援ツールです。DevSecOps Platform と言うと、エンジニア専用のツールのように感じますが、GitLab はエンジニアだけでなくマーケティングや営業の組織まで、誰しもがアプリケーションの開発に携われるように敷居を下げ、アイデアからプロダクションまでを迅速に展開できることを目指しています。これがまさに GitLab が掲げる、コラボレーションを中心としたチーム開発です。

1-2-1　GitLab のミッション

GitLab Inc. をはじめとする GitLab プロジェクトでは、誰しもがすべてのデジタルコンテンツに貢献できるよう、チームが効果的に協力し合い、よりよい成果を早く達成できることを目指しています。

■ コラボレーションによる機能連携

GitLab では、Git のリポジトリ機能だけでなく、チーム開発に必要な課題管理や、レビュー、テストを行うための継続的インテグレーション機能を備えています。通常、多くの開発ツールは、アプリケーション開発ライフサイクルに従って他のプロダクトと連携できるよう、モジュール形式のプラグインやアドオンの仕組みを持っています。しかし、GitLab はモジュール形式ではなく、他のプロダクトと柔軟に連携するための内部拡張機能が同梱されています。これらのコラボレーションによって、迅速かつ簡易に開発を始められ、高いユーザーエクスペリエンスの提供を目指しています。

■ 機能を統合化することのメリット

GitLab では、機能を統合化することのメリットを以下のように示しています。

- オンプレミスで利用する場合は、多くのツールをインストールする手間が省ける。
- ライセンスの購買や学習コストなどツール導入に対するコストが集約される。
- 統合化された機能は、すべてが統合テストの対象となるため、バージョンに依存せず継続的に品質が保証される。
- 拡張機能の仕組みにより、リファクタリングや機能追加が容易に行える。

このように、GitLabは機能の統合化を主体として、アプリケーションの開発ライフサイクル全体を支えられるよう進化を続けています。

1-2-2 GitLab のサブスクリプション選択

GitLabは、MIT[*2]のソフトウェアライセンスのもとで公開されているオープンソースプロジェクトです。そのプロジェクトをサービス提供しているGitLab Inc.では、ユーザーの利用形態によってSaaS（Software-as-a-service）型とSelf-managed型のGitLabを提供しています。まずGitLabの利用者は、これらのどちらを利用して運用するかを選ぶ必要があります。

- **SaaS 型 GitLab（GitLab.com）**：クラウドサービスとして提供され、サインアップするだけですぐにGitLabを使い始めることができます。
- **Self-managed 型 GitLab**：自社でGitLabインスタンスをインストールして運用管理します。

Self-managed型のGitLabを選んだ場合、GitLabのインスタンスだけでなくデータベースやネットワークなど周辺のインフラリソース管理を自前で行う必要があります。そのため、普段からパブリッククラウド上でアプリケーションを提供している企業は、SaaS型のGitLabを利用することをおすすめします。SaaS型のGitLabであっても、利用者のソースコードへのアクセスはGitLabが提供する認証機能によって厳密に管理されています。このあたりの利用認識とセキュリティポリシーは間違えないように、SaaS型のGitLab利用を検討しましょう。

その一方、開発アプリケーションがオンプレミスの限られたネットワーク内でのみ提供されている場合や、企業の運用規則や法令遵守によって開発するソースコードを第三者のサービス上に展開できない場合は、Self-managed型のGitLabを選択します。Self-managed型のGitLabでは、インスタンスのアップグレードやカスタマイズが自由に実施できる反面、運用管理コストが増えることが懸念されます。

＊2　MIT ソフトウェアライセンス
著作権表示および本許諾表示を行うことで、ソフトウェアの利用を許諾するオープンソースのライセンスの一つです。

Table 1-3 SaaS 型と Self-managed 型の GitLab の違い

提供形態	SaaS 型 GitLab	Self-managed 型 GitLab
インフラ管理	GitLab Inc. によってインスタンスレベルのバックアップ、リカバリ、アップグレードを管理	場所に限らず自社/個人で管理
インスタンスの設定	すべてのユーザーに対して同じ設定	個別カスタマイズ可能
利用者アクセス制御	グループオーナーまでの権限	インスタンス管理者の権限
ログ情報と監査	アクセス不可 サポートに対して問い合わせ	自身でアクセス
レポート作成	グループ、プロジェクトレベルのレポート	インスタンスレベルのレポート

実際に運用をし始めてから切り替えることがないよう、あらかじめ運用要件を考慮して利用する提供形態を選ぶことが重要です。

■ サブスクリプションの種類

GitLab Inc. はサブスクリプションという製品ポートフォリオを持っています。これは GitLab で利用できる機能をサポート別に分類したものであり、利用者はこれらの中から 1 つのサブスクリプションを選択します。先ほど紹介したとおり、GitLab そのものは MIT ライセンスとしてオープンソースで提供されており「GitLab Community Edition（GitLab CE）」と呼ばれています。一方、GitLab Inc. がサブスクリプションを管理している製品は「GitLab Enterprise Edition（GitLab EE）」というライセンスで提供されています。

本書執筆時点で、GitLab EE には以下のサブスクリプション*3プランが用意されています。

- Free：個別ユーザーに対して、基本機能の利用を提供（サポートはありません）
- Premium：チームに対して、コラボレーション機能のサポートを提供
- Ultimate：組織に対して、セキュリティやコンプライアンス機能のサポートを提供

SaaS 型の GitLab と Self-managed 型の GitLab では利用できる機能やサポート内容が異なっており、双方でサブスクリプションを移行することはできません。つまり、SaaS 型の GitLab で適用する Premium サブスクリプションと Self-managed 型の GitLab で適用する Premium サブスクリプションは異なるものとして捉えられます。たとえば、SaaS 型の GitLab では自身のプロジェクトで使用できるアクティブなジョブ数に制限が設けられていますが、Self-managed 型の GitLab ではジョブ機能そのものに制限が

＊3　サブスクリプションの機能比較
https://about.gitlab.com/pricing/feature-comparison/

設けられることがあります（Figure 1-6）。

Figure 1-6　GitLab のサブスクリプション

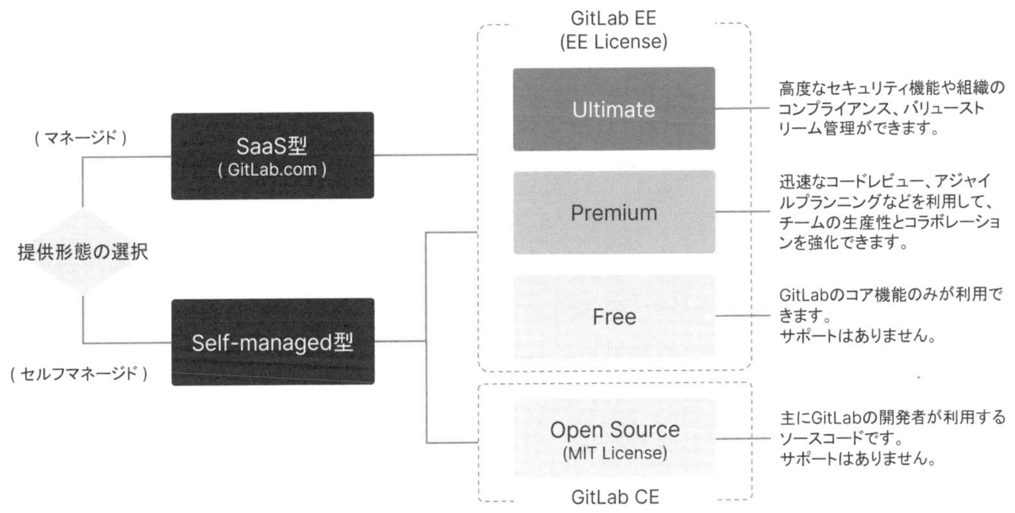

このように、提供形態とサブスクリプションによって利用できる機能が異なります。個別の機能やサポートを受けたい場合は、あらかじめ各プランの制限を確認しておきましょう（Table 1-4）。

Table 1-4　GitLab のサブスクリプション

プラン	Free	Premium	Ultimate
利用料金	無償	$29 per user/month	営業問い合わせ
対象ユーザー	個別プロジェクトや 2-3 人で開発を行うユーザー	1 つのロケーションで複数開発を行うチーム	複数ロケーションを横断してチーム開発を行う組織
サポート	なし	24/5 サポート (Severity-1 は 24/7 の優先サポート)	24/5 サポート (Severity-1 は 24/7 の優先サポート)
GitLab.com の提供機能例 (執筆時点)	・5GiB storage ・10GiB transfer/m ・400 compute minutes/m ・5 users/top-level group	Free プラン内容に加え ・Code Ownership and Protected Branches ・Enterprise Agile Planning ・Incident Management ・50GiB storage ・100GiB transfer/m ・10,000 compute minutes/m	Premium プラン内容に加え ・Suggested Reviewers ・SAST/DAST ・Security Dashboards ・Multi-Level Epics ・Value Stream Management ・250GiB storage ・500GiB transfer/m ・50,000 compute minutes/m

サブスクリプションを適用することによって GitLab Inc. からサポートが提供されるため、サポートを受けたい場合は必ず「GitLab Enterprise Edition（GitLab EE）」のバイナリを利用する必要があります。そのため Self-managed 型の GitLab を利用する場合は、GitLab EE のバイナリを Free プランで使い始め、実務での運用機能拡張やサポートを受けたい際にサブスクリプションを購入し、アクティベーションコードを使用してアクティベートします。一方、GitLab の機能開発をコミュニティの立場で行う場合は「GitLab Community Edition（GitLab CE）」のバイナリを使用します。

GitLab EE は継続的に安定したサポートを提供するため、GitLab CE とはバイナリが異なります。GitLab CE から GitLab EE へ移行するには、バイナリを置き換える作業*4が必要です。SaaS 型の GitLab はサポートが前提となるため、必ず GitLab EE のライセンスによって提供されますが、Self-managed 型の GitLab を使用する場合は、あらかじめ GitLab EE または GitLab CE を選択してからインストールします。実務で利用する際は、無償で利用したいからといって GitLab CE を利用するのではなく、サービス稼働時のサポートなども考慮して GitLab EE の Free プランでの利用を検討してください。

なお、本書では SaaS 型の GitLab（GitLab.com）の Free プランで使用できる機能を使い、GitLab の基本機能を解説していきます。特に明記のない場合は、こちらを利用していると理解してください。

1-2-3　GitLab の主な機能

GitLab は、アプリケーションの開発ライフサイクルに必要な機能に加え、きめ細かいアクセス制御やコードレビュー、課題の追跡、Wiki、継続的インテグレーションなどを提供します（Figure 1-7）。

Figure 1-7　GitLab の主な機能

Plan	Create	Verify	Package	Secure	Deploy	Monitor	Govern
Pages	Web IDE	Code Testing and Coverage	Container Registry	Container Scanning	Infrastructure as Code	Service Desk	Dependency Management
Wiki	Code Review Workflow	SAST	Package Registry	Software Composition Analysis	Deployment Management	Incident Management	Vulnerability Management
Value Stream Management	Source Code Management	Continuous Integration	Helm Chart Registry	API Security	Environment Management		Compliance Management
Portfolio Management			Review Apps		Feature Flags		Audit Events
Team Planning							

- 統合的な Git リポジトリ

　プロジェクト単位で公開/非公開が可能な Git リポジトリを持っており、それぞれにロールベー

＊4　Convert Community Edition to Enterprise Edition
https://docs.gitlab.com/ee/update/package/convert_to_ee.html

スのユーザー管理ができます。Git リポジトリは、オンライン上でコミットやフォークなどの操作ができ、さらにプロジェクトの Wiki 作成や独自のプロジェクトサイトを構築することによって、プロジェクトのポータルとしても利用できます。GitLab のソースコードリポジトリは、GitHub や Bitbucket などの主要なサービスから移行する機能も備わっています。

- 課題とリリースの追跡

プロジェクトやソースコードに対する課題管理から、リリースに対する進捗モニタリングまで行う Issue 管理機能があります。開発途中やサービス運用で出た課題をすぐに共有できるだけでなく、課題をタスク化することで次期リリース計画を見える化できます。もちろん、各課題は To-Do リストとして洗い出し、優先順位をラベル付けして、マイルストーンを管理できるところも魅力的な機能です。

- ソースコードの品質向上

マージリクエストによるソースコードレビューができます。また、「GitLab CI/CD」を利用することにより、マージリクエストごとに動的ビルドとテストを実施することができ、継続的にソースコードの改善が可能です。

- アプリデプロイ管理

継続的インテグレーションから、継続的デプロイまでのパイプラインを可視化し、デプロイの状況やエラー状況が管理できます。また、継続的インテグレーションでビルドされたコンテナイメージは、GitLab に包括されているコンテナレジストリに保存しておくこともできます。

- 更新状況のモニタリング

メールやチャットなどのコミュニケーションツールに対して、更新情報の通知が可能です。また、アプリケーションの開発ライフサイクルにおける各イベントログを集計することで、プロダクションまでの反映にどれくらいの時間を要しているのかを測定します。

1-2-4 GitLab 導入のメリット

The DevSecOps Platform を謳う GitLab では、担当ごとの視点で価値提供を行っています。ここではそれぞれの視点で GitLab 導入のメリットについて簡単に紹介します。

○開発者視点のメリット

1. Single application（統合アプリケーション）

   DevSecOps 機能とデータストアを 1 つに統合しているため、すべての操作が 1 箇所で完結できます。

2. Enhanced productivity（生産性の向上）

   優れたユーザーエクスペリエンスによって、開発中のコンテキスト切り替えを防ぎます。

3. Better automation（効果的な自動化）

   豊富な機能提供とそれらが自動化されているため、開発負担を下げることができます。

○セキュリティ視点のメリット

1. Security is built in（組み込まれたセキュリティ）

   DAST やコンテナイメージスキャニング、API スクリーニングなどのセキュリティ機能を統合できます。

2. Compliance and precise policy management（コンプライアンスとポリシー管理）

   ポリシーエディターによって組織のコンプライアンス要件に合わせた承認ルールがカスタマイズできます。

3. Security automation（セキュリティ自動化）

   動的にコードの脆弱性をスキャンすることが可能です。

○運用者視点のメリット

1. Scale enterprise workloads（エンタープライズワークロード）

   エンタープライズ利用の安定性を意識したゼロダウンタイムとアップグレードが可能です。

2. Unparalleled metrics visibility（類のない可観測性）

   アプリケーションの開発ライフサイクル全体の分析を提供します。

3. No cloud lock in（クラウドに縛られない）

   単一のクラウドプロバイダに縛られずに、どこでも環境を提供します。

これらのメリットを掛け合わせることにより、ビジネスとしてのアジリティや安定性を獲得できます。

1-2-5 GitLab のユースケース

企業のアプリケーションの開発ライフサイクルに合わせて、GitLab は様々な利用形態を採ることができます。GitLab は既存のツールと連携し、DevSecOps に必要な機能を補完できます。ここで重要な点は、GitLab を導入する前にチームの開発ライフサイクルのどのプロセスにおいて、何が足りないかを把握しておくことです。GitLab の機能を全部利用することがベストプラクティスではなく、チームの課題を改善しながら、適した利用方法を見つけていきましょう。

■ プロジェクトのドキュメント管理

GitLab はあらゆる規模のチームで運用できるように設計されています。そのため、アプリケーションコードだけでなく、Infrastructure as Code[*5] におけるコードの管理やプロジェクトのドキュメントの管理を一括で行うことができます（Figure 1-8）。

Figure 1-8　プロジェクトのドキュメント管理

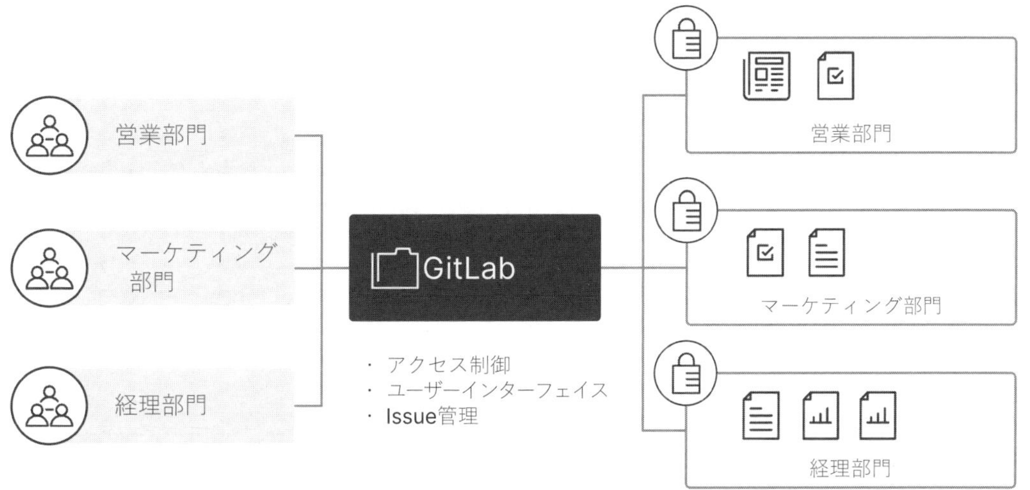

GitLab を利用すべきメリットは、誰しもが容易に利用できるユーザーインターフェイスが提供されていることです。コンソールを利用せずともブラウザからすべてのドキュメント管理ができるので、エンジニアだけでなく、経営層やマーケティングといったビジネス側のメンバーとも共通の目線でコ

＊5　Infrastructure as Code
OS やミドルウェアといったインフラリソースの構築作業や運用作業をコード化すること。

ンテンツを共有できます。さらに、Issue 管理機能を利用することにより、ドキュメント訂正や更新といった際のコミュニケーションツールとしても役立ちます。

また、複数チームと共同作業をしている場合は、グループごとのアクセス制御が重要ですが、GitLab を利用すればドキュメントの権限管理も容易に行うことができます。

■ アプリケーションライフサイクルの支援

継続的インテグレーションから継続的デプロイを行うためには、様々なツールの連携によってデリバリの自動化を図ります。今までは、バージョン管理ツール、バグトラッキングツール、コミュニケーションツールなどの個別のツールを組み合わせてアプリケーションライフサイクルやチーム間のコラボレーションを実現していましたが、それらのツールを連携するには各ツールの管理が課題になります。ツールのバージョンアップや設定変更のたびに、運用コストがかかることは望ましくありません。そこで、アプリケーション開発ライフサイクル全体を一元管理できる GitLab を利用することにより、開発者は運用に妨げられることなくアプリケーション開発に集中できます。

1-3 まとめ

第 1 章では、チームの意見を素早くビジネスに展開するためのコラボレーションと、継続的改善を実現することで品質を上げ、リスクを低減するツールの概要について紹介しました。GitLab は新しいテクノロジーのツールではありませんが、「ツールの維持管理にかかる時間を短縮し、開発者がコード作成に時間を費やすことによってビジネスアジリティを向上させる」というビジョンを掲げた、The DevSecOps Platform です。

GitLab をうまく利用していくためには、まずは自身のアプリケーション開発ライフサイクルを見直し、チーム内で既存の課題を整理することが大切です。

Column　GitLab への貢献

GitLab のソースコードは、GitLab.com 上の公開プロジェクトとして管理されており、GitLab Inc. の開発メンバーやコントリビュータによって開発されています。

○ GitLab のソースコード

https://gitlab.com/gitlab-org/gitlab

このプロジェクトページでは [Issues] や [Merge Requests] も公開されており、これらを確認することによってバグの修正対応状況や今後追加される新機能の開発状況が分かります。さらに、GitLabは世界中のエンジニアによって開発が行われているため、特定のエンジニアがプロジェクトを独占して開発しないように、開発ルールが明確に設けられています。

これらのルールは、気軽にGitLab開発に参加してもらうだけでなく、エンジニア同士のコミュニケーションを後押しする施策にもなっています。これらのうち、代表される2つの取り組みについて紹介します。

● 定期アップグレード

GitLabのマイナーリリースは、毎月第3木曜日（2023年11月以降）に実施されています。すべての開発者はその日をターゲットとして新機能の追加やバグ修正を行っています。このルールに従うことで、更新速度や更新範囲を均一に保つだけでなく、利用者にとってもアップグレードのタイミングが検討できるというメリットがあります。これらのリリース状況は以下のリリースドキュメントから確認できます。

○ GitLabのリリース

https://about.gitlab.com/releases/

これからGitLabを導入する方は、最新バージョンを選択することで問題ありませんが、すでに本番環境で利用している場合は、最低でも2つ前のマイナーバージョン（2か月前）を利用することをおすすめします。GitLabは更新頻度がとても多いプロダクトのため、バグ修正も随時行われているためです。

● GitLab Hackathon

高速にプロダクト開発を続けると、どうしても改善要求のIssuesが溜まってしまいます。基本はGitLab Inc.の社員によって、Merge Requestsがレビューされていますが、特定のメンバーがすべてのIssuesを解決するには多くの時間がかかります。そういった課題を回避するために、GitLabではGitLab Hackathonというコミュニティイベントを開催しています。このイベントは、おおよそ1週間という期間内で多くのMerge Requestsを解決し、ポイントを取得したコミュニティメンバーを選出し、表彰するというイベントです。基本はオンラインで開催されており、世界中の誰もが参加できるため、初めての人でも気軽にGitLabへのコントリビュートが楽しめます。

○ GitLab Hackathon

https://about.gitlab.com/community/hackathon/

こうしたイベントは、誰しもがGitLabに貢献できるようにするというGitLab Inc.のミッションを体現しており、GitLab自体の開発品質を向上させる取り組みです。是非、読者の皆様もGitLabの開発に貢献してみてはいかがでしょうか。

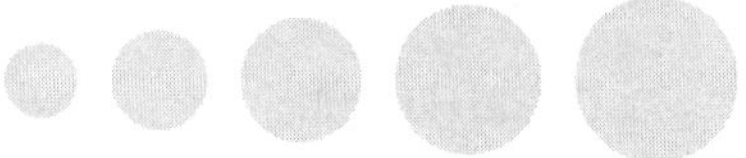

第2章 GitLabの導入

さて、GitLabの導入を検討されている皆様は、SaaS型のGitLab（GitLab.com）を利用される予定でしょうか。もしくはSelf-managed型のGitLabを利用される予定でしょうか。本章ではGitLabのアーキテクチャやSelf-managed型のGitLabを簡単にインストールできるOmnibusパッケージについて紹介します。

GitLabは1つのモノリシックなアプリケーションではなく、実態は複数のコンポーネントから構成されるパッケージサービスです。GitLab.comを利用する場合はそのコンポーネントを細かく意識する必要はありませんが、Self-managed型のGitLabではコンポーネントの導入と運用を検討する必要があります。本章で紹介する特徴を学びながら、チームに適したGitLab環境を構築してください。

なお、GitLab.comを利用する場合は、導入作業がないため次章から読み進めていただいても構いません。

2-1 GitLab のアーキテクチャ概要

GitLab のインストール作業に入る前に、まずは GitLab がどのようなアーキテクチャで構成されているのかを確認しておきましょう。事前にアーキテクチャ概要を知っておくことで、インストールだけでなく GitLab の設定変更やバージョンアップ、トラブル時の助けにもなります。

2-1-1 コンポーネント概要

製品紹介などを見ていると、GitLab は単体のアプリケーション製品のように語られていることがありますが、実体は複数のアプリケーションやミドルウェアが連携しているパッケージサービスです。

GitLab で利用される主要なコンポーネントは「NGINX」「GitLab Workhorse」「GitLab Rails（Puma）」「Redis」「PostgreSQL」「Gitaly」です。厳密にはこの他にも、ジョブ処理を行っている「Sidekiq」やプロセスの監視を行う「Prometheus」など複数のコンポーネントが動いています（Figure 2-1）。

Figure 2-1　コンポーネント概要

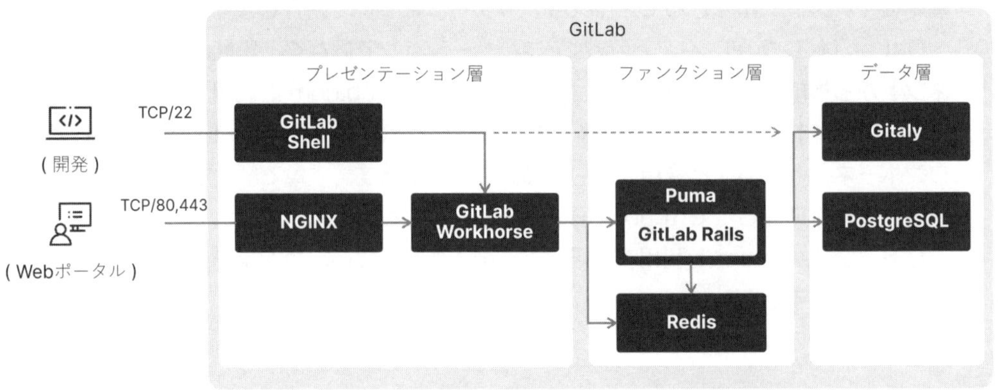

GitLab は Web 三層構造のアーキテクチャと理解すると分かりやすく、プレゼンテーション層を担う NGINX、ファンクション層を担う GitLab Rails、そしてデータ層を担う PostgreSQL があり、それらを補完するサブコンポーネントが稼働していると捉えましょう。

利用者がブラウザを使用して GitLab の Web ポータルにアクセスすると NGINX が Web サーバーとしてリクエストを受け、GitLab Workhorse を経由して GitLab Rails アプリケーションに接続されます。また、GitLab Rails アプリケーションは永続的なデータ保管として PostgreSQL を使用しています。

ここからは、各コンポーネントの概要を簡単に紹介します。

■ プレゼンテーション層

プレゼンテーション層ではユーザーアクセスの処理内容に応じたルーティングを行うとともに、アプリケーションサーバーである GitLab Rails への接続負担の軽減を行っています。

- NGINX

GitLab の Web ポータルに接続する HTTP（S）インターフェイスです。「GitLab Workhorse」という Git アクセスの高速化プロセスを介して GitLab Rails にリクエストをルーティングしています。

- GitLab Shell

SSH ベースの git セッションを処理する GitLab 専用プログラムです。SSH クライアント経由の Git 接続時における認証やデータの受け渡しを行っています。まずは GitLab Rails の API を呼び出し、権限の確認やリポジトリがどの Gitaly サーバー上にあるかを確認した上で、データのやり取りを行います。

- GitLab Workhorse

GitLab Rails の前段でリクエストを受け付け、GitLab Rails へ転送するべきリクエストか git push/pull などの負荷の高いリクエストかを判断する Go 言語製のリバースプロキシです。また、JavaScript や CSS などの静的ページやアップロードコンテンツなどは直接 GitLab Workhorse から配信も行われます。

■ ファンクション層

GitLab サービスの根幹を担うアプリケーションロジックを提供しています。また個別の接続処理にも対応できるよう、API を提供しています。

- GitLab Rails（Puma）

GitLab Rails は Redis やデータベースに接続して、ユーザーから要求されたタスク処理を行っている GitLab のコアアプリケーションです。GitLab Rails はスピードと並列性を追求したアプリケーションサーバーである Puma 上で稼働しており、公式ドキュメントではアプリケーションそのものは「GitLab Rails」と表記されています。以前は Unicorn を利用して GitLab Rails を稼働していましたが、ユーザーからのリクエストの受け取りとアプリケーションサーバーへの処理速度を向上させるために Puma が利用されるようになりました。

- Redis

  Redis はメモリ上にデータを保存できる Key-Value ストアであり、ジョブのタスク情報やログインユーザーのセッション情報などの非永続データを一時保管しています。

■ データ層

GitLab で利用する永続データを保管しています。主にユーザー情報など GitLab サービスとして利用するデータは PostgreSQL に保管し、Git リポジトリで活用されるコンテンツは Gitaly で管理されます。

- PostgreSQL

  ユーザーやその権限、また Issues や Merge Requests で利用する永続データ情報が保管されています。

- Gitaly

  GitLab で利用する Git リポジトリデータへのアクセス処理を行う gRPC サービスです。Redis と連携したキャッシュ処理や Git リポジトリへの I/O の最適化を行っており、ストレージ接続負担を緩和しています。また、Gitaly ノードを増やすことでデータの冗長化やキャパシティ拡張を提供します（Figure 2-2）。

Figure 2-2　Gitaly のアーキテクチャ

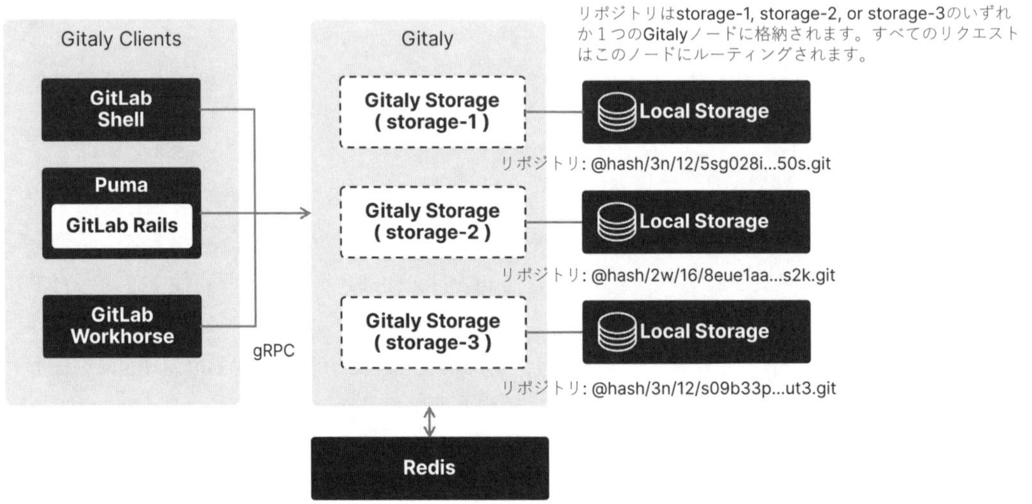

2-1-2 GitLabのインストール方式

GitLab.comを利用する場合には、事前のインストール作業はありませんが、Self-managed型のGitLabを選択する場合はオンプレミスやクラウド上にGitLabをインストールする必要があります。これまで紹介してきたように、GitLabは複数のコンポーネントでアプリケーションが構成されており、それぞれの設定を行わなければうまく動作しません。また、GitLab Railsアプリケーションも頻繁に更新されているため、最新の状態を維持するには多くの運用コストがかかってしまいます。

こうした複雑な作業を簡素化するため、Self-managed型のGitLabでは専用のインストールパッケージが用意されています（Table 2-1）。

- Linuxパッケージ（Omnibusパッケージ）
- クラウドインスタンス
- Kubernetesデプロイメント

Self-managed型のGitLabを使用する場合は、この中からどれか一つのインストールパッケージを選びます。インストールパッケージには、有償契約によりサポートの利用や特定の機能利用が可能な「GitLab EE」と開発コミュニティとして使用する「GitLab CE」があります。チームで使用している既存のプラットフォームや利用用途、運用技術レベルにあったインストール方式を選んでください。

また、GitLabを利用するユーザー数に応じて用意するインフラリソースも大きく異なります。実務で利用する場合は、GitLabの公式ドキュメントの設計リファレンス[*1]をよく読んでから導入しましょう。

Table 2-1　GitLabのインストール方式の選択

インストール方式	プラットフォーム	利用レベル	詳細
Linuxパッケージ (Omnibusパッケージ)	仮想マシン、物理マシンなど	実務用途	利用実績が高く一番安定的にメンテナンスされている方式
クラウドインスタンス	仮想マシン	開発用途	Omnibusパッケージをクラウド側インスタンスの適した形にした方式
Kubernetesデプロイメント	Kubernetes	開発用途	コンテナの特徴に合わせてKubernetesリソース展開できる方式

＊1　Reference Architecture
https://docs.gitlab.com/ee/administration/reference_architectures/index.html

■ Linux パッケージ (Omnibus パッケージ)

Linux パッケージはオペレーティングシステム（OS）のパッケージマネージャに合わせて deb や rpm 形式で提供されています。公式のドキュメントでは、これを Omnibus パッケージと呼んでいます。これらには GitLab の実行に必要な PostgreSQL や Redis、Sidekiq などのミドルウェアがすべてバンドルされており、Linux 上に素早くインストールできるだけでなくアップグレード運用も簡単に行えます。

Omnibus パッケージは Self-managed 型の GitLab のインストールとしては一番多く利用される方式であり、GitLab.com でも同様のパッケージが使用されているほどの信頼性があります。また Omnibus パッケージは、公式インストール方式として主要な OS ディストリビューションを複数サポートしています。

○ サポートオペレーティングシステム

`https://docs.gitlab.com/ee/administration/package_information/supported_os.html`

ただし、Omnibus パッケージでは OS のサポート終了日（End of Life）の後に Omnibus パッケージのリリースも停止される点に注意しましょう。また、GitLab のインストールは Linux ベースの OS を対象としており、Microsoft Windows には対応していません。

■ クラウドインスタンス

GitLab は主要なクラウドプロバイダ上にも簡単にインストールできます。クラウドプロバイダではすでに GitLab がインストール済みの専用イメージを使うことができます。

- Amazon Web Services（AWS）：GitLab が提供する AMI を使用して、AWS 上に GitLab をインストールします。
- Google Cloud：Google Cloud のマーケットプレイスから、Compute Engine を選んでインストールします。
- Microsoft Azure（Azure）：Marketplace から GitLab をインストールします。

利用ユーザー数に応じて必要なクラウドインスタンスタイプは異なりますが、参考値として 1000 ユーザーに対して Omnibus パッケージで単一ノードにインストールする場合、Table 2-2 に示すインスタンスタイプが推奨されています。

Table 2-2 インスタンスタイプのリファレンス

利用ユーザー数	構成	AWS	GCP	Azure
最大 500 名	4vCPU, 3.6GB メモリ	n1-highcpu-4	c5.xlarge	F4s v2
最大 1000 名	8vCPU, 7.2GB メモリ	n1-highcpu-8	c5.2xlarge	F8s v2

■ Kubernetes デプロイメント

GitLab は、Kubernetes を使用したコンテナプラットフォーム上にインストールすることも可能です。Kubernetes 上にインストールすることで、利用するミドルウェアやコンポーネントの冗長化が容易に管理できます。Kubernetes 上に展開する場合は、以下の方法が用意されています。

- GitLab Helm Chart：GitLab のコンテナイメージとコンポーネントを Kubernetes 上に展開する
- GitLab Operator：Kubernetes Operator パターンを利用した、自律運用型のコンテナインストール

Kubernetes を使用することで可用性や可観測性の面ではより優れた構成を簡単に実装できますが、Kubernetes 特有のリソース管理方法に精通した運用ノウハウが求められます。たとえば、Kubernetes 上では各コンポーネントがコンテナとして提供されるため、サービス同士が疎結合化されています。Omnibus パッケージの場合のように、1 つのサーバー上でプロセスが連携している仕組みではありません。したがって、Kubernetes のオブジェクトの特徴をよく理解した上で、各プロセスを管理していく必要があります。

2-2 Omnibus パッケージのセットアップ

GitLab は、多くのコンポーネントによってサービス提供を行っています。したがって各コンポーネントをインストールしていくのではなく、基本はパッケージを利用してインストールすることが望まれます。ここでは公式ドキュメントでも推奨されている Omnibus パッケージを利用して、GitLab Enterprise Edition（GitLab EE）を Red Hat Enterprise Linux（Red Hat 系 OS）へインストールする手順を紹介します。

Omnibus パッケージを利用することにより、面倒な設定をせずとも数分でインストール作業が完了し、大規模な実務環境でも利用できる構成が提供されます。GitLab は The DevSecOps Platform と謳っているとおり、一度インスタンスを導入すると複数のチームからの利用が見込まれます。そのため、運用後のメンテナンス負担や思わぬ設定漏れがないように、導入初期からリソースプランニングと利用計画を行った上で導入していきましょう。

2-2-1 インストール要件の確認

まずは、Omnibus パッケージを使用したインストールの最小要件について確認します。

Omnibus パッケージは GitLab Inc. のサポートも考慮されているため、導入できる OS やリソースには明確なガイドライン*2が設けられています。したがって、ここでのインストール要件は、あくまで最小構成としての推奨と捉えてください。今後 GitLab の機能拡張や追加だけでなく、利用ユーザー数や機能数によっても大きく変わるためリファレンスアーキテクチャを参考に余裕を持って利用見込みを計画することをおすすめします。

■ ハードウェア要件

Omnibus パッケージを使い、GitLab を安定的に稼働する上で注意すべきハードウェア要件は、CPU、メモリ、ストレージの 3 点です。

2,000 人のユーザーにサービス提供する場合は、コンポーネントごとに異なるハードウェアを用意することが望まれます。また、3,000 人以上の場合は、高可用性（High Availability）構成を利用することによりコンポーネントごとの障害に対処できます。ただし、高可用性構成は環境が巨大になるため、ハードウェアのコストが膨大になったり運用が複雑化するため、一定のチーム単位で GitLab を分割して構築することや Kubernetes デプロイメントのように動的な運用が提供される方式を選択してください（Table 2-3）。

Table 2-3 ハードウェア要件の推奨値

利用ユーザー数	コンポーネント	CPU	メモリ	備考
500 名 以下	all-in-one	4 vCPU	4 GB	1 インスタンス上にすべてのコンポーネントを導入
1,000 名 以下	all-in-one	8 vCPU	8 GB	1 インスタンス上にすべてのコンポーネントを導入
2,000 名 以下	Load balancer	2 vCPU	1.8 GB	複数インスタンス上に各コンポーネントを分散して構築することが推奨 (大規模利用時は、NFS よりもクラウドのオブジェクトストレージの活用を検討してください)
	PostgreSQL	2 vCPU	7.5 GB	
	Redis	1 vCPU	3.75 GB	
	Gitaly	4 vCPU	15 GB	
	GitLab Rails	8 vCPU	7.2 GB	
	Monitoring node	2 vCPU	1.8 GB	

＊2 Installation system requirements
https://docs.gitlab.com/ee/install/requirements.html

	Object storage	-	-	
3,000名以上	要ドキュメント確認			3つのAvailability Zoneに各コンポーネントをHA構成で構築することが推奨

- CPU要件

GitLabを稼働する上で推奨される最小Core数は、4Coresです。もちろんCPUアーキテクチャの世代や性能にもよりますが、4Coresで最大500ユーザーをサポートします。また、8Coresで最大1000ユーザーをサポートします。

- メモリ要件

必要な最小メモリサイズは4GB RAMです。これによって、最大500ユーザーをサポートします。

- ストレージ要件

Omnibusパッケージのインストールには、2.5GBのストレージ容量が必要です。将来的に容量を柔軟に拡張したい場合は、あらかじめ論理ボリューム管理（LVM）を使用してストレージをマウントすることを検討してください。また、CPU、メモリが十分用意された環境でのGitLabのレスポンス速度は、主にストレージのシーク時間に依存します。そのため、高速ドライブ（7200 RPM以上）やソリッドステートドライブ（SSD）を搭載することを検討してください。

■ OSのサポート要件

GitLabがサポートしているOSのバージョンは、公式のインストールページ[*3]にリストされています。GitLabは、Omnibusパッケージを各OSのEOL（End-Of-Life）まで提供します。OSのEOL対応日以降は、GitLabも公式パッケージのリリースを停止します。

なお以下は、Omnibusパッケージが提供されている主なディストリビューションです。

- AlmaLinux（x86_64、aarch64）
- Amazon Linux 2023（amd64、arm64）
- Debian（amd64、arm64）
- openSUSE（x86_64、aarch64）

＊3 Supported operating systems
https://docs.gitlab.com/ee/administration/package_information/supported_os.html

- Raspberry Pi OS（armhf）
- Red Hat Enterprise Linux（x86_64、arm64）
- Ubuntu（amd64、arm64）

なお、GitLab では Windows 上でのインストールはサポートされておらず、今後導入される予定も公開されていません。

■ データベース要件

PostgreSQL は Omnibus パッケージにバンドルされており、基本は GitLab や Geo、Gitaly Cluster などのコンポーネント専用に使用します。GitLab が主に使用しているスキーマは以下の 3 つです。

- public
- gitlab_partitions_static
- gitlab_partitions_dynamic

これらは構築時に動的に作成されるため、PostgreSQL のデータベースやスキーマ、ユーザーその他プロパティを直接変更するような行為は避けてください。

Omnibus パッケージを導入する際は、PostgreSQL に必要なストレージ容量も確認しておきましょう。PostgreSQL を実行するサーバーには、少なくとも 5GB～10GB のストレージ容量が必要です。また必要なストレージ容量は利用ユーザー数によって比例するため、実装においてはリファレンスアーキテクチャ[*4]を確認してください。

2-2-2　インストール手順

Omnibus パッケージのインストールは、以下の手順で行います。

(1) 事前の環境設定
(2) Omnibus パッケージのインストール
(3) GitLab の Web ポータルへ接続

本書では、Amazon Web Services（AWS）上に Red Hat Enterprise Linux を構築して、Omnibus パッケージのインストールを確認しています。他の OS ディストリビューションを利用する場合は、公式のド

＊4　Reference architectures
https://docs.gitlab.com/ee/administration/reference_architectures/index.html

キュメント*5を確認しながらインストールしてみてください。

■ 本書の動作環境

AWS では、Amazon Machine Images（AMI）を利用し、Red Hat Enterprise Linux を Amazon Elastic Compute Cloud（Amazon EC2）インスタンスとして構築しています。もちろんハードウェア要件を満たすことができれば、OS インストール先は社内環境にある仮想マシンでも問題ありません。

なお、このインスタンスには Elastic IP（パブリック IP アドレス）を付与し、セキュリティグループとインターネットゲートウェイにて外部から特定のポート（80、443）への接続を許可しています。事前に必ず HTTP（80）/HTTPS（443）ポートが開放されていることを確認してください（Figure 2-3）。

Figure 2-3　本書の動作環境

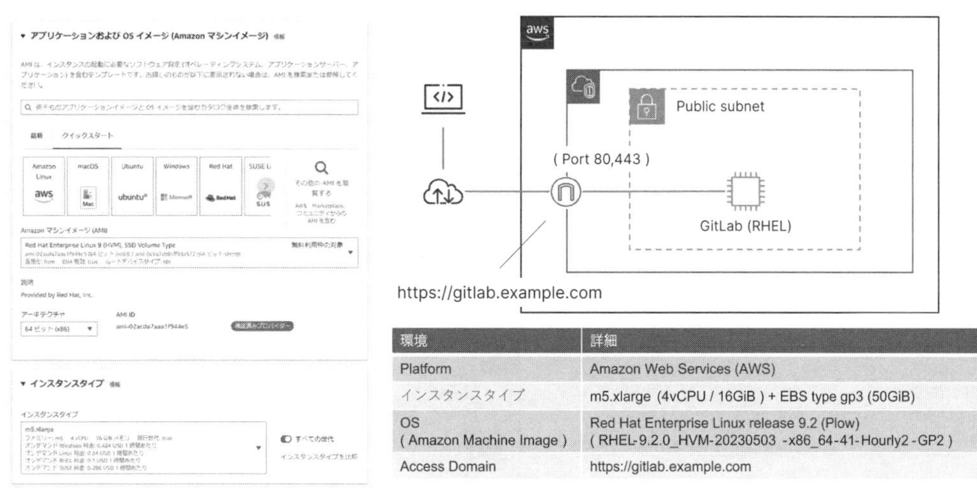

環境	詳細
Platform	Amazon Web Services (AWS)
インスタンスタイプ	m5.xlarge (4vCPU / 16GiB) + EBS type gp3 (50GiB)
OS (Amazon Machine Image)	Red Hat Enterprise Linux release 9.2 (Plow) (RHEL-9.2.0_HVM-20230503 -x86_64-41-Hourly2 -GP2)
Access Domain	https://gitlab.example.com

また本章で実行するコマンドの中には、インターネットへの接続を前提としているオペレーションがいくつかあります。特にセキュリティレベルの高い環境では、用意したサーバー上からインターネットへ直接接続できない場合もあります。事前にインターネットへのフォワードプロキシの設定などを行い、インターネットへ接続できることを確認しておきましょう。

＊5　Install self-managed GitLab
https://about.gitlab.com/install/#official-linux-package

■ 事前の環境設定

Omnibus パッケージをインストールするには、事前に以下を設定しておく必要があります。

- 接続先ドメイン設定
- 各種ライブラリのインストール
- SMTP サーバーの通知設定

○接続先ドメインの設定

まずは、GitLab の Web ポータル接続先ドメインを決め、接続元からそのドメインに対する IP アドレスが解決できるようにしておきましょう。本書では「gitlab.example.com」というドメインを GitLab の Web ポータルに使用した前提での作業を紹介します。

AWS の場合はこのドメインの名前解決が Elastic IP アドレス（パブリック IP アドレス）を返すように DNS に登録するか、接続元のホスト（ブラウザ）の hosts ファイルを定義します。ローカルネットワークからのみ GitLab にアクセスする場合は、接続先ドメインの登録はプライベート IP アドレスでも構いませんが、インターネット上からアクセスする場合はパブリック IP アドレスを登録します。登録すると、以下のように接続元からドメインと登録した IP アドレスが確認できます（Figure 2-4）。

Figure 2-4　接続先ドメイン設定

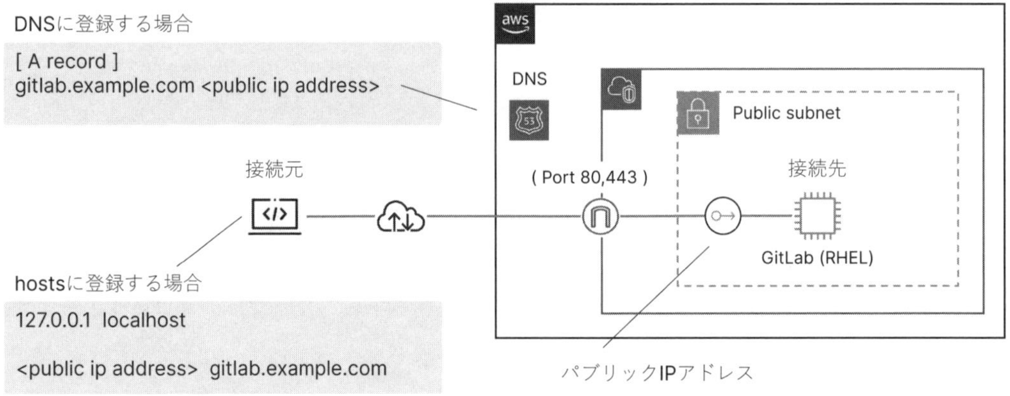

◎　接続先ドメインの確認

```
$ host gitlab.example.com
```

```
gitlab.example.com has address <public ip address>
```

クラウド環境では、サーバー再起動などを行うと接続 IP アドレスが変わる恐れがあるため、固有の IP アドレスを取得した上でドメイン登録を行ってください。また、SSL 通信を行う場合はこの時点で SSL 証明書を用意することも可能です。次節で紹介する手順をもとに証明書を事前に準備してください。

○ライブラリのインストール

ここから GitLab をインストールするサーバーに入り、事前作業を行います。まずは、GitLab インストールに必要な各種ライブラリをインストールします。

◎　各種ライブラリのインストール

```
$ sudo dnf install -y curl policycoreutils openssh-server perl
```

○ SMTP サーバーの通知設定

次に GitLab の通知メール用の SMTP サーバーを用意します。利用する SMTP サーバーは、Sendmail や Postfix に限らず、その他のサードパーティ製のソフトウェアでも問題ありません。

◎　SMTP サーバーのインストール

```
$ sudo dnf install -y postfix
$ postconf | grep mail_version
mail_version = 3.5.9
milter_macro_v = $mail_name $mail_version

$ sudo systemctl enable postfix
Created symlink /etc/systemd/system/multi-user.target.wants/postfix.service …

$ sudo systemctl start postfix
```

以上で事前準備は完了です。

■ Omnibus パッケージのインストール

ここから GitLab サーバー上で Omnibus パッケージのインストール作業を行います。

Red Hat Enterprise Linux では事前に GitLab 公式の Omnibus パッケージリポジトリを登録し、それを使ってインストールします。

○ Omnibus パッケージリポジトリの登録

Omnibus パッケージリポジトリの登録は、スクリプトによって簡単に設定できます。インストールする OS やバージョンによって内容が異なりますが、スクリプトを実行すると Red Hat Enterprise Linux の場合は YUM リポジトリとして登録が行われます。

◎ Omnibus パッケージスクリプトの実行

```
$ curl https://packages.gitlab.com/install/repositories/gitlab/gitlab-ee/\
  script.rpm.sh | sudo bash

## YUM リポジトリ設定の確認
$ cat /etc/yum.repos.d/gitlab_gitlab-ee.repo
[gitlab_gitlab-ee]
name=gitlab_gitlab-ee
baseurl=https://packages.gitlab.com/gitlab/gitlab-ee/el/9/$basearch
…
```

○ Omnibus パッケージのインストール

次に Omnibus パッケージリポジトリ情報をもとにインストールを行います。事前に設定した接続先ドメインを環境変数`<EXTERNAL_URL>`に指定した上で、GitLab EE のインストールを行います。ここで`<EXTERNAL_URL>`に HTTPS を指定したドメインを設定すると、Omnibus パッケージに統合されている Let's Encrypt*6によって GitLab サーバーの 80、443 ポートが検証され、動的に SSL 証明証が発行されます。ただし、Let's Encrypt を使用する場合は接続先ドメインがインターネット外部から名前解決できる必要があります。hosts のみで名前解決を行っている場合は、環境変数`<EXTERNAL_URL>`に直接公開 IP アドレスを明記してください。

なお、SSL 証明書が不要な場合は、環境変数`<EXTERNAL_URL>`に HTTP ポートを指定します。

＊6　Let's Encrypt
https://letsencrypt.org/

◎ Omnibus パッケージのインストール

```
$ sudo EXTERNAL_URL="https://gitlab.example.com" dnf install -y gitlab-ee
…
Installed:
  gitlab-ee-16.2.4-ee.0.el9.x86_64

Complete!
```

Omnibus パッケージはインストール時に複数のコンポーネントを設定するため、完了するまで 10 分程度の時間がかかります。

■ GitLab の Web ポータルへ接続

インストールが完了すると、GitLab の Web ポータル管理者（root）用パスワードがランダムに生成され「/etc/gitlab/initial_root_password」に保存されます。このパスワードファイルは 24 時間後に動的に削除されるため、インストール後すぐに確認しておきましょう。

◎ 管理用パスワードの確認

```
$ sudo cat /etc/gitlab/initial_root_password
…
Password: K1Qq6yTF0MbcweP/CovhTayyivk6aaVahrwZezBq5dE=

# NOTE: This file will be automatically deleted in the first reconfigure run after
24 hours.
```

なお、Web ポータル管理者用パスワードは後ほど設定を変更することも可能です。また、インストール時に環境変数<GITLAB_ROOT_PASSWORD>を用いることで固有のパスワードを設定することも可能です。

それでは、事前に設定した接続先ドメインをブラウザに入力し、GitLab の Web ポータルへ接続してみましょう。Welcome ページが確認できればインストール成功です（Figure 2-5）。

GitLab EE のインストールを行うと、はじめは GitLab EE ライセンスに基づいた Free プランが適用され、GitLab のコア機能のみが有効となっています。

Figure 2-5　GitLab の Web ポータルへ接続

2-2-3　インストール後の設定

ここまでで Omnibus パッケージのインストールは完了しましたが、インストール後にいくつか再構成（reconfigure）を行うことにより実用的な GitLab 環境を構成できます。

この再構成とは、自動構成管理ツールである Chef のクックブックやレシピを使用して、サーバー上で GitLab の各コンポーネントの構成や設定を変更する Omnibus パッケージ専用の運用方式です。再構成の主なタスクとしては、GitLab の構成ファイル（`/etc/gitlab/gitlab.rb`）に従ってディレクトリの設定やユーザー権限、および各コンポーネントを動的に設定します。

Chef はこの構成ファイルに基づいて設定を行うため、GitLab を運用する中でも各コンポーネントの設定を直接変更してはいけません。必ずこの構成ファイルを正しい状態にし、再構成を実施することが基本の運用方式です。

ここではインストール後の設定をいくつか紹介します。必須ではありませんが、環境に応じて適宜実施してください。また、本書の後半でコンテナレジストリ（GitLab Container Registry）を利用した、継続的インテグレーションの実装を紹介します。Omnibus パッケージを使用して本書環境を構築する場合は、事前にコンテナレジストリを有効化しておいてください。

■ Let's Encrypt による Web ポータルの暗号化

Omnibus パッケージから GitLab をインストールする際は、環境変数`<external_url>`に HTTPS プロトコルを指定することで、Let's Encrypt による SSL/TLS 証明書発行が動的に行われます。ただし、証明書発行時に Let's Encrypt のサーバーがポート 80 および 443 検証チェックを実行するため、接続ドメインがインターネット上に公開されている必要があります。

インストール後に SSL/TLS 設定を行う場合は、GitLab の構成ファイルに環境変数`<external_url>`を定義して再構成を行います（List 2-1）。

List 2-1　Let's Encrypt による Web ポータルの暗号化（/etc/gitlab/gitlab.rb）

```
external_url "https://gitlab.example.com"

## オプション
letsencrypt['contact_emails'] = ['user@gitlab.example.com']
```

Let's Encrypt による証明書は基本 90 日ごとに期限が切れますが、Omnibus パッケージで構築した GitLab ではデフォルト設定で毎月 4 日に自動更新が走るように設定されています。その際、再構成スクリプトが Let's Encrypt 証明書を更新しようと試みます。

■ 手動による Web ポータルの暗号化

多くの企業では信頼される第三者機関から SSL/TLS 証明書を発行し、それらを利用しています。GitLab で専用の SSL/TLS 証明書を利用する場合は、Let's Encrypt の利用設定を無効にしてから、対象のディレクトリに証明書を配置します（List 2-2）。あらかじめ Let's Encrypt を無効化しておかないと、自動更新により証明書が上書きされる可能性があります。

List 2-2　手動による Web ポータルの暗号化 (/etc/gitlab/gitlab.rb)

```
external_url "https://gitlab.example.com"

## Let's Encrypt 利用の無効化
letsencrypt['enable'] = false
```

○ SSL/TLS 証明書の配置

再構成は、GitLab サーバーの決められた証明書保管用ディレクトリ（`/etc/gitlab/ssl`）を動的に検索します。自前の証明書を利用する際は、あらかじめ証明書をコピーした上で、再構成を実施してください。たとえば、`gitlab.example.com` という公開ドメインを利用する場合「`/etc/gitlab/ssl/gitlab.example`

.com.key」という名前の秘密鍵と「/etc/gitlab/ssl/gitlab.example.com.crt」という公開鍵を配置します。

◎ SSL/TLS 証明書の配置と GitLab の再構成

```
## SSL/TLS 証明書の配置
$ sudo mkdir -p /etc/gitlab/ssl
$ sudo chmod 755 /etc/gitlab/ssl
$ sudo cp gitlab.example.com.key gitlab.example.com.crt /etc/gitlab/ssl/
$ ls /etc/gitlab/ssl
gitlab.example.com.key
gitlab.example.com.crt

$ sudo gitlab-ctl reconfigure
```

○ NGINX のリロード

初めて SSL/TLS 証明書を置いた場合は再構成だけで反映されますが、同様のドメインの SSL/TLS 証明書を更新した場合は NGINX をリロードする必要があるので注意してください。

◎ NGINX のリロード

```
$ sudo gitlab-ctl hup nginx
$ sudo gitlab-ctl hup registry
```

■ メール送信設定

Omnibus パッケージでは、Sendmail や Postfix をメール送信サーバーとして利用した場合、ローカルの SMTP サーバーが利用されるように設定されています。デフォルトでは、SMTP 送信の SSL が有効になっていますが、SSL 経由での通信をサポートしていない場合は、List 2-3 を GitLab の構成ファイルに定義します。

List 2-3 メール送信設定（/etc/gitlab/gitlab.rb）

```
gitlab_rails['smtp_enable'] = true
gitlab_rails['smtp_address'] = 'localhost'
```

```
gitlab_rails['smtp_port'] = 25
gitlab_rails['smtp_domain'] = 'localhost'
gitlab_rails['smtp_tls'] = false
gitlab_rails['smtp_openssl_verify_mode'] = 'none'
gitlab_rails['smtp_enable_starttls_auto'] = false
gitlab_rails['smtp_ssl'] = false
gitlab_rails['smtp_force_ssl'] = false
```

定義を行った後は、再構成を行います。

◎ GitLab の再構成

```
$ sudo gitlab-ctl reconfigure
```

Omnibus パッケージでは、Google Mail や Amazon Simple Email Service（Amazon SES）を始めとする SMTP サーバーもサポートしています。こちらに転送を行う場合は、公式ドキュメントの例[*7]に従って設定を行ってください。

■ GitLab Container Registry の有効化

GitLab Container Registry を有効化すると、GitLab 内のすべてのプロジェクトで利用できるコンテナレジストリが提供されます。通常コンテナレジストリは、HTTPS で提供されるため、専用の SSL/TLS 証明書が必要です。Omnibus パッケージではインストール時の設定によって、GitLab Container Registry の有効化方法が異なります。

インストール時に Let's Encrypt を使用して Web ポータルの接続ドメインの SSL/TLS 証明書設定を行った場合は、動的に GitLab Container Registry が有効化され、接続ドメインのポート 5050 でアクセスできます。たとえば、環境変数`<EXTERNAL_URL>`に「`https://gitlab.example.com`」と入れると、「`https://gitlab.example.com:5050`」が GitLab Container Registry の接続 URL として提供されます。

事前に GitLab Container Registry が有効化されているかを、Web ポータルの設定画面（`https://gitlab.example.com/admin`）から確認してみてください（Figure 2-6）。

＊7　SMTP 設定
`https://docs.gitlab.com/omnibus/settings/smtp.html#example-configurations`

Figure 2-6　GitLab Container Registry の有効化

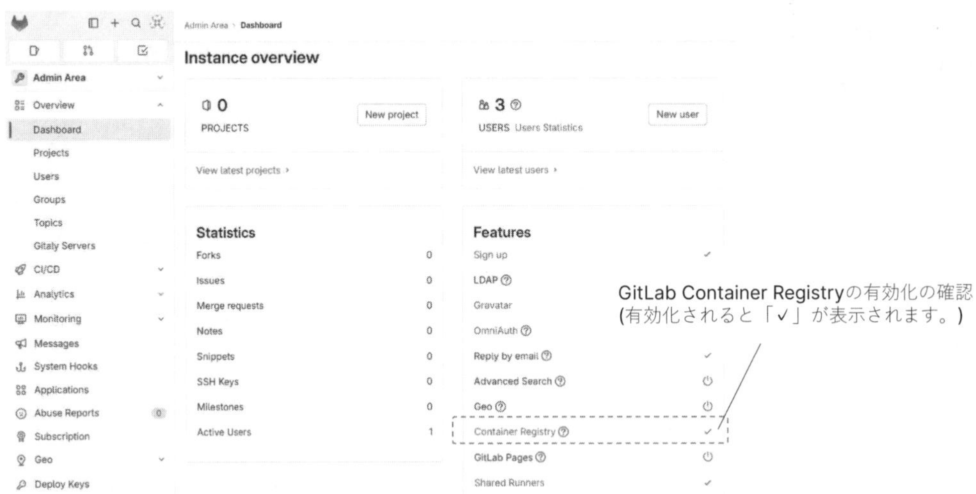

一方、GitLab のインストール時に Let's Encrypt を使用しなかった場合は、以下の 2 つの方法が取れます。

- Web ポータルの接続ドメインの異なるポートを構成する。
- GitLab Container Registry 専用のドメインを構成する。

○ Web ポータルの接続ドメインの異なるポートを構成する場合

Web ポータルの接続ドメインの異なるポートを使用して GitLab Container Registry を構成する場合は、GitLab の構成ファイルにコンテナレジストリ用のポートを定義して（List 2-4）、再構成を行います。

List 2-4　GitLab Container Registry の有効化（/etc/gitlab/gitlab.rb）

```
registry_external_url 'https://gitlab.example.com:5050'
```

この際、SSL/TLS 証明書をあらかじめ用意してから再構成を実施してください。コンテナレジストリに SSL 証明書を利用しない構成（HTTP）は推奨されません。

◎　GitLab の再構成

```
## SSL/TLS 証明書の確認、または配置
$ ls /etc/gitlab/ssl
```

```
gitlab.example.com.key
gitlab.example.com.crt

$ sudo gitlab-ctl reconfigure
```

○ GitLab Container Registry 専用のドメインを構成する場合

一方、GitLab Container Registry 専用のドメインを構成する場合は、あらかじめ専用ドメインのSSL 証明書を配置してから再構成します。ここでは、GitLab Container Registry 専用のドメインを「registry.gitlab.example.com」とした例を紹介します（List 2-5）。

List 2-5　GitLab Container Registry の有効化（/etc/gitlab/gitlab.rb）

```
registry_external_url 'https://registry.gitlab.example.com'
```

SSL/TLS 証明書は Web ポータルの接続ドメイン同様に、決められた証明書保管用ディレクトリ（/etc/gitlab/ssl）に配置します。

◎　GitLab の再構成

```
$ sudo mkdir -p /etc/gitlab/ssl
$ sudo chmod 755 /etc/gitlab/ssl
$ sudo cp registry.gitlab.example.com.key registry.gitlab.example.com.crt /etc/gitl
ab/ssl/
$ sudo chmod 600 /etc/gitlab/ssl/registry.gitlab.example.com.*
$ ls /etc/gitlab/ssl
registry.gitlab.example.com.crt
registry.gitlab.example.com.key

$ sudo gitlab-ctl reconfigure
```

以上が完了すると、GitLab の Web ポータルの設定画面から確認できます。

2-2-4　運用管理コマンドの利用

最後は Omnibus パッケージに付随している管理コマンドについて紹介します。

GitLab をインストールすると多くのプロセスがサーバー上に導入されるため、一つひとつのプロセスを管理していては運用負荷が増大します。それらを統一的に管理できるのが Omnibus パッケージに備わっている管理コマンドです。これらの中で、よく利用される以下の 3 つのコマンドを紹介します。

- gitlab-ctl
- gitlab-psql
- gitlab-rake

これらは個々のプロセス管理を包括的に操作できるラッパーコマンドです。特に Omnibus パッケージでは、GitLab の変更操作はすべてこれらの管理コマンドから行うことが原則です。運用すべてを個々のコンポーネント別に行うのではなく、管理コマンドに統一することによって品質とサポートを担保する仕組みです。

■ gitlab-ctl

管理コマンドの中でも頻繁に利用するのが、この「`gitlab-ctl`」コマンドです。`gitlab-ctl` コマンドは、GitLab の「**プロセス管理**」や「**設定の再構成**」、また「**ログの確認**」を一元的に操作するためには欠かせないコマンドの一つです。

○プロセスのステータス確認

まずは、GitLab の各プロセスのステータス確認を行ってみましょう。

◎　GitLab のプロセスステータス確認

```
$ sudo gitlab-ctl status
run: alertmanager: (pid 118499) 3398s; run: log: (pid 115698) 5665s
run: gitaly: (pid 118510) 3397s; run: log: (pid 20820) 604150s
run: gitlab-exporter: (pid 118527) 3396s; run: log: (pid 115578) 5683s
run: gitlab-kas: (pid 118548) 3386s; run: log: (pid 21057) 604133s
run: gitlab-workhorse: (pid 118558) 3386s; run: log: (pid 21231) 604060s
…
run: registry: (pid 118661) 3376s; run: log: (pid 118248) 3480s
run: sidekiq: (pid 118673) 3371s; run: log: (pid 21197) 604064s
```

ステータスを確認した際に「`run:`」と表示されるとそのプロセスは起動されており、「`down:`」と表示されるとプロセスは停止しています。上記のコマンドの実行例では、すべてのプロセス状態を一度に表示しますが、コマンドの後ろにプロセス名を入れることによってプロセスごとに操作を行うことが可能です。

◎　GitLab の個別プロセスステータス確認

```
$ sudo gitlab-ctl status nginx
run: nginx: (pid 118592) 3538s; run: log: (pid 21296) 604211s

$ sudo gitlab-ctl status registry
run: registry: (pid 118661) 3538s; run: log: (pid 118248) 3642s
```

○プロセスの停止と起動

通常、GitLab の中にあるプロセスを停止しようとすると、GitLab Rails、NGINX、PostgreSQL といった各プロセスを正しい順番で停止する必要があります。しかし、`gitlab-ctl` コマンドを利用することで、安全にプロセスを起動・停止できます。

◎　GitLab のプロセス停止

```
$ sudo gitlab-ctl stop
ok: down: alertmanager: 1s, normally up
ok: down: gitaly: 0s, normally up
ok: down: gitlab-exporter: 0s, normally up
ok: down: gitlab-kas: 0s, normally up
ok: down: gitlab-workhorse: 1s, normally up
…
ok: down: registry: 0s, normally up
ok: down: sidekiq: 0s, normally up
```

停止状態になると、プロセス名の前に「`down:`」と表示されます。この後の管理コマンドを実施するためにも、停止した GitLab を起動しておきましょう。

◎　GitLab のプロセス起動

```
$ sudo gitlab-ctl start
ok: run: alertmanager: (pid 120731) 1s
ok: run: gitaly: (pid 120740) 0s
ok: run: gitlab-exporter: (pid 120758) 1s
ok: run: gitlab-kas: (pid 120819) 0s
ok: run: gitlab-workhorse: (pid 120829) 0s
```

```
...
ok: run: registry: (pid 120945) 1s
ok: run: sidekiq: (pid 120954) 0s
```

○シグナルの送信

起動・停止の処理だけでなく、HUP シグナル（SIGHUP）や KILL シグナル（SIGKILL）を送ることにより、プロセスのリロードや強制終了が可能です。通常運用では、start/stop コマンドによって管理されているため、これらはトラブルなど緊急時のみ利用を検討してください。

◎ GitLab のプロセス停止

```
## SIGHUP による Container Registry のリロード
$ sudo gitlab-ctl hup registry
$ sudo gitlab-ctl status registry
run: registry: (pid 121367) 3s; run: log: (pid 118248) 4271s

## SIGKILL による強制停止
$ sudo gitlab-ctl kill nginx
```

○ログの表示

Omnibus パッケージでは、GitLab に関するログは「/var/log/gitlab」に保存されており、プロセスごとにディレクトリが分類されています。これらを一元的に管理できるのが、gitlab-ctl コマンドの tail オプションです。これを利用することにより、各プロセスの最新ログを標準出力上で監視できます。ここでは nginx のログを表示してみましょう。

◎ GitLab のログ表示

```
## nginx のログの出力
$ sudo gitlab-ctl tail nginx

==> /var/log/gitlab/nginx/current <==
20YY-MM-dd_07:30:04.20375 20YY-MM-dd 07:30:03 [emerg] 121990#0: bind() to 0.0.0.0:4
43 failed (98: Address already in use)
20YY-MM-dd_07:30:04.20378 20YY-MM-dd 07:30:03 [emerg] 1219900: bind() to 0.0.0.0:50
50 failed (98: Address already in use)
```

```
==> /var/log/gitlab/nginx/gitlab_access.log <==
192.168.0.101 - - [dd/MM/YYYY:07:30:04 +0000] "GET /assets/webpack/global_search_mo
dal.825188d5.chunk.js HTTP/2.0" 200 6535 "https://gitlab.example.com/admin" "Mozi
lla/5.0 (Windows NT 10.0; Win64; x64) AppleWebKit/537.36 (KHTML, like Gecko) Chrome
/116.0.0.0 Safari/537.36" -
192.168.0.101 - - [dd/MM/YYYY:07:30:04 +0000] "GET /assets/webpack/vendors-global_s
earch_modal.71470d7d.chunk.js HTTP/2.0" 200 5400 "https://gitlab.example.com/admi
n" "Mozilla/5.0 (Windows NT 10.0; Win64; x64) AppleWebKit/537.36 (KHTML, like Gecko
) Chrome/116.0.0.0 Safari/537.36" -
```

■ gitlab-psql

Omnibus パッケージをインストールすると GitLab 専用の PostgreSQL がインストールされます。この PostgreSQL への接続には「gitlab-psql」コマンドを利用します。このコマンドは PostgreSQL の psql コマンドをラッピングしたコマンドであり、GitLab のデータベース閲覧や変更ができる便利なコマンドです。ただし、サポートの観点から GitLab EE を使用した Omnibus パッケージではデータベースやスキーマ、ユーザーその他プロパティを直接更新しないでください。障害時におけるデータ内容の確認など、あくまで参照用としての利用を推奨します。

○データベースへの接続

Omnibus パッケージの GitLab データベース名は「gitlabhq_production」です。まずは、gitlab-psql コマンドを使ってデータベースに接続してみましょう。接続に成功するとプロンプトが「gitlabhq_production=#」と表示されます。

◎ データベース（gitlabhq_production）への接続

```
$ sudo gitlab-psql -d gitlabhq_production
psql (13.11)
Type "help" for help.
gitlabhq_production=#
```

基本は psql と同じコマンドが実行できます。データベースの一覧を確認する場合は「\l」を実行してください。

◎　データベース一覧の表示

```
gitlabhq_production=# \l
                                   List of databases
        Name         |    Owner    |…|          Access privileges
---------------------+-------------+…+----------------------------------
 gitlabhq_production | gitlab      |…|
 postgres            | gitlab-psql |…|
 template0           | gitlab-psql |…| =c/"gitlab-psql"                +
                     |             |…| "gitlab-psql"=CTc/"gitlab-psql"
 template1           | gitlab-psql |…| =c/"gitlab-psql"                +
                     |             |…| "gitlab-psql"=CTc/"gitlab-psql"
(4 rows)
```

○スキーマ一覧の表示

次にデータベース（gitlabhq_production）内のスキーマを確認します。スキーマは「\dn;」で確認できます。

◎　スキーマ一覧の表示

```
gitlabhq_production=# \dn;
             List of schemas
           Name            |    Owner
---------------------------+-------------
 gitlab_partitions_dynamic | gitlab
 gitlab_partitions_static  | gitlab
 public                    | gitlab-psql
(3 rows)
```

○テーブル一覧の表示

各スキーマに GitLab が使用するユーザー情報や設定データが入っています。public スキーマにあるテーブル一覧を「\dt;」を使って確認してみましょう。

◎　テーブル一覧（public スキーマ）の表示

```
## テーブル一覧（public スキーマ）の表示
gitlabhq_production=# \dt public.*;
```

```
                    List of relations
 Schema |          Name          |       Type        | Owner
--------+------------------------+-------------------+--------
 public | abuse_events           | table             | gitlab
 public | abuse_report_events    | table             | gitlab
 public | abuse_reports          | table             | gitlab
 public | abuse_trust_scores     | table             | gitlab
...
```

また psql 同様に、SQL コマンドを使った検索なども可能です。

◎ user テーブルの表示

```
## 選択されたスキーマの確認
gitlabhq_production=# select current_schema;
 current_schema
----------------
 public
(1 row)

## user テーブルの確認
gitlabhq_production=# select name,username from users;
        name        |  username
--------------------+-------------
 Administrator      | root
 GitLab Alert Bot   | alert-bot
 GitLab Support Bot | support-bot
(3 rows)

## PostgreSQL からログアウト
gitlabhq_production=# \q
```

○ PostgreSQL からのログアウト

データベースの参照確認ができたら「\q」を実行して、PostgreSQL からログアウトしておきましょう。

なお、gitlab-psql コマンドは、Omnibus パッケージでローカルにインストールされた PostgreSQL にのみ対応しており、リモートホストに別途 PostgreSQL を構築した場合の接続は想定されていません。

■ gitlab-rake

Omnibus パッケージでは、GitLab に関する管理および運用プロセスを自動化する Rake タスクが提供されています。これを実行するコマンドが「`gitlab-rake`」コマンドです。

Rake タスクとは、Ruby で実装されたジョブプログラムのようなものであり、Ruby の構文 (Rakefile) で書かれたタスク自動化機能です。これを利用することによって、GitLab の複雑な運用タスクを標準化できます。また運用の観点から見ても、タスクを統一しておくことによって不要なカスタマイズや独自実装を回避できます。定常運用に対するサポートを受ける場合は、必ずこれらの Rake タスクの利用を心掛けてください。

Rake タスクの例としては、Table 2-4 に示すものがあります。

Table 2-4　Rake タスクの一例

Rake タスク	タスク詳細
Back up and restore	GitLab のバックアップ、リストアを行う
Clean up	GitLab から不要なアイテムをクリーンアップする
Elasticsearch	Elasticsearch の管理を行う
General maintenance	GitLab のメンテナンスとセルフチェックを行う
Geo maintenance	災害復旧用にウォーム スタンバイを提供する
GitHub import	GitHub からリポジトリを取得してインポートする
Import large project exports	大規模プロジェクトのエクスポートとインポートをする
Incoming email	受信メール関連の設定を行う
Integrity checks	リポジトリ、ファイル、LDAP などの整合性をチェックする
LDAP maintenance	LDAP 関連の設定を行う
List repositories	GitLab の Git リポジトリを一覧表示する
Praefect Rake tasks	Gitaly クラスタの管理を行う
Project import/export	プロジェクトのエクスポートとインポートをする
Sidekiq job migration	今後スケジュールされた Sidekiq ジョブを新しい Queue に移行する
Repository storage	レガシーストレージからハッシュストレージに移行する
Reset user passwords	ユーザーのパスワードをリセットする
Uploads migrate	ローカルストレージからオブジェクトストレージに移行する
Service Data	Service Ping を行ってトラブルシューティングする
User management	ユーザーを管理する
X.509 signatures	X.509 使ってコミットした署名を更新する

各 Rake タスクの実装方法は公式のドキュメント[*8]を確認してください。

ここでは、GitLab 稼働状況のセルフチェックと、ユーザーのパスワードリセット方法について紹介します。

○システム情報の収集

まずは gitlab-rake コマンドを利用して、GitLab のシステム情報を収集してみましょう。これらは、サポートに問い合わせを行うときや問題を報告するときに役立ちます。

◎ GitLab のシステム情報を収集する

```
$ sudo gitlab-rake gitlab:env:info

System information
System:
Proxy:          no
Current User:   git
Using RVM:      no
Ruby Version:   3.0.6p216
Gem Version:    3.4.14
Bundler Version:2.4.16
Rake Version:   13.0.6
Redis Version:  7.0.12
Sidekiq Version:6.5.7
Go Version:     unknown

GitLab information
Version:        16.2.4-ee
Revision:       9544e5451d7
Directory:      /opt/gitlab/embedded/service/gitlab-rails
…
```

特に GitLab の PostgreSQL に接続できない障害が起きるとデータが取得できないため、GitLab Rails を実行しているノードでこのコマンドを実行します。

その他、構築時に設定した管理者（root）パスワードを失念してしまった場合にも、gitlab-rake コマンドを使うことによって強制的にユーザーのパスワードを変更できます。

＊8　Rake tasks
https://docs.gitlab.com/ee/raketasks/

◎ 管理者（root）のパスワードを変更する

```
$ sudo gitlab-rake "gitlab:password:reset[root]"
Enter password:
Confirm password:
Password successfully updated for user with username root.
```

このように gitlab-rake コマンドを利用すると、複雑な運用タスクも簡単に処理できます。独自の運用スクリプトを実装する前に、どうしても gitlab-rake のタスクでは取り扱えない運用作業なのかを確かめておきましょう。

2-3 まとめ

GitLab はパッケージ化されたインストール方法や運用作業を簡略化するツールが非常に充実していることから、初めて導入する方でも安心して始めることができます。これまで DevSecOps を実装するためには、数多くの継続的インテグレーションツールを一つひとつ検討していましたが、GitLab を利用することによってこれらの選択時間を大幅に削減できます。

導入検討や運用にかかる時間を短縮し、より開発に集中できる時間を増やすことによってサービス改善へ繋げるという意識を心掛けていきましょう。

第3章 GitLabを使ってみよう

ここからはGitLabの各機能を利用していきます。GitLabはアプリケーション開発の支援ツールと紹介しましたが、その中核となる機能はやはりGitリポジトリ管理です。したがって、GitLabの機能を十分に使いこなすためには、Gitに関する基本知識を押さえておく必要があります。特に、今までSubversionに慣れ親しんできた方にとっては、Gitのような分散型バージョン管理システムとの違いに少し戸惑いを覚えるかもしれません。Subversionではリポジトリを中央のサーバー上で集中管理する仕組みであるのに対し、Gitではそれぞれのユーザーがローカルにリポジトリ保持し、リモート側でもその複製を持つといった分散管理の概念を理解する必要があります。

Gitリポジトリは、複数人で行うチーム開発の現場で役に立ちます。そのメリットの一つが、他者の開発作業を邪魔することなく、開発者同士のコミュニケーションを活かしながら、継続的に改善できる点です。

これらを踏まえ、本章ではGitLabの基本的な利用方法を紹介していきます。

3-1 GitLab の初期設定

GitLab のコンセプトは個別開発で利用するツールではなく、チーム開発を支援するツールです。そのため導入後は、チームメンバーとも開発コードやプロセスを共有しながら開発できるよう環境を整える必要があります。

ここで紹介するプロジェクトやグループはチームでリポジトリを管理するための重要な初期設定です。安易に設定してしまうと権限の違いや設定漏れによって情報流出にも繋がります。また、開発のライフサイクルが稼働している中でのプロジェクト変更は、開発にも悪影響を与えかねません。そのため、事前にチームメンバーと導入後の運用を検討した上で設定していきましょう。

3-1-1 ユーザー、グループ、プロジェクト

はじめに基本概念である「ユーザー」「グループ」「プロジェクト」を簡単に押さえておきましょう（Figure 3-1）。

Figure 3-1 ユーザー、グループ、プロジェクトの基本概念

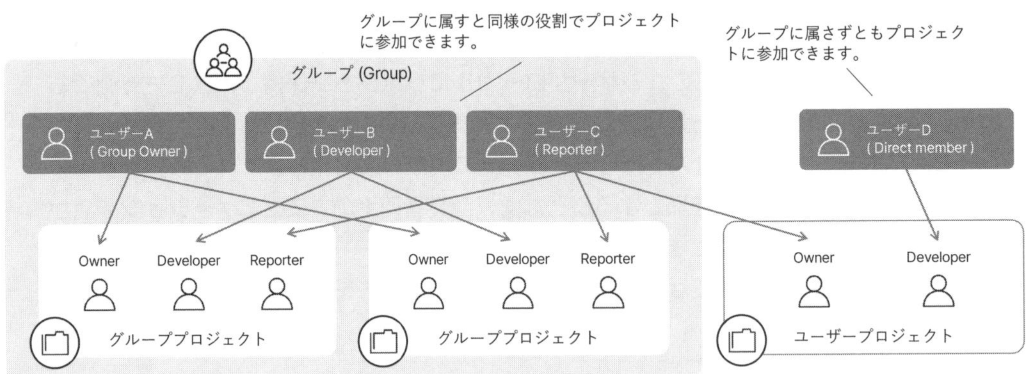

GitLab では Git リポジトリの管理を「**プロジェクト**」という単位で取り扱います。1 つの Git リポジトリは、1 プロジェクトです。GitLab には、継続的インテグレーションや Issue 管理など複数の機能がありますが、これらは 1 つのプロジェクトの中で取り扱うことができます。

そして、プロジェクトは「**ユーザー**」によって利用されます。ユーザーとは開発者やレビューア、ビジネスオーナーなどの個々人のアカウントを指し示します。プロジェクト管理者がプロジェクトに別のユーザーを所属させることで、役割にあった権限で各ユーザーをプロジェクトに参加できます。

またユーザーは特定の「**グループ**」にまとめることが可能です。グループでは複数のプロジェクトが管理でき、そのグループに属しているユーザーはグループが管理しているプロジェクトに参加できます。つまり、ユーザーはグループのメンバーになるか、直接プロジェクトのメンバーになることでプロジェクトに参加できます。

これらの基本概念をもとに、GitLab の初期設定を行ってみましょう。

(1) ユーザーの管理
(2) グループの管理
(3) プロジェクトの管理

なお、ここからは「GitLab.com」を使用した設定を前提に紹介します。本書では「`GitLab Enterprise Edition 16.8.0-pre`」のバージョンで動作確認をしていますが、GitLab.com はホステッドのサービスでもあるため、随時バージョンが更新されます。利用するバージョンによって、登録作業内容や画面表示が多少異なる点に留意ください。

Column　Git リポジトリツールの用語比較

GitLab ではリポジトリを「プロジェクト」という単位で取り扱います。1 つのプロジェクトに対して、1 つのリポジトリが割り当てられます。GitHub や GitBucket などの他のリポジトリ管理サービスでは、同様のものでも用語に違いがあります。

他のツールを併用するときには、用語が示す対象の違いに注意してください。

Table 3-1　Git リポジトリツールの用語比較

概念	GitLab	GitHub
Git リポジトリ、Issues などを含んだもの	Project	Repository
ユーザーをまとめたもの	Group	Organizations
メモや定形コードを保存するもの	Snippet	Gist
ブランチのマージ依頼を行うもの	Merge Request	Pull Request

3-1-2　ユーザーの管理

はじめに GitLab のユーザーアカウントを作成し、プロジェクト管理に必要な設定を行いましょう。

GitLab のユーザーの種類には「**管理者ユーザー**」と「**一般ユーザー**」の 2 種類があります。管理者

(root) ユーザーとは、Self-managed 型の GitLab をインストールした際に、GitLab のインスタンス全体の機能やプロジェクトの管理を行うユーザーです。

主に以下のような作業ができます。

- 全プロジェクト、ユーザー、グループの管理
- ジョブや各プロセスのシステム監視
- システムメンテナンスの通知
- System Webhook の登録

ただし、管理者ユーザーはあくまで Self-managed 型の GitLab を管理する専用ユーザーであり、SaaS で管理されている GitLab.com では使用できません。GitLab でユーザーアカウントとは、通常は一般ユーザーを表します。

一般ユーザーは、GitLab 内でプロジェクトを管理するユーザーです。まずは一般ユーザーを作成し、プロファイルの設定、二要素認証の設定、個人アクセストークンなどの設定を行ってください。

■ ユーザーアカウントの作成

Self-managed 型の GitLab を使った場合でも、GitLab.com を使う場合でも、ユーザーアカウントは GitLab のサインアップページから利用者自身で作成できます。

- GitLab.com の場合：`https://gitlab.com/users/sign_up`
- Self-managed 型の GitLab の場合：
  `https://<GitLab の Web ポータル接続先ドメイン>/users/sign_up`

Self-managed 型の GitLab では、独自ドメインに合わせて「`https://gitlab.example.com/users/sign_in`」といった URL にアクセスします。サインアップページでは利用者情報を入力し、ユーザーアカウントを作成してください。ここで登録する「`Username`」は、後に利用者のサイトアドレス（`https://gitlab.com/<username>`）となるため、慎重に検討してください（Figure 3-2）。

- First name：名前
- Last name：名字（姓）
- Username：ユーザーアカウント名 (GitLab.com で唯一である必要があります)
- Email：メールアドレス
- Password：任意のパスワード（最低 8 文字以上必要です）

Figure 3-2　GitLab のサインアップページ

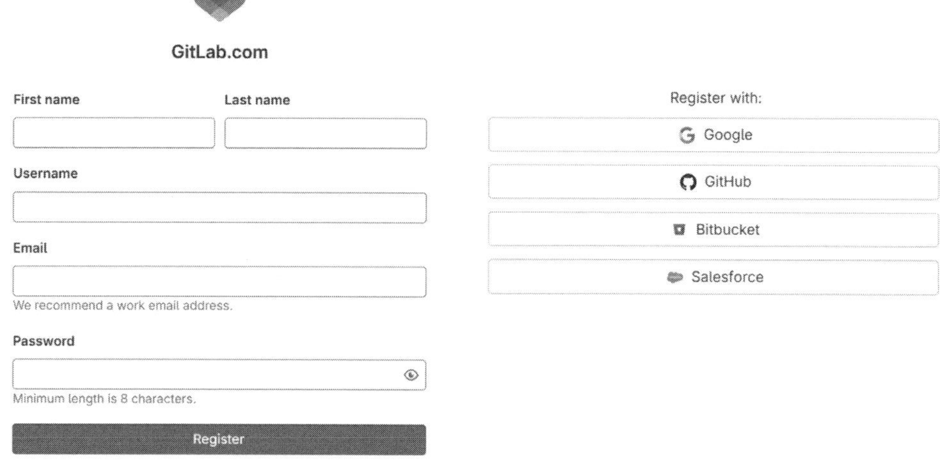

ユーザーアカウント登録には事前にメールアドレスが必要です。このメールアドレス宛に、プロジェクトの通知や環境のメンテナンス情報が送られます。また GitLab.com のサインアップでは、Google や GitHub などのアカウントと認証連携することも可能です。

利用者情報の登録が終わると、登録したメールアドレス宛に「**確認コード**（**Verification Code**）」が自動的に送信されます。メール内容を確認し、それをサインアップページに入力したらアカウントの登録は完了です（Figure 3-3）。

Figure 3-3　アカウント登録の確認

なお、Self-managed 型の GitLab ではメールに作成承認の URL が明記されます。そちらを承認するとユーザーアカウントの新規作成は完了です。

GitLab.com では、この後初期プロジェクトの登録が求められます。プロジェクトの設定については後述しますが、ここではこの後使用するグループとプロジェクトを作っておきましょう。本章では「gitlab」というグループに「example」という名前のプロジェクトを作成しますが、適宜名前は検討してください（Figure 3-4）。なお、グループ名は GitLab サーバー上で一意である必要があります。すでに使われているグループ名を指定した場合は、GitLab が自動的に乱数を付与して一意となるようなグループ名を生成します。

Figure 3-4　初期プロジェクトの作成

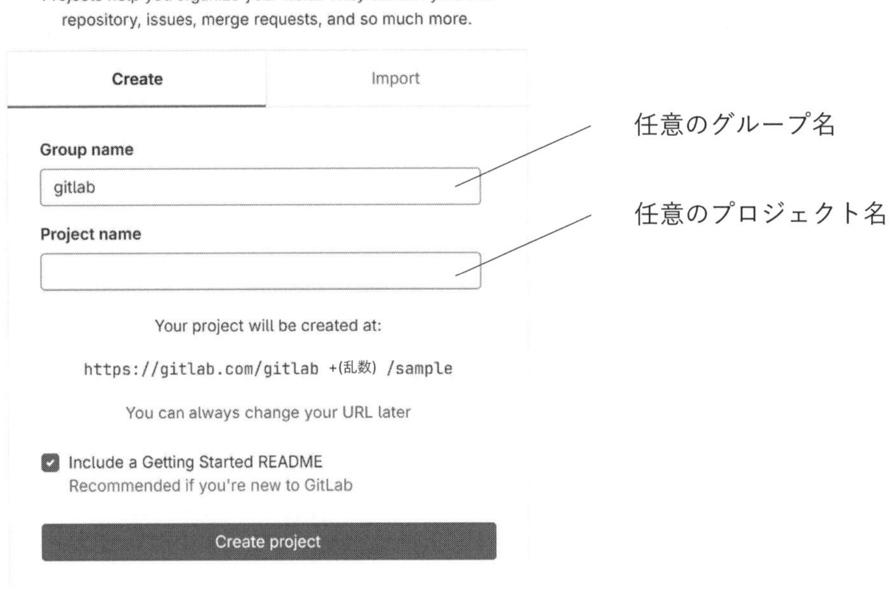

○本章の初期プロジェクト設定

- Group name: gitlab
- Project name: example

■ ユーザープロファイルの設定

GitLab の Web ポータルにアクセスすると、サイドバーの上に「**アバター**」のアイコンボタンがあります。ここから［Edit profile］を選択し、ユーザープロファイルを設定します（Figure 3-5）。ユーザープロファイルの設定ページ（User Settings/Edit Profile）では、アバターや利用するタイムゾーンが設定できます。ここであらかじめプロファイル情報を正しく設定しておくことにより、開発者同士の役割がすぐに把握できます。

Figure 3-5　ユーザープロファイルの設定

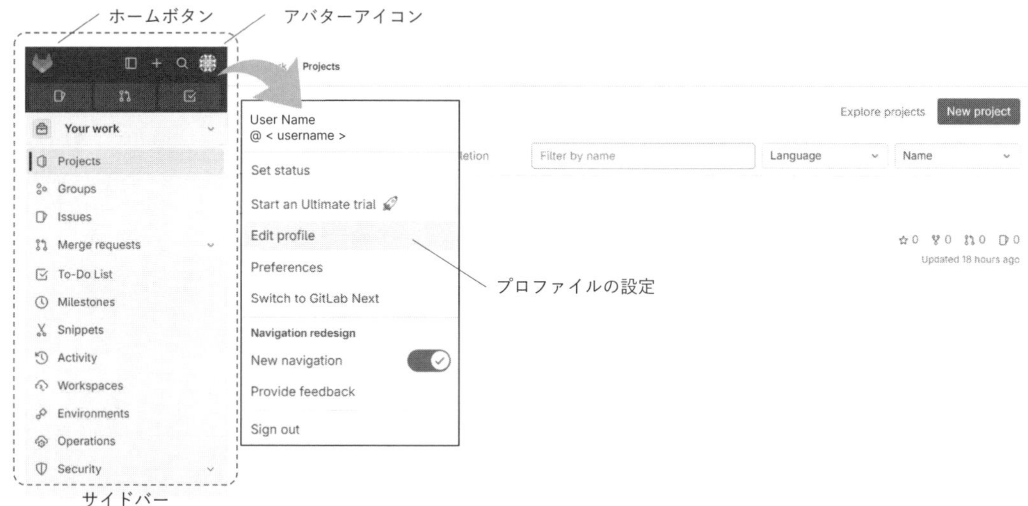

特にアバター（Public avatar）は、開発プロセスにおいて個人を特定する重要なコンテンツとなるため、必ず設定しておきましょう。Google アカウントと連携している場合は、アカウントに連携されたアイコンが動的に利用されます。また、オリジナルの画像をアップロードする際は 200KB 以内の画像をローカルファイルから選択してください。

そしてアバターの編集と同時に、タイムゾーン（Time settings）も設定しておくことをおすすめします。異なるロケーションで開発を行っているメンバーのステータスが分かり、コミュニケーションの促進にも繋がります。

■ 二要素認証の設定

次にユーザーアカウントのセキュリティ強化のため、二要素認証を設定します。二要素認証（Two-factors Authentication）とは、ユーザーアカウント作成時に登録したユーザー名（Username）とパスワード（Pass word）の組み合わせと、他の認証要素を組み合わせる認証プロセスです。GitLab は二要素認証として以下をサポートしています。

- 時間ベースのワンタイムパスワード認証（TBOP：Time-Based One-Time Password）
  これを有効化すると GitLab はサインイン時に「認証コード」の入力が求められます。この認証コードは、ワンタイムパスワード認証システムによって生成されます。

- WebAuthn デバイス認証
  これを有効化すると WebAuthn デバイスをアクティブ化するように求められます。WebAuthn デバイスでは、あらかじめ設定された端末の PIN コードや生体認証を使って認証を行います。

時間ベースのワンタイムパスワード認証を有効にするには、ユーザー設定［User Settings］のサイドバーにある［Account］から［Enable two-factor authentication］を選択します（Figure 3-6）。なお、ワンタイムパスワード認証には、事前に携帯電話やブラウザのアドオンを使ったワンタイムパスワード生成ツールのインストールが必要です[*1]。

Figure 3-6　二要素認証の設定

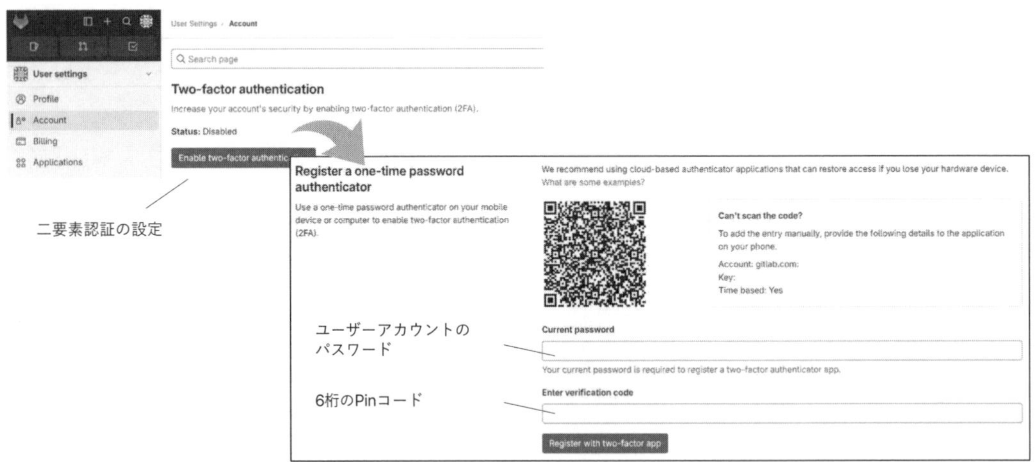

ワンタイムパスワード生成ツールのカメラから GitLab に表示された QR コードを撮影すると、6 桁の Pin コードが生成され、それらを［Enter verification code］に入力すると二要素認証が有効化され

＊1　One-time password generation tools
ワンタイムパスワード生成ツールとして Google Authenticator、Microsoft Authenticator、FreeOTP などが利用可能です。
https://docs.gitlab.com/ee/user/profile/account/two_factor_authentication.html#enable-two-factor-authentication

ます。

PIN コードの入力を正しく行うと、GitLab にリカバリコードのリストが表示されます。これらは、万が一ワンタイムパスワード認証が利用できなくなった際の復旧用コードです。ダウンロードして安全な場所に保管しておいてください。

■ 個人アクセストークンの設定

コマンドラインベースで Git リポジトリを始めとする GitLab のリソースにアクセスするためには、ユーザーアカウントのパスワードの代わりに個人アクセストークン（Personal Access Tokens）を使用します。GitLab における、個人アクセストークンは OAuth2.0*2の代替として利用でき、GitLab API と連携して認証を行います。

たとえば前述の二要素認証を有効化した場合、コマンドラインから二要素認証のコードを入れることはできません。そのため、事前に個人アクセストークンを発行しておき、それを利用して GitLab 上のリソースにアクセスします。本書ではこの後のコマンド実行に個人アクセストークンを使用するため、必ず事前に作成を行ってください。

個人アクセストークンは、ユーザープロファイルの設定ページのサイドバーにある［Access Tokens］を選択し、［Add new token］から作成します（Figure 3-7）。

Figure 3-7　個人アクセストークンの作成

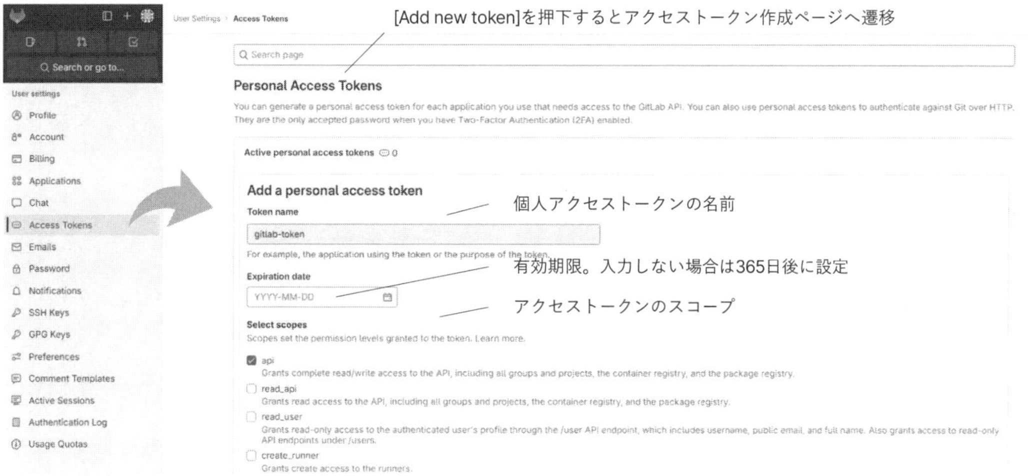

＊2　OAuth2.0
所有者の代わりにリソースへのアクセスを許可するための認可プロトコル

本書では以下の設定を利用します。

○本書の個人アクセストークンの作成

- Token name：gitlab-token
- Expiration date：未設定（入力しない場合は 365 日後に設定）
- Select scopes：api

本書では、個人アクセストークンを環境変数「`export GITLAB_TOKEN=<Personal Access Token>`」として取り扱うことがありますが、ここで設定したトークンの内容と置換して利用してください（Figure 3-8）。

Figure 3-8　個人アクセストークンの保管

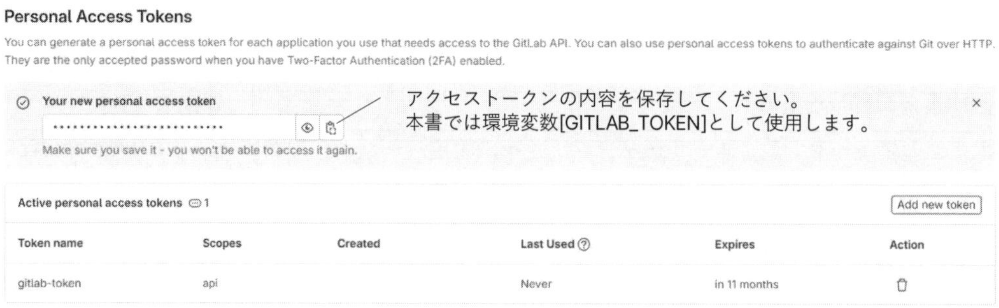

個人アクセストークンは、割り当てられたスコープに基づいてリソースへのアクセスが可能です（Table 3-2）。本書では複数の機能実行するため、いったん「`api`」のスコープを利用してください。

Table 3-2　個人アクセストークンのスコープ

スコープ	リソースへのアクセス
api	コンテナレジストリやパッケージレジストリを含む、すべてのグループとプロジェクトの API 読み取り/書き込み権限を付与する
read_user	API を介して、認証されたユーザーのプロファイル読み取り権限を付与する
read_api	コンテナレジストリやパッケージレジストリを含む、すべてのグループとプロジェクトの API 読み取り権限を付与する
read_repository	Git-over-HTTP またはリポジトリファイル API を使用した、プライベートプロジェクトへのリポジトリ読み取り権限を付与する
write_repository	Git-over-HTTP(API は使用しない) を使用した、プライベートプロジェクトへのリポジトリ読み取り/書き込み権限を付与する

read_registry	コンテナレジストリのコンテナイメージ読み取り権限 (Pull) を付与する
write_registry	コンテナレジストリのコンテナイメージ読み取り/書き込み権限 (Push) を付与する
sudo	(Self-managed 型のみ) 管理者として認証された場合、システム内の任意のユーザーの代わりに API を実行する権限を付与する
admin_mode	(Self-managed 型のみ) 管理者として API を実行する権限を付与する
create_runner	GitLab Runner を作成する権限を付与する

個人アクセストークンは、開発者がコマンドラインからリポジトリにアクセスする場合やプロジェクト設定を変更する場合に利用します。スクリプトなどによるテスト実行やデプロイの自動化には個人アクセストークンは使用しません。プログラムが使用するアクセスについては、事前に決められた専用のトークン（デプロイトークン）を利用して、セキュリティ強化を図ってください。後ほど、本書の中でもデプロイトークンを紹介します。

なお、本書でアクセストークンとだけ記載があった場合は、この個人アクセストークンのことを指すものとします。

■ SSH 公開鍵の登録

コマンドラインを使用した Git リポジトリへのアクセスには、HTTP(S) 通信を利用する場合がほとんどですが、企業のセキュリティポリシーなどによりアクセス方式が SSH のみに制限されている場合があります。こうした環境に対応するため、GitLab では SSH プロトコルを利用した Git への認証認可方式を提供しています。また GitLab.com では、SSH 公開鍵を登録しておくことにより、二要素認証が利用できない場合にも、リカバリコードを再取得できます。このように万が一の状況に備えて、SSH 公開鍵も登録しておきましょう。

SSH 認証では、公開鍵を GitLab にアップロードして認証を行います。これには、あらかじめ SSH の秘密鍵と公開鍵を手元で作成しておく必要があります。たとえばパスフレーズなしの ED25519 ベースの SSH 鍵ペアを作成するためには、ターミナルで以下を実行します。

◎ ED25519 ベースの SSH 鍵ペア作成

```
$ ssh-keygen -t ed25519 -C "GitLab resource access key"
Generating public/private ed25519 key pair.
Enter file in which to save the key (/home/<user>/.ssh/id_ed25519): <Enter>
Enter passphrase (empty for no passphrase): <Enter>
Enter same passphrase again: <Enter>
Your identification has been saved in /home/<user>/.ssh/id_ed25519.
Your public key has been saved in /home/<user>/.ssh/id_ed25519.pub.
```

```
...

## SSH 鍵ペアの確認
$ ls ~/.ssh/id_*
.ssh/id_ed25519 ( 秘 密 鍵 ) .ssh/id_ed25519.pub ( 公 開 鍵 )
```

SSH 鍵ペア作成に使用する暗号化アルゴリズムは、企業の方針に応じて選択してください。GitLab でサポートしている暗号化アルゴリズムは以下のとおりです。

- ED25519
- ED25519_SK（GitLab 14.8 以降で利用可能）
- ECDSA_SK（GitLab 14.8 以降で利用可能）
- RSA
- DSA（GitLab 11.0 以降では非推奨）
- ECDSA（GitLab 11.0 以降では非推奨）

公開鍵と秘密鍵の SSH 鍵ペアを生成したら、公開鍵の内容を GitLab に登録します。公開鍵は以下のコマンドにて内容を確認します。

◎ ED25519 ベースの公開鍵の確認

```
$ cat ~/.ssh/id_ed25519.pub
ssh-ed25519 AAAAC3NzaC1lZDI1NTE5A…GitLab resource access key
```

GitLab への公開鍵登録は、ユーザープロファイルの設定ページのサイドバーにある［SSH Keys］から行います。［Add new key］を押し、「Key」にコピーした公開鍵の内容をペーストした後、任意の鍵のタイトル「Title」と使用タイプ「Usage type」を選択します。公開鍵の使用タイプには認証用（Authentication）と署名用（Signing）が選択できます。デフォルトでは双方の利用タイプ（Authentication & Signing）が選ばれます（Figure 3-9）。

また秘密鍵はコマンドラインからの Git 接続時に利用するため、必ず安全に保管しておいてください。登録した公開鍵と接続時に使用する秘密鍵の組み合わせが間違っていると、GitLab へ SSH で接続することができません。

Figure 3-9　SSH 公開鍵の登録

3-1-3　グループの管理

GitLab でチーム開発を行うためには、グループに対して複数のプロジェクトを割り当てて管理します。グループを活用することによってプロジェクトの各コンテンツにアクセスできるユーザーをまとめて制限できるため、効率良くプロジェクトを管理できます。なお、ここではグループに所属するユーザーのことを「**グループメンバー**」と表記します。

GitLab では、グループを作成したユーザーがそのグループの Owner となり、グループに所属する各グループメンバーに役割を付与します。この役割によって、グループ内のプロジェクトや開発計画に対する操作権限が割り当てられます。開発計画とは、Issues や Epics、Roadmap、Milestones、Wiki などを始めとしたチーム開発を行うときに使用する GitLab のプロジェクト進捗管理機能です。

グループメンバーには、以下の 5 つの役割があります（Table 3-3）。

- Guest：グループの開発計画に関する参照権限を持ちます。
- Reporter：開発計画の参照権限とマイルストーンなどの管理権限を持ちます。
- Developer：開発計画に関する管理権限に加え、パッケージなどの開発コンテンツへの管理権限を持ちます。

- Maintainer：グループの開発コンテンツに対するポリシーやルールの管理権限を持ちます。
- Owner：グループメンバーの管理者やグループの管理権限を持ちます。

これらの役割はあくまで対象のグループ内のアクティブなグループメンバーに与えられる権限です。必要に応じて公式ドキュメント*3も確認してください。

Table 3-3　グループメンバーの役割と権限

操作権限の一例	Guest	Reporter	Developer	Maintainer	Owner
グループの開発計画参照	✓	✓	✓	✓	✓
グループのEpicの作成/編集		✓	✓	✓	✓
グループのラベル管理		✓	✓	✓	✓
パッケージのダウンロード(Pull)		✓	✓	✓	✓
パッケージの登録(Publish)			✓	✓	✓
パッケージの削除(Delete)				✓	✓
グループ内のプロジェクト作成		✓	✓	✓	✓
グループラベルの管理		✓	✓	✓	✓
グループのマイルストーン管理		✓	✓	✓	✓
Pushルール(Git hooks)の管理				✓	✓
Dependency Proxyの管理				✓	✓
サブグループの作成				✓	✓
グループメンバーの管理					✓
グループの削除					✓

■ グループの作成

グループは、ログイン後のトップページから管理できます。トップページへは、画面左上のGitLabアイコンを押すと戻り、サイドバー上部の［＋］から［New group］を選択するとグループの作成ができます。また、トップページのサイドバーにある［Groups］というグループの管理ページから［New group］ボタンを押しても作成ができます。

［New group］ボタンを押すと、新しくグループを作成する「Create group」または既存のグループを移行する「Import group」が問われます。まずは「Create group」を選択してください。

次にグループ作成画面に移行すると、グループ名を指定できます（Figure 3-10）。ここで指定するグループ名は、この後グループページであるGroup URLになるため慎重に名前を検討しておきましょ

＊3　Group Members Permissions
https://docs.gitlab.com/ee/user/permissions.html#group-members-permissions

う。同じ GitLab インスタンスに同じ名前のグループ名が存在する場合は、グループ名にランダムな数字が付け加えられた名前が Group URL に割り当てられます。

```
グループページ（ Group URL ）：https://gitlab.com/<グループ名>
```

Figure 3-10　グループの作成

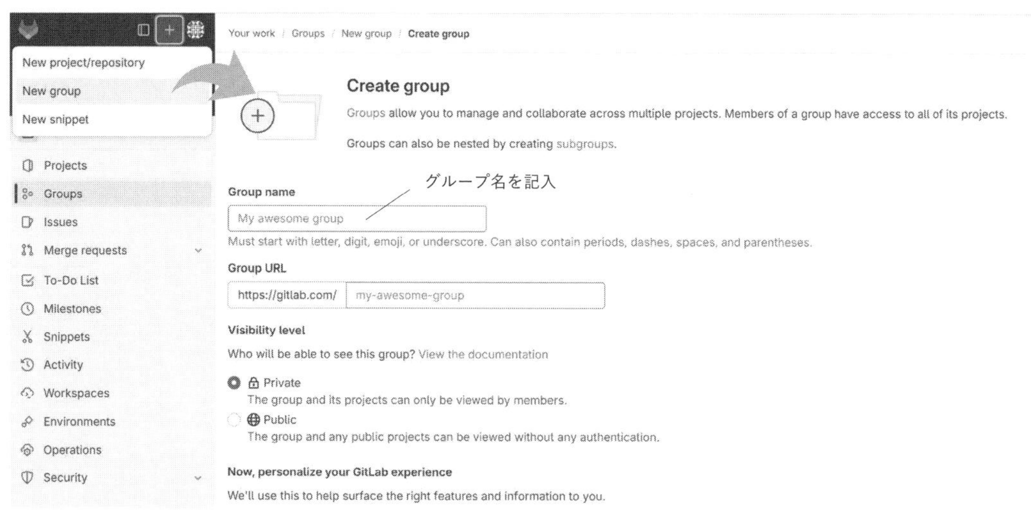

グループの作成で重要な設定項目は「Visibility level」です。この設定によって、グループページの公開レベルが決まります。

- Private（非公開）
  グループとそのプロジェクトはメンバーのみが閲覧できます。
- Public（公開）
  グループと公開されたプロジェクトは認証なしで閲覧できます。

なお Visibility level は、あくまで外部に対してグループコンテンツを公開するかどうかを決める設定です。グループやプロジェクト内のメンバーが、お互いの状態を見られるかどうかには影響しません。グループに所属した時点で、グループメンバーは、所属するメンバーやプロジェクトを見ることができます。

これらが設定できたら、下の［Create group］を押下してグループの作成をします。本書では「`gitlab`」

という名前でグループを作成して進めます。

○ 本章の初期グループページ

グループページ（Group URL）：https://gitlab.com/gitlab（+乱数）

■ グループメンバーの登録

グループの作成時点のページで［Invite Members (optional)］ボタンからグループメンバーを招待しますが、グループを作成した後にも、グループページからグループメンバーが追加できます。ただし、追加するグループメンバーはアカウント登録してある既存ユーザーである必要があり、グループメンバーの招待は Owner だけが可能な操作であることを注意しておきましょう。

グループメンバーの管理は、グループページのサイドバーにある［Manage］>［Members］から実施します。［Invite members］ボタンを選択すると、ポップアップでグループメンバーの招待内容が表示されます（Figure 3-11）。

Figure 3-11　グループメンバーの登録

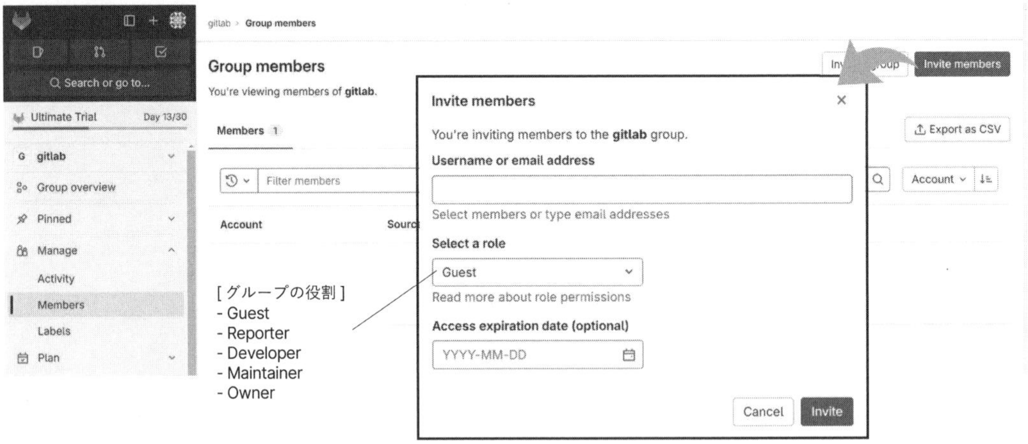

グループメンバーを招待する際、グループメンバーの役割を参加者に割り当てることができます。ただし、ここで決めた役割が後続のプロジェクト作成時にも委譲されるため、確認を行ってから役割を選択してください。

なお、グループメンバーをグループから外したい場合は、同様のページにある各ユーザーの設定ボタンから実施します。

■ グループアクティビティの表示

グループでは複数のプロジェクトを管理でき、各プロジェクトに対するグループメンバーのアクティビティを表示できます。

グループアクティビティの表示は、グループページの［Manage］>［Members］から確認します。見ることができる項目は以下のイベントです。アクティビティは各タブによって表示を変更できます（Figure 3-12）。

Figure 3-12　グループアクティビティの表示

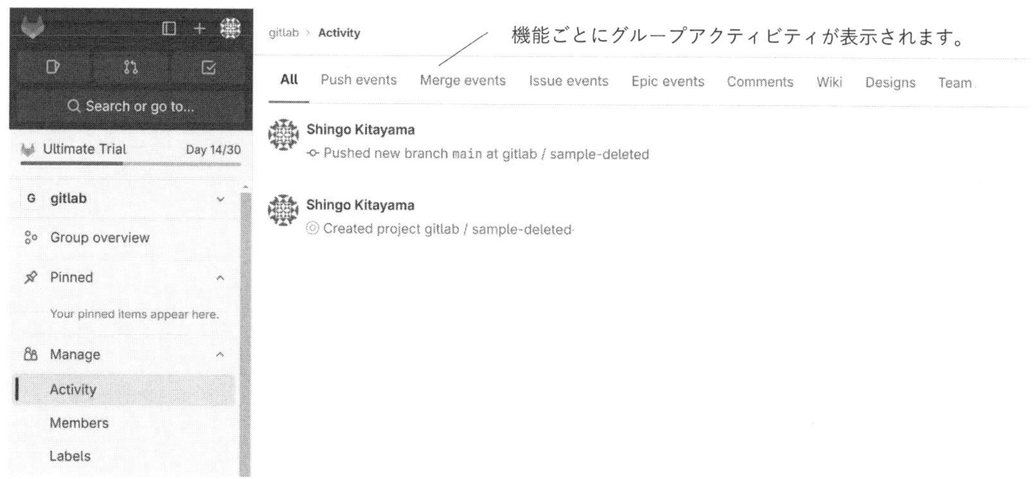

- ALL：グループメンバーによるすべてのアクション履歴
- Push events：グループプロジェクトにイベントをプッシュしたアクション履歴
- Merge events：グループプロジェクトに出されたマージリクエスト履歴
- Issue events：グループプロジェクトにオープン、またはクローズされた Issues 履歴
- Epic events：グループ内で定義された Epic の開始および終了履歴
- Comments：グループメンバーによって投稿されたグループプロジェクトへのコメント履歴
- Wiki：グループに記載された Wiki への更新履歴
- Designs：グループプロジェクトのデザインに対する変更履歴
- Team：グループプロジェクトに参加、または退出したグループメンバーの履歴

Column　サブグループ（Subgroup）

GitLab には、複雑な組織やチームを効率的に管理するための「サブグループ」という機能があります。サブグループは、より細かくカテゴリ分けされた小規模なグループで、通常のグループの下位に作成できます。この仕組みにより、大規模な組織や複数のサービスを管理する際に、プロジェクトへのアクセス管理が簡略化できます。

たとえば、大規模開発プロジェクトにおいて複数のチームが異なるサービスを開発する場合には、チームごとにサブグループを作成し、その中に関連するサービスをプロジェクトとして管理します。これによって、各サブグループに所属するメンバーのみが対応するプロジェクトにアクセスできます。また、グループにメンバーを追加すると、そのメンバーはそのグループに所属するすべてのサブグループにも追加されます。そしてメンバーの権限は、グループからすべてのサブグループに継承されます。

Figure 3-13　サブグループ

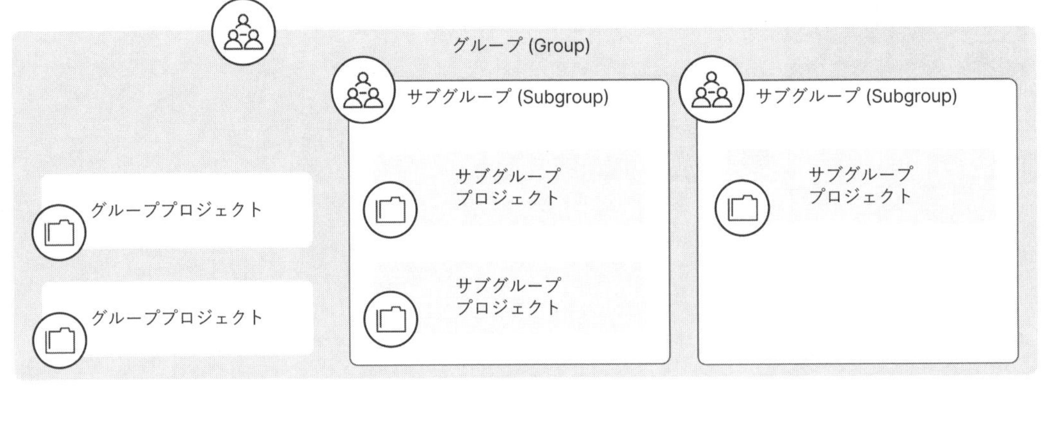

3-1-4　プロジェクトの管理

Git リポジトリや wiki、パッケージやコンテナイメージなどを含め、GitLab に保存するコンテンツはすべて「**プロジェクト**」という単位で取り扱われます。はじめはプロジェクトを 1 つの Git リポジトリと捉えても構いません。プロジェクトは必ず特定の名前空間（ユーザーまたはグループ）に属しており、所属する名前空間によって利用用途が分かれます。

- ユーザープロジェクト

各ユーザーが新しいプロジェクトを作成すると、プロジェクトの名前空間はユーザー個人の所有物となります。たとえば、外部にソースコードを公開することなく、個人の開発コンテンツを管理する場合に使用されます。

ユーザープロジェクトを作成すると Project URL は以下のようになります。

```
ユーザープロジェクト（User Project URL）：
  https://gitlab.com/<ユーザー名>/<プロジェクト名>
```

- グループプロジェクト

チーム開発を行うときには、グループの中にプロジェクトを立ち上げます。グループにプロジェクト作成することで、グループメンバーの役割と権限をグループプロジェクトへ継承できます。特にガバナンスを効かせながら Git リポジトリを公開する際は、グループプロジェクトを作成し、グループメンバーの役割でアクセス制御します。

グループプロジェクトを作成すると Project URL は以下のようになります。

```
グループプロジェクト（Group Project URL）：
  https://gitlab.com/<グループ名>/<プロジェクト名>
```

ここではプロジェクトに所属する個別ユーザー、およびグループメンバーのことを「**プロジェクトメンバー**」と表記します。

GitLab ではすべてのプロジェクトで個別のユーザーに対してアクセスレベルが設定できます。また、グループプロジェクトを作成した場合は、グループメンバーの役割がプロジェクトメンバーに継承されます。

■ プロジェクトメンバーの権限

グループメンバーと同様に、プロジェクトメンバーの権限はプロジェクトに所属する役割によって割り当てられます（Table 3-4）。

Table 3-4　プロジェクトメンバーの役割と権限

機能カテゴリ	操作内容例	Guest	Reporter	Developer	Maintainer	Owner
Issues	Issues の作成	✓	✓	✓	✓	✓
	Issues の担当アサイン	✓	✓	✓	✓	✓
	Issues の Close と Reopen		✓	✓	✓	✓
	Issues の Weight(優先順位) 付け		✓	✓	✓	✓
	Issues の削除					✓
Repository	リポジトリの取得 (pull)		✓	✓	✓	✓
	コミットの確認		✓	✓	✓	✓
	ブランチ作成			✓	✓	✓
	ブランチの更新 (push)			✓	✓	✓
Merge Requests	Merge Request の担当アサイン			✓	✓	✓
	Merge Request のラベル作成			✓	✓	✓
	Merge Request の承認			✓	✓	✓
	Merge Request の作成			✓	✓	✓
Container Registry	コンテナイメージの取得 (pull)	✓	✓	✓	✓	✓
	コンテナイメージの更新 (push)			✓	✓	✓
	レジストリの作成と削除				✓	✓
Project	Wiki、リリースの参照	✓	✓	✓	✓	✓
	ラベルの管理		✓	✓	✓	✓
	Review apps の有効化			✓	✓	✓
	Deploy Keys の作成				✓	✓
	プロジェクトの名前変更				✓	✓
	プロジェクトの削除					✓

Git リポジトリの管理は、Reporter 以上でコンテンツを取得する権限（Pull）があり、Developer 以上でブランチの更新権限（Push）があることを覚えておきましょう。たとえば、すべてのプロジェクトメンバーを Maintainer にするといった権限を付与すると、セキュリティの面からも望ましくありません。各プロジェクトメンバーの役割をそれぞれ理解し、適切な権限管理を行うことが重要です。なお、プロジェクトメンバーに関する細かな権限については、公式ドキュメント*4も併せて確認しておきましょう。

＊4　Project Members Permissions
https://docs.gitlab.com/ee/user/permissions.html#project-members-permissions

■ プロジェクトの作成

プロジェクトの作成は、トップページのサイドバー上部にある［+］から［New project/repository］を選択します（Figure 3-14）。また、トップページのサイドバーにある［Projects］というプロジェクトの管理ページから［Create a project］ボタンを選択しても作成できます。

Figure 3-14　プロジェクトの作成

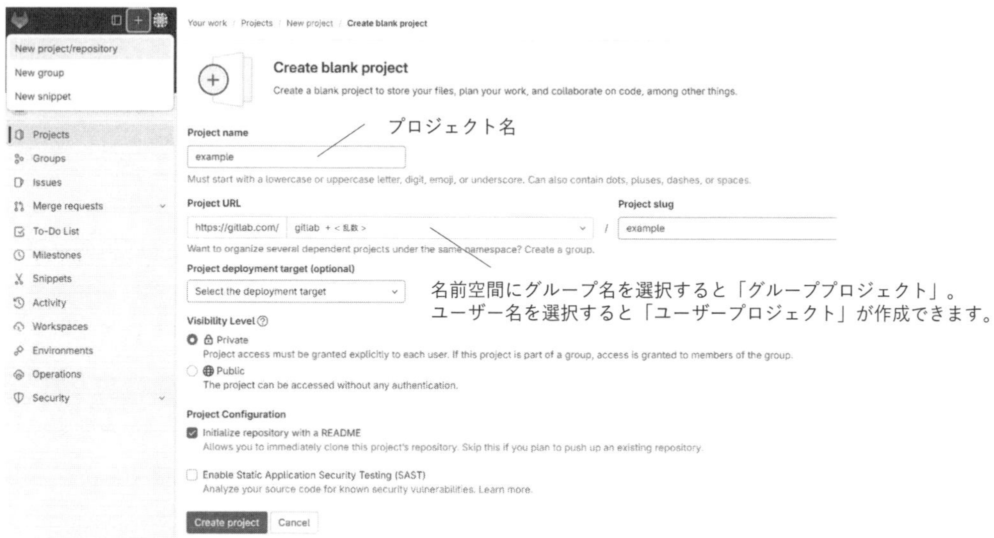

プロジェクトの作成方法には 4 つの形式が用意されています。

- Create blank project

  空のリポジトリが用意され、自身でアプリケーションコードの配備や開発計画の Issues を一から作ります。

- Create from template

  GitLab が提供しているテンプレート[*5]を使って、開発言語特有のリポジトリ構成を作ります。

- Import project

  GitHub や Bitbucket、または他の GitLab インスタンスで作られたリポジトリを移行します。

- Run CI/CD for external repository

  GitLab CI/CD のみを利用するプロジェクトで、他のリポジトリと連携し Runner を起動します。

＊5　GitLab Project Templates
https://gitlab.com/gitlab-org/project-templates

今回は「Create blank project」から「example」プロジェクトを作成する例をもとに紹介します。なお、ユーザーアカウント登録時にすでに「example」プロジェクトを作成している場合は、新たに作る必要はありません。次のプロジェクトメンバーの登録から始めてください。

プロジェクト作成時はまず「Project name」を決めましょう。プロジェクト名は小文字、大文字アルファベットから始めスペース、ドット、プラス、アンダースコア、また絵文字などが使用できます。ただし、通常はプロジェクトメンバーが理解しやすい名前を付けるため、サービス名やプロダクト名をプロジェクト名として入力することをおすすめします。特にプロジェクト作成時には、関係付ける名前空間（ユーザーまたはグループ）に気を付けましょう。前述のとおり「Project URL」の後ろにグループ名を選択すると「グループプロジェクト」ができ、ユーザー名を選択すると「ユーザープロジェクト」が作成されます。

またグループ作成と同様に「Visibility level」の設定によって、プロジェクトページの公開レベルが決まります。グループプロジェクトの場合は、グループの公開レベルがプロジェクトにも委譲されるため、グループが「Private」である場合はプロジェクトも公開できません。よく見られる事故としては、この設定を「Public」にしたまま社外秘の機密情報や非公開アプリケーションコードをアップロードしてしまい、情報流出に繋がった事例が、GitLab に限らず様々なバージョン管理ツールでよく見られます。グループ、およびプロジェクトの公開レベルについては十分に注意してください。

- Private（非公開）

  プロジェクトのアクセス権は、各ユーザーに付与する必要があります。またグループプロジェクトの場合は、グループメンバーの役割に依存します。

- Public（公開）

  プロジェクトは認証なしで閲覧できます。

最後に「Project Configuration」にある「Initialize repository with a README」を選択すると、テンプレートの README がリポジトリに保存されます。これによって、すぐにコマンドライン上からリポジトリが利用できます。これらの設定が完了したら［Create project］からプロジェクトの作成を行ってください。

本章では作成後は以下のプロジェクトページを確認します。

○本章の初期プロジェクトページ

```
プロジェクトページ（Group Project URL）：
  https://gitlab.com/gitlab（+乱数）/example
```

■ プロジェクトメンバーの登録

プロジェクトを作成した後は、プロジェクトメンバーを登録します。プロジェクトメンバーの登録はOwnerおよびMaintainer権限を持ったメンバーだけが可能です。

登録方法は、プロジェクトページのサイドバーにある［Manage］>［Members］を指定し、［Invite members］ボタンを押下します。新規メンバーの登録フォームに既存の登録ユーザーアカウントを選択して役割を設定すると、プロジェクトメンバーが登録できます（Figure 3-15）。

Figure 3-15　プロジェクトメンバーの登録

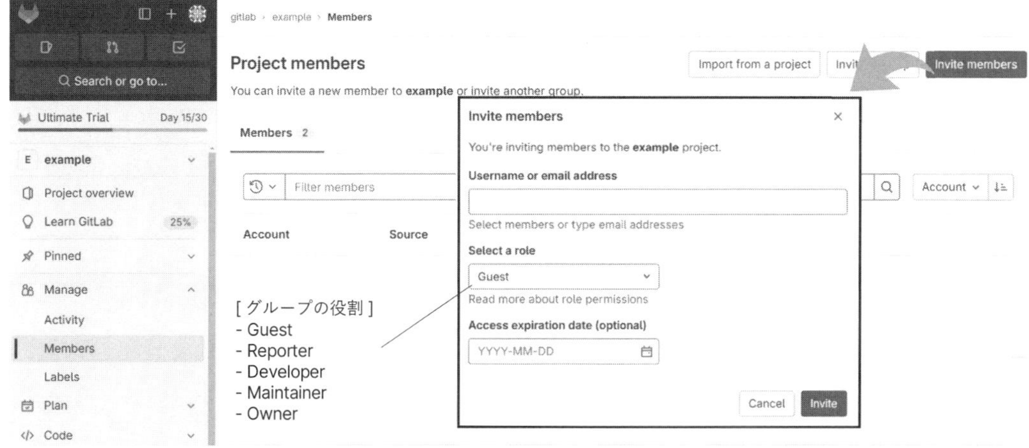

なお、グループプロジェクトの場合は、そのグループメンバーは動的にプロジェクトメンバーとして参加します。もちろんグループメンバーに属さないユーザーであっても、プロジェクトメンバー登録を行うことによってグループプロジェクトに参加できます。

またグループメンバーは、一つのプロジェクトではDeveloperとしての役割、もう一つのプロジェクトではReporterとしての役割というように、プロジェクトごとに役割を変えることも可能です。ただし、グループメンバーの役割よりも弱い権限のプロジェクトメンバーの役割になることはできません。たとえば、Developer の役割を持ったグループメンバーは、グループプロジェクトの Reporter になることはできず、Developer 以上の強い権限の役割になる必要があります（Figure 3-16）。

Figure 3-16　プロジェクトとグループの役割

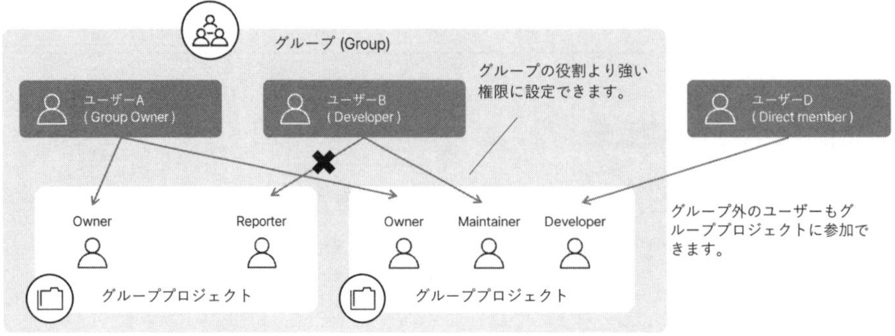

■ プロジェクト詳細の設定

プロジェクトメンバーの登録と同時に、そのプロジェクト概要が分かるようにプロジェクトの詳細を記載しておくと便利です。

プロジェクト詳細はプロジェクトページのサイドバーにある［Settings］＞［General］の中にある「Naming, topics, avatar」に記載します（Figure 3-17）。

Figure 3-17　プロジェクト詳細の設定

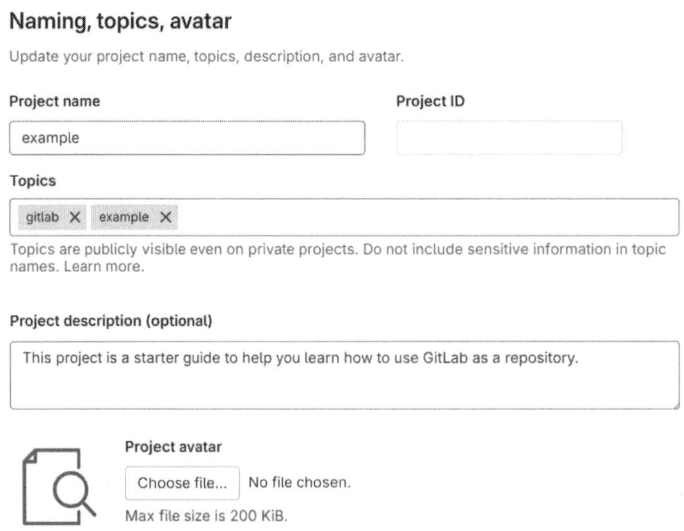

Naming, topics, avatar

Update your project name, topics, description, and avatar.

Project name

example

Project ID

Topics

gitlab ✕ example ✕

Topics are publicly visible even on private projects. Do not include sensitive information in topic names. Learn more.

Project description (optional)

This project is a starter guide to help you learn how to use GitLab as a repository.

Project avatar

Choose file... No file chosen.

Max file size is 200 KiB.

プロジェクトに関するTopicの選択や「Project description」にプロジェクトの詳細を記載しておくことによって概要がすぐに分かります。

特にアバター（Project avatar）は、プロジェクトを特定する重要なコンテンツとなるため、設定しておくことを強くおすすめします。設定が完了したら、必ず［Save changes］を押して設定を保存してください。

■ プロジェクト利用機能の設定

GitLabはThe DevSecOps Platformと謳っているとおり、Gitリポジトリだけではなく複数の機能が1つのプロジェクト内で利用できます。その一方で、プロジェクトを利用したチーム開発ではプロジェクトメンバー同士で使いやすい環境を整えていくことが重要です。個別の開発者が属人的に複数の機能を使っていると、他のプロジェクトメンバーの混乱を招く恐れがあります。こうした課題を避けるため、GitLabでは各プロジェクト内で必要な機能をあらかじめ有効化/無効化できる設定があります。

たとえば、プロジェクトオーナーが意図していないところに開発コンテンツを置くことや他のツールとの連携を勝手に行わないよう、事前に機能を無効化しておくことでプロジェクトメンバーの混乱を避けることができます。

利用機能の設定は、プロジェクトページのサイドバーにある［Settings］>［General］を選択し、「Visibility, project features, permissions」から行います（Figure 3-18）。設定項目が多いため、縮小化されている場合は［Expand］ボタンを押して設定を開いてください。

Figure 3-18　プロジェクト利用機能の設定

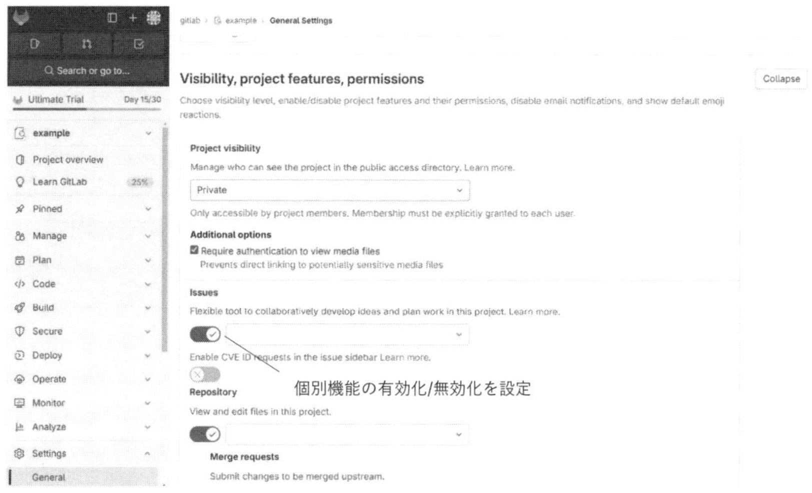

ここでは「Project visibility」だけでなく、機能ごとに有効化/無効化とその公開レベルが決められます。もし、GitLab で期待していた機能が使えないときやサイドバーから設定画面が見えない場合は、こちらの設定を見直してみましょう。ここから有効化/無効化できる機能は Table 3-5 のとおりです。

Table 3-5　プロジェクト利用機能の設定

機能カテゴリ	機能概要
Issues	アイデアや課題を共同し、開発作業計画を立てる機能
Enable CVE ID	プロジェクト内の脆弱性に CVE 識別子をリクエストする機能
Repository	プロジェクト内のファイル管理をする機能
+Merge requests	上流ブランチへのマージ変更を要求する機能
+Forks	新しいプロジェクトにリポジトリをコピーする機能
+Git Large File Storage	オーディオやビデオなど大きなファイル管理をする機能
+CI/CD	コード変更に対するビルドやテスト、デプロイを行う機能
Container registry	コンテナイメージを管理する機能
Analytics	プロジェクトの進捗や利用状況を表示する機能
Requirements	変更要求を管理する機能
Security and Compliance	セキュリティとコンプライアンスを表示する機能
Wiki	プロジェクトのドキュメントを支援する機能
Snippets	プロジェクト外のメンバーとコード共有する機能
Package registry	プロジェクト内のパッケージ公開、保存を行う機能
+Allow anyone to pull	パッケージマネージャ API を通して誰でも取得できる機能
Model experiments	機械学習モデルのパラメータや成果物を記録する機能
Pages	静的な Web サイトをホストする機能
Monitor	プロジェクトの健全性を監視し、インシデントに対応する機能
Environments	CI/CD や API と連携したデプロイ環境の表示機能
Feature flag	細かな新機能をバッチ形式でデプロイする機能
Infrastructure	インフラコンポーネントとの連携を行う機能
Releases	Git タグやアセットを組み合わせてリリースページを作成する機能

3-2　Git の基礎

チームでアプリケーション開発を行う上では、Git の概念や操作方法をメンバーが正しく理解することが、最終成果物の品質や開発スピードに影響を与えます。そのため、ここからは少し GitLab から離れ、Git そのものの概念と利用方法について紹介していきます。もちろん普段から Git を利用し、すでに熟知していらっしゃる読者の方は、本節を読み飛ばしていただいても構いません。必要に応じて内容を確認してください。

3-2-1 Gitの概念

バージョン管理システムには大きく2つの形態が存在しています。一つはSubversionやCVSなどの集中型バージョン管理システム、そしてもう一つはGitのような分散型のバージョン管理システムがあります。分散型バージョン管理システムが登場するまでは、エンタープライズにおいても中央リポジトリを持つ集中型バージョン管理システム（Figure 3-19）が幅広く利用されてきましたが、今ではその多くがGitに移行されており、分散型バージョン管理システム（Figure 3-20）が主流となっています。

Figure 3-19　集中型バージョン管理システムと

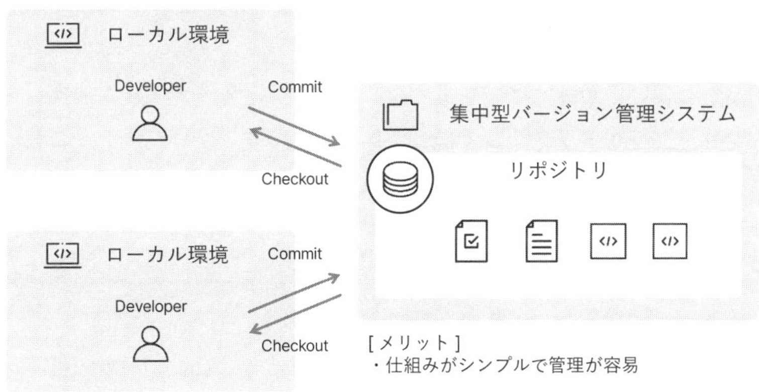

Figure 3-20　分散型バージョン管理システム

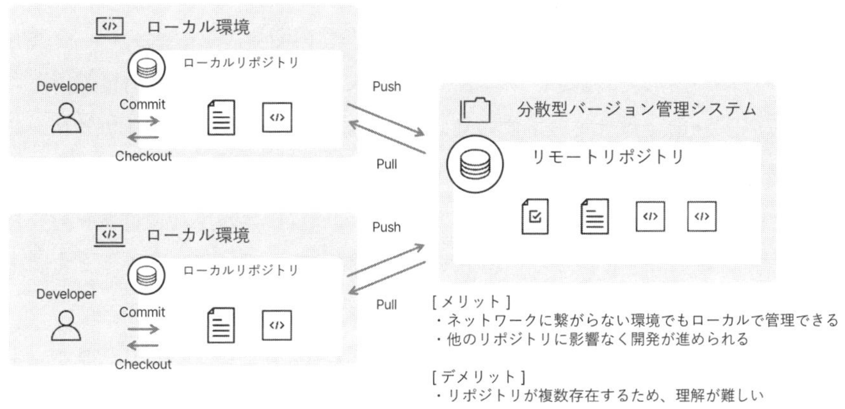

Gitに限らず、これらのバージョン管理システムには以下のような特徴があり、チーム開発において

生産性の高い開発環境を提供します。

- 変更記録が残るため、後で作業の経緯を追うことができる。
- 同じファイルを複数人が同時に変更できる。
- タグによってリリースの成果物を管理できる。
- 過去の任意のバージョンまで戻すことができる。

もしこれらのバージョン管理システムを利用しなければ、一つひとつのドキュメントやコード、成果物などのコンテンツをチームで決めた規則に従って管理しなければならないだけでなく、Excel やスプレッドシートに変更記録を付けながら、いつ・誰が変更を行ったかを把握しなければいけないため、コンテンツ数に応じて管理コストが増えてしまいます。

これは、ひと昔前の話をしているわけではありません。多くのベンダーや SIer が連携し合って開発を進めているようなエンタープライズシステムではよく見る光景です。プロジェクトごとに 1 つの共有ディスクを設け、各々のルールで付けたリビジョン番号が振られたコンテンツを手動で管理している姿も珍しくありません。もちろん、開発コードはバージョン管理システムで、その他のコンテンツは共有ディスクで管理といったように管理範囲は環境によって様々ですが、チーム開発においてバージョン管理システムの有無は、開発工数に大きな影響を与えます。

では、なぜ Git がチーム開発で利用されるようになったのでしょうか。Git の特徴や仕組みをもとに、その魅力について考えてみましょう。

■ Git の特徴

Git が開発に広く利用されるようになった理由の一つが、並行開発の実現です。たとえば、集中型バージョン管理システムでは、1 つのリポジトリに対して多くの開発者とコンテンツを共有しているため、2 人で同じファイルを同時に編集してしまうと、先に編集した人の変更内容が消えてしまうことがありました。しかし、Git ではリモート側のリポジトリの更新履歴全体をローカルにコピーした上で、手元の環境で編集を行います。さらに同期を行う際に履歴情報が異なっていると、差分が警告され強制的な上書きを防止します。このように、Git では基本的にローカル環境で作業を行う仕組みが備わっているため、ネットワークが繋がらない環境であってもスムーズに開発ができます。また、お互いの作業を邪魔することがないところも開発効率の向上に繋がっています。

これまで紹介したように、Git は分散型バージョン管理システムであるがゆえに、リポジトリは各開発者側にダウンロードして利用します。取得する中央の Git リポジトリは**リモートリポジトリ**、開発者がローカルに分散して置くリポジトリは、**ローカルリポジトリ**と呼ばれます。

- ローカルリポジトリ

  開発者が自身の開発で利用するために、ローカル環境に配置するリポジトリです。

- リモートリポジトリ

  チームメンバーや不特定多数の人と共有するための、ネットワーク上に置いたリポジトリです。

Git では基本的な開発はローカルリポジトリ上で行います。まずはローカルリポジトリにおける Git の取り扱いに関して見ていきましょう。

■ Git の作業エリア

Git のローカルリポジトリは、以下の 3 つの作業エリアに分かれています（Figure 3-21）。

- ワーキングディレクトリ

  開発者が作業するためのディレクトリ領域です。

- ステージングエリア（インデックス）

  ワーキングディレクトリとリポジトリの中間に位置し、コミット対象のファイルを登録するための領域です。コミットとは、リポジトリに対してこれまでの更新記録を保存することを示します。

- ローカルリポジトリ（リポジトリ）

  ファイル、およびディレクトリ状態を管理する領域です。ローカルリポジトリとはこのリポジトリのことを指します。

Figure 3-21　Git の作業エリア

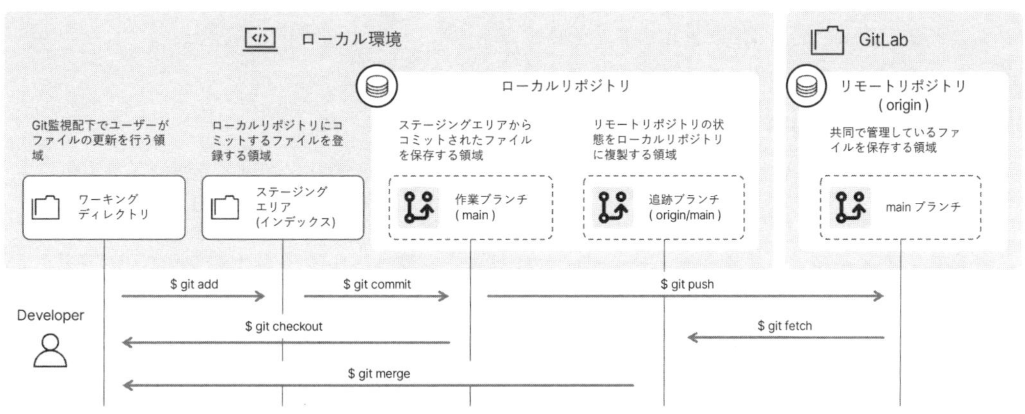

ここで注意しなければいけないことは、集中型バージョン管理システムを利用した場合との概念の違いです。集中型の場合は、ローカル側にローカルリポジトリという概念がなく、手元のファイルをリモートリポジトリに置くことをコミットと呼びましたが、Git におけるコミットとは、「更新したファイルをローカルリポジトリに保存すること」を意味します。

また、ローカル環境においても、ワーキングディレクトリで作業したファイルをステージングエリアに登録し、ステージングエリアに登録されたものをリポジトリにコミットするという一連の流れを踏む必要があります。したがって、開発者自身のローカル環境だけで安全に開発を進められることが、これまでの集中型との大きな違いです。各エリアに関して、もう少し詳しく見てみましょう。

○ワーキングディレクトリ

ワーキングディレクトリは、開発などの更新作業を行うためのファイルやディレクトリを取り扱うエリアです。ワーキングツリーと呼ばれることもあります。ワーキングディレクトリ上のファイルは Git の管理下となり、更新や追加、削除などが監視されます。注意すべき点は、このエリアに置かれているファイルはあくまで一時的なものであり、リポジトリから入れ替えが行われる可能性がある領域だということです。そのため、重要な更新に関しては、ステージングエリアに登録を行いリポジトリにコミットする必要があります。

○ステージングエリア（インデックス）

ワーキングディレクトリで編集したファイルは、ステージングエリアに登録することによって、リポジトリにコミットすることが可能になります。ステージングエリアは、コミットを行う前の確認場所であり、コミットの単位に意味を持たせるファイルの更新のセットを一時的に集める場所です。そのため、インデックスと呼ばれることもあります。

ステージングエリアを設けることにより、ワーキングディレクトリで変更したファイルだけをステージングエリアに登録でき、不要なファイルをリポジトリにコミットせずに済みます。

○ローカルリポジトリ（リポジトリ）

最終的にコミットされたファイルとその変更履歴が格納されるエリアです。厳密に言うと、コミットとはワーキングディレクトリ上のファイルの実体に対して、スナップショットをリポジトリに保存することを指します。コミットを行うことによって、ワーキングディレクトリ上のファイルの削除や変更を行っても、リポジトリ上のスナップショットから戻すことができます。さらに、このスナップショットに対して一意のハッシュ値（コミット ID）が与えられ、このコミット ID をもとにバージョン管理が行われます。なお、普段意識することはありませんが、スナップショットの実体は「`.git/objects/`」

に保存されます。

3-2-2　Git クライアントのインストール

では、いよいよ Git に触れてみましょう。Git クライアントのインストールは難しいものではありません。Linux 環境だけでなく Windows や Macintosh 環境でも導入できますが、本書では Linux クライアントを利用する方法をご紹介します。

■ Linux への Git インストール

Git はよく利用されるため、OS のパッケージマネージャから簡単に入れることができます。最新のディストリビューションを利用している場合は、改めてインストールせずともはじめから導入されている場合もあります。

RHEL 系のディストリビューションを利用している場合は、`dnf` コマンドを利用してください。

◎　RHEL 系の git のインストール

```
$ sudo dnf install -y git
```

また、Ubuntu をはじめとする Debian 系のディストリビューションを使っている場合は `apt` コマンドを利用しましょう。

◎　Debian 系の git のインストール

```
$ sudo apt install -y git
```

OS のパッケージマネージャでは古いバージョンが提供される場合もあるため、最新版を利用したい場合は、ソースコードからインストールすることも検討してください。

■ Windows への Git インストール

Windows の Git クライアントには GUI を用いたソフトがありますが、はじめて Git に触れる場合はコマンドラインからの操作をおすすめします。はじめから GUI クライアントを利用していると、操作の動作内容が理解しづらい上に、プロダクトによってはリポジトリ操作に制限があります。よって、はじめはコマンドライン上から操作を行い、慣れてきたところで GUI に切り替えるといったプロセスがよいでしょう。

ここでは、よく利用される Git クライアントをいくつか紹介しておきます。いくつか試してみて使いやすいものを検討してみてください。

- Git for Windows

https://gitforwindows.org/

- Git Graph extension for Visual Studio Code

https://marketplace.visualstudio.com/items?itemName=mhutchie.git-graph

- GitKraken

https://www.gitkraken.com/

Windows の Git クライアントは、インストーラを展開することで簡単に利用できるものが多いこともあり、本書ではインストール方法に関しては割愛させていただきます。各サイトの導入方法を確認の上、インストールを行ってください。

3-3 Git の基本操作

ここからはローカルリポジトリとリモートリポジトリを利用して、Git の基本操作を紹介していきます。

チーム開発では個人開発を進めるローカルリポジトリだけではなく、チームメンバー同士のファイルを共有するリモートリポジトリへの更新が伴います。使いはじめはすぐにリモートリポジトリである GitLab を更新しがちですが、これまでと変わらないファイル管理方法を続けると Git のメリットを享受できません。たとえば、リビジョン番号をファイル名に付けるような行為は Git では不要です。こうしたファイルの取り扱いの違いにも気を配りながら、Git の知識を深めていきましょう。

なおここからの操作は、Git クライアントコマンドをインストールした RHEL サーバーを AWS 上で実行します（Figure 3-22）。

Figure 3-22　本書の Git 基本操作環境

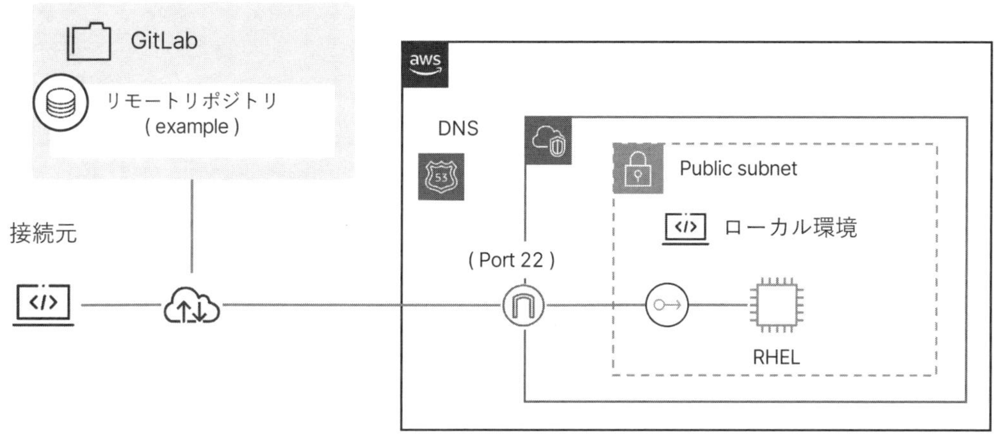

3-3-1　ローカルリポジトリの操作

まずは、ローカルリポジトリを操作するためのコマンドです。ここではまだ GitLab を利用せず、自身のローカル環境で操作を行ってください。

■ Git コマンドの設定（git config）

はじめに Git リポジトリを操作するための Git コマンドの設定を行います。

Git コマンドの設定により、リモートリポジトリへの接続方法やローカルリポジトリの取り扱いが管理できます。Git コマンドの設定はファイル形式で管理されており、下記の場所によってローカル環境内での適用範囲が異なります。

(1) システム設定（`/etc/gitconfig`）

ローカル環境の全ユーザー、全リポジトリ向けの設定。`git config` コマンドに「`--systems`」を付けると設定できます。

(2) ユーザー設定（`~/.gitconfig`）

特定のユーザーにのみ有効な設定。`git config` コマンドに「`--global`」を付けると設定できます。

(3) リポジトリ設定（.git/config）
　特定のリポジトリだけに有効な設定

各設定は上から順番に読み込まれる仕様になっており、リポジトリ設定など、より影響範囲が狭い設定が優先されます。たとえば、ユーザー名やメールアドレスは、個人のコミット情報として利用されるためユーザー設定に定義します。これらの設定はファイルを直接編集するのではなく「git config」コマンドから行います。

◎　Git コマンドの設定

```
## Git コマンドのユーザー名、メールアドレスを設定する
$ git config --global user.name "Administrator"
$ git config --global user.email "root@gitlab.example.com"
## デフォルトブランチ名を main ブランチにする
$ git config --global init.defaultBranch main
```

また、Git コマンドの画面表示を分かりやすく色付けしておくと、出力結果が容易に読み取れます。

◎　画面表示の色設定

```
$ git config --global color.ui auto
```

■ リポジトリの初期化（git init）

Git による管理を始める際は、ローカルリポジトリを作成する必要があります。リポジトリの初期化の際にディレクトリ名を指定することにより、ワーキングディレクトリが展開されます。また、作成されたディレクトリの中に.git が作成され、リポジトリのデータが格納されます。

◎　リポジトリの初期化

```
## リポジトリを作成する
$ git init project01
Initialized empty Git repository in /home/gitlab/project01/.git/
```

既存のディレクトリを利用してリポジトリを作成したい場合は、ディレクトリ配下に移動してから、

「git init」コマンドを実行します。

◎　既存ディレクトリのリポジトリ作成

```
$ mkdir project01
$ cd project01
$ git init
Initialized empty Git repository in /home/gitlab/project01/.git/
```

■ ステージングエリアへの移行（git add）

ワーキングディレクトリで追記変更を行ったファイルやディレクトリは、「git add」コマンドによりステージングエリアに移行します。ローカルリポジトリへコミットを行うためには、このコマンドを利用してステージングエリアに移行する必要があります。ただし、ワーキングディレクトリ内のすべてのファイルをステージングエリアに移行していてはコミットの意味がありません。コミットは変更した内容の取り消しがスムーズに行える小さな範囲に限定して行うのが適切な方法です。よって、変更したファイルがプロジェクト内の他のファイルに影響を及ぼさないことを意識してステージングエリアへの移行を行ってください。

◎　ステージングエリアへの移行

```
$ cd ~/project01
$ echo "# GitLab Project01" > ./README.md
### git add <Option> <Path>
$ git add ./README.md
```

■ ファイルの状態確認（git status）

ローカル環境では、Gitで管理されているファイルの状態を確認することがとても重要です。新規にファイルを作成したり、変更したりすることにより、ワーキングディレクトリ上の状態は常に変化しています。たとえば、ステージングエリアにファイルを移行した場合は、「git status」コマンドを用いることでローカルリポジトリに新規ファイルとして登録されることが確認できます。

◎　ファイルの状態確認

```
$ git status
# On branch main
# Changes to be committed:
#   (use "git reset HEAD <file>..." to unstage)
#
#       new file:   README.md
#
```

また、ステージングエリアやリポジトリに登録のないファイルを新規で作成すると、**未追跡**（untracked）の状態が示されます。未追跡とは、これまでのステージングエリアへの登録やローカルリポジトリ内にないファイルのことを指します。このように Git では、ワーキングディレクトリに作成されたデータはすべて管理されており、「git add」を行うことによってローカルリポジトリへの変更対象として認識されます。

◎　未追跡ファイルの状態確認

```
$ echo "GitLab Testfile" > ./test.txt
$ git status
# On branch main
# Changes to be committed:
# Untracked files:
#   (use "git add <file>..." to include in what will be committed)
#
#       test.txt
```

■ リポジトリへのコミット（git commit）

リポジトリへのコミットとは、ステージングエリアに登録されたファイルのスナップショットを作成し、ローカルリポジトリへ入れる作業を指します。開発作業中には、ステージングエリアにある程度変更の区切りがついてからコミットを行います。その際、コミットに対してメッセージ名を付けることで 1 つのコミットに意味を持たせることができます。たとえば「アプリケーションインターフェイスのバグ改修を行いました」や「新しいプロジェクトにファイルを作成しました」といった内容をメッセージとして付けます。メッセージの内容はチーム内で規則を決めておくなど、後でスナップショットから戻すときにも役立つよう、一意に特定できる内容を心掛けましょう（Figure 3-23）。

Figure 3-23　ローカルリポジトリへのコミット

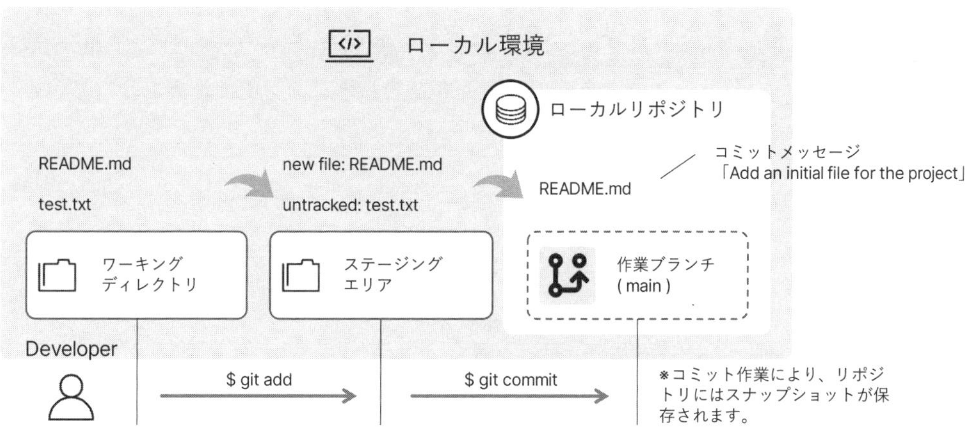

◎　リポジトリへのコミット

```
$ git commit -m "Add an initial file for the project"
[main (root-commit) d87b775] Add an initial file for the project
 1 file changed, 1 insertion(+)
```

コミットのメッセージを間違えてしまった場合や、スナップショットにファイルを入れ忘れてしまった場合などには「--amend」オプションを利用することにより、最新のコミット情報を変更できます。

以下は、作成されたスナップショットに test.txt を加え、コミットのメッセージを変更した場合の手順です。

◎　amend オプションの利用

```
$ git add test.txt
$ git commit --amend -m "Add repost initial file with a testfile"
[main 0683111] Add repost initial file with a testfile
 2 files changed, 2 insertions(+)
```

■ リポジトリの変更履歴確認（git log）

リポジトリにコミットされたスナップショットは、過去から順番に記録されています（Figure 3-24）。作業を行う際は必ず「git log」コマンドを利用して、今どのバージョン上で作業を行っているのかを把握することが重要です。

Figure 3-24　リポジトリの変更履歴

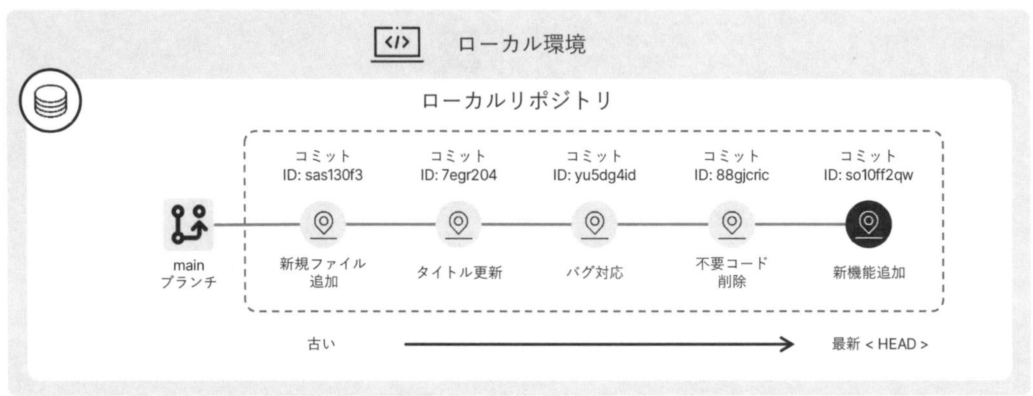

◎　リポジトリのログ確認

```
## リポジトリのログを確認する
$ git log
commit 06831115c3174f7cbf47acb3818 (HEAD -> master)
Author: Administrator <root@gitlab.example.com>

    Add repost initial file with a testfile
```

なお、git log で確認した際の一番上に来るコミット ID が現時点で最も新しいコミットです。このコミットのポインターを「HEAD」と言います。最新版のコミット ID は毎回確認せずとも、HEAD と指定することで確認できます。

3-3-2　ブランチの操作

ここまでは、ローカルリポジトリを取り扱う方法を紹介してきましたが、Git ではチーム開発を柔軟に行う仕組みとして**ブランチ**が利用できます。ブランチとは、追加機能開発やコード修正などの作業を主要な作業場所にある開発コードとは切り離した場所で行う Git 特有の機能です。この主要な作業場所を main **ブランチ**と言い、追加機能開発を行うための作業場所を**機能ブランチ**と言います。

たとえば、1つのコミット履歴だけでAとBという2つの機能開発を行おうとすると、Aの開発が終わった時点でコミットした成果物をリリースしたいという要求が出てきます。しかしながらBが開発途中では、Bの開発を待ってからAのリリースを検討しなければいけなかったり、Bの機能に影響を与えないようなロジックを考慮する必要があります。こういった作業はチームの開発効率を下げるだけでなく、リリースにおける作業ミスの原因にも繋がってしまいます。

そこでGitにおけるチーム開発ではブランチ機能を使うことによってこれらを回避します。ブランチは、mainブランチから各開発者の作業用の機能ブランチを作成して、そこで開発が完了したブランチから、mainブランチに取り込んでいくことを繰り返します（Figure 3-25）。ブランチ機能はローカルリポジトリで開発を行う場合も、リモートリポジトリを使用する場合も利用できます。

Figure 3-25　ブランチの仕組み

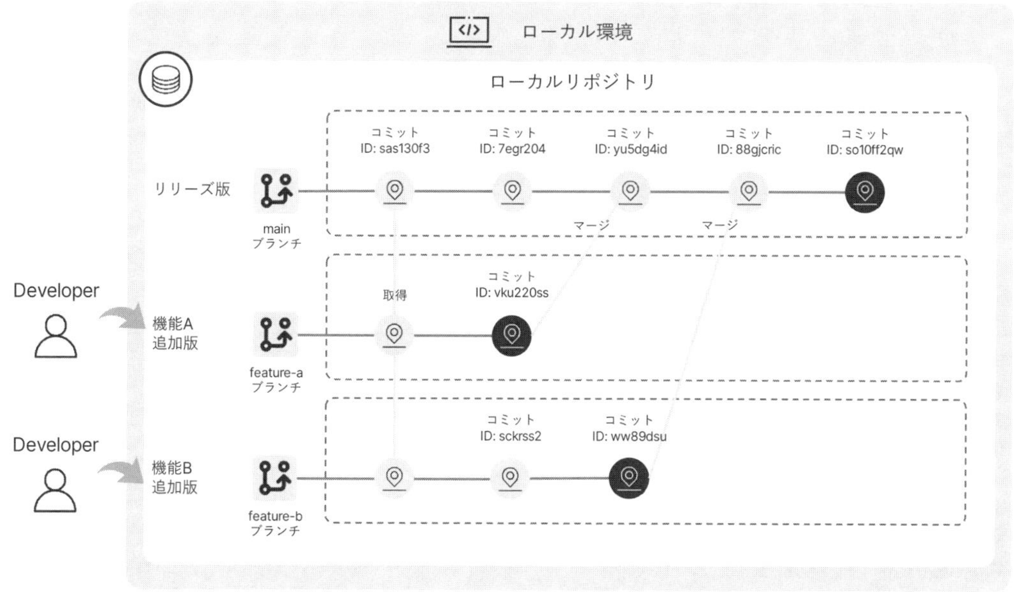

■ ブランチの作成（git branch）

それでは早速、ブランチを作成してみましょう。デフォルトでは、リポジトリは特に指定をしなくてもmainブランチという名前のブランチを必ず持っています。基本的に新たにブランチを作成する際はこのmainブランチを起点に、別のブランチを作ることになります。

ここでは今所属しているブランチをまず確認した上で、featureという名前のブランチを新たに作ります。

◎ ブランチの作成

```
$ git branch
* main

## feature ブランチを作成する
$ git branch feature
$ git branch
  feature
* main
```

ブランチの作成は「git branch」コマンドにブランチ名を指定します。また、ブランチ名を指定しなければ既存のブランチの確認ができます。その際、ブランチ名の前に「*」マークが付けいているブランチが、今所属しているブランチになります。

■ ブランチの切り替え（git checkout）

ブランチはいくつでも作ることができますが、通常は機能や修正に応じたブランチを用意します。これまで作成したブランチを切り替えるためには「git checkout」コマンドを使用します。

◎ ブランチの切り替え

```
## feature ブランチに切り替える
$ git checkout feature
Switched to branch 'feature'

## ワーキングディレクトリを更新する
$ cat <<EOF > ./README.md
> # GitLab Project01
> This is a practice repository for the GitLab.
> EOF

$ cat ./README.md
# GitLab Project01
This is a practice repository for the GitLab.

## 変更を feature ブランチにコミットする
$ git add ./README.md
$ git commit -m "Update the project description."
```

```
[feature 92f9ed7] Update the project description.
 1 file changed, 1 insertion(+)
```

これで無事featureブランチ上で、コミットできたことが確認できます。ここで注意すべき点はmainブランチにはこの変更が反映されていないということです。つまり、ブランチを作成することによって別の開発者が変更を行っても、メインの開発コードには影響を及ぼすことがありません。このようにしてGitでは並行開発を実現します。実際にmainブランチの内容が変更されていないかを確認してみましょう。

◎ featureブランチ変更後のmainブランチの確認

```
## mainブランチへ変更する
$ git checkout main
Switched to branch 'main'

## mainブランチは変更されていないことを確認する
$ cat ./README.md
# GitLab Project01
```

mainブランチは以前のコミットのままになっており、HEADの位置は以前のコミットを示します。一方で、featureブランチでは更新後の新しいスナップショットがHEADになります（Figure 3-26）。

Figure 3-26　ブランチの切り替え

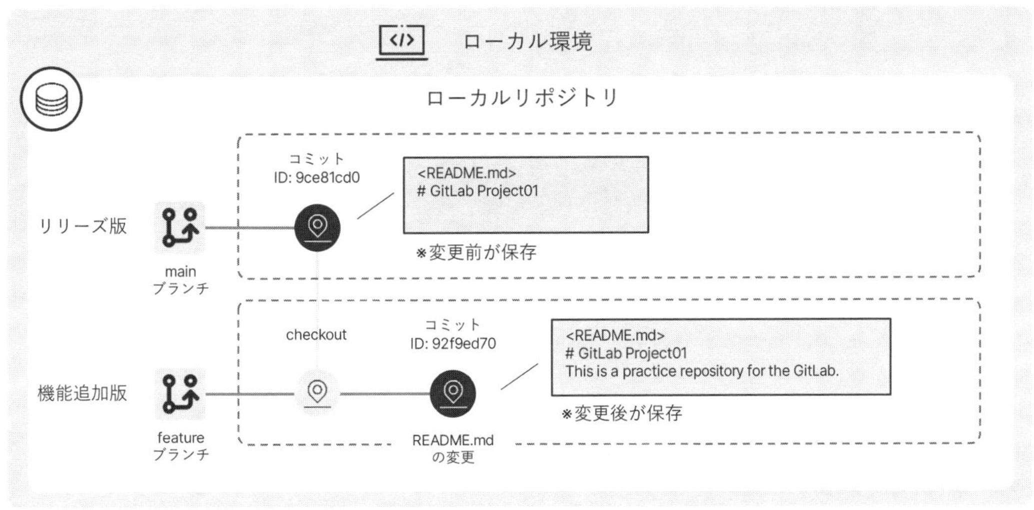

今回、ブランチの新規作成は「`git branch`」コマンドを利用しましたが「`git checkout`」コマンドに「`-b`」オプションを付けることによって、ブランチの新規作成と移動を同時にできます。

■ ブランチのマージ（git merge）

これまでのようにブランチを分けて機能開発ができても、それぞれの機能を main ブランチに統合しなければ全体の開発は進みません。たとえば、A と B の機能を開発するためのブランチをそれぞれ作成した場合、A の開発が先にでき上がった時点で main ブランチにそれを統合してリリースし、その後に B の開発ができた時点でブランチを統合することにより、全体の開発が同時並行で進捗できます。このように、ブランチを main ブランチに統合する行為をマージと言います（Figure 3-27）。

Figure 3-27　ブランチのマージ

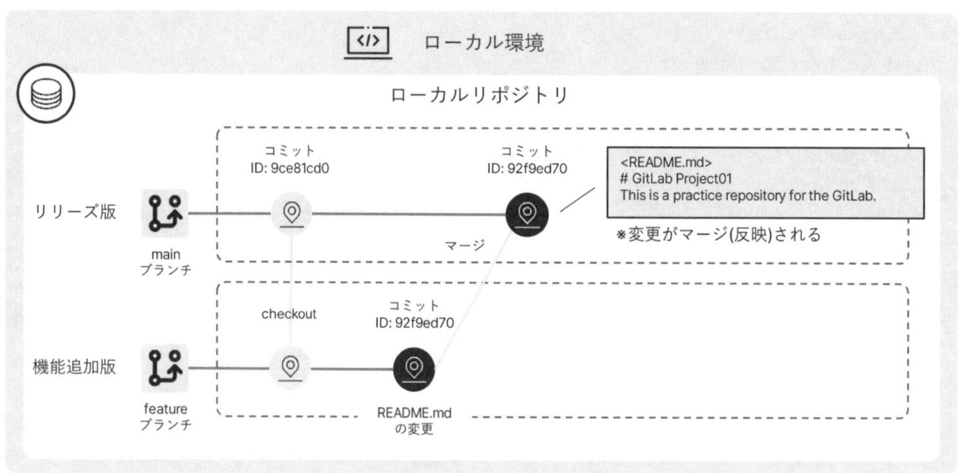

チーム開発を行う際は、main ブランチに対して個々のブランチに依存関係を持たせないといったブランチの規則が重要になってきます。この規則がなければ、ブランチ同士の依存度が高まり、結果的にいつまで経ってもリリースできない開発コードが溜まってしまい、全体の開発スケジュールに影響を及ぼしてしまいます。

ここでは main ブランチをリリース版のメインブランチと見立てて、feature ブランチの内容をマージしてみましょう。まずは、先ほど更新した feature ブランチを確認します。

◎　マージ元の feature ブランチの確認

```
## feature ブランチへ移動する
```

```
$ git checkout feature
Switched to branch 'feature'

$ cat ./README.md
# GitLab Project01
This is a practice repository for the GitLab.
```

feature ブランチには、先ほど詳細を更新してコミットした README.md が用意されています。これをメインのブランチにマージするには、マージされる側のブランチに移動し「git merge」コマンドを実行します。

◎ feature ブランチのマージ

```
$ git checkout main
Switched to branch 'main'

$ cat ./README.md
# GitLab Project01

## feature ブランチの内容を main ブランチにマージする
$ git merge feature
Updating 9ce81cd..92f9ed7
Fast-forward
 README.md | 1 +
 1 file changed, 1 insertion(+)

## main ブランチにマージされたことを確認する
$ cat ./README.md
# GitLab Project01
This is a practice repository for the GitLab.
```

上記のようにマージを行った際に、警告が出なければ、うまく統合されたことを示しています。

■ コンフリクトの解消

マージ作業は開発者同士が、リポジトリ内の異なるファイルを変更していることが前提とされています。もしマージ時点で同じファイルの同一箇所を書き換えている場合は、マージされずに競合した箇所を修正することが強制されます。このように開発者がコードの同じ場所を編集してしまうことを**コンフリクト**と言います。

ここでは feature ブランチのファイルに変更を行い、マージ前に main ブランチの README.md に追加作業を行ってコンフリクトを起こしてみましょう。まずは feature ブランチの README.md の内容を変更し、コミットします。

◎ feature ブランチの README.md の変更

```
## feature ブランチの README.md の変更
$ git checkout feature
Switched to branch 'feature'
$ sed -i -e "s/practice/sample/g" ./README.md
$ cat ./README.md
# GitLab Project01
This is a sample repository for the GitLab.

## feature ブランチのコミット
$ git add ./README.md
$ git commit -m "Update the sample project description."
[feature ae502bc] Update the sample project description.
 1 file changed, 1 insertion(+), 1 deletion(-)
```

次に main ブランチの README.md にも変更を行い、先に main ブランチをコミットした後に feature ブランチをマージしてみます。

◎ main ブランチの README.md の変更

```
## main ブランチの README.md の変更
$ git checkout main
Switched to branch 'main'
$ sed -i -e "s/practice/product/g" ./README.md

## main ブランチのコミットとマージ
$ git add ./README.md
$ git commit -m "Update the product project description."
$ git merge feature
Auto-merging README.md
CONFLICT (content): Merge conflict in README.md
Automatic merge failed; fix conflicts and then commit the result.
```

feature ブランチの内容を main ブランチにマージすると、同様のファイルを更新しているためにコンフリクトが生じます。一度コンフリクトが起きると対象のファイルに競合箇所を示す記号が入ります。はじめて見ると少し戸惑いますが、内容としては、「<<<<<<<」から「=======」で囲まれた行に

マージ先（main ブランチ）が示され、「=======」から「>>>>>>>」で囲まれた行にマージ元（feature ブランチ）が表示されている状態です。

Git ではこれらのどちらが正しい内容かが判定できないため、開発者自身でこれらの記号を削除し、正しく内容を修正します。これらを修正した後に再度コミットを行い、マージします。

◎ コンフリクトの解消

```
## コンフリクトの内容を確認する
$ cat ./README.md
# GitLab Project01
<<<<<<< HEAD
This is a product repository for the GitLab.
=======
This is a sample repository for the GitLab.
>>>>>>> feature

## コンフリクトを解消して、再度コミットする
$ cat <<EOF > ./README.md
> # GitLab Project01
> This is a sample repository for the GitLab.
> EOF

$ git add ./README.md
$ git commit -m "Update the product project description."

## 最後にマージを行う
$ git merge feature
Already up to date.
```

マージを行う前に再度コミットを行わなければ、Git は修正が行われたことを把握できません。また、うまくマージができた後は「git log --graph」コマンドによりマージされたログを視覚的に見ることができます。

◎ マージした際のログ確認

```
$ git log --graph --all
*   commit 275fd8b5ff3a7 (HEAD -> main)
|\  Merge: 448ff41 ae502bc
| | Author: Administrator <root@gitlab.example.com>
| | Date:
| |
```

```
| |     Update the product project description.
| |
| * commit ae502bc5a19e4 (feature)
| | Author: Administrator <root@gitlab.example.com>
| | Date:
| |
| |     Update the example project description.
| |
* | commit 448ff41bb754c
|/  Author: Administrator <root@gitlab.example.com>
|   Date:
|
|       Update the product project description.
|
* commit 92f9ed7095001b4
| Author: Administrator <root@gitlab.example.com>
| Date:
```

3-3-3　リモートリポジトリの操作

ここまでのブランチについての説明からも分かるとおり、開発者がブランチを管理することによってファイルの同時編集ができますが、これだけでは開発者が増えるごとに独自のブランチが増えてしまいます。そこで GitLab を利用した開発では、メインのリポジトリをリモートリポジトリ側に置き、各開発者のローカルリポジトリの更新をマージしていくことでチーム開発を効率的に進めます。

リモートリポジトリを利用する場合は、あらかじめリモートリポジトリ側の操作でリポジトリを作成しておき、ローカルリポジトリに複製します。

■ リモートリポジトリの複製（git clone）

「git clone」は、すでにリモートリポジトリ上で作成したリポジトリをローカルリポジトリに複製するコマンドです。ここでは「3-1 GitLab を利用する準備」で作成したプロジェクト（リモートリポジトリ）をローカルリポジトリに取得しましょう。複製対象の Project URL は、プロジェクトページのトップに表示されます（Figure 3-28）。

複製する際にリモートリポジトリへローカル環境からアクセスするため、登録しておいた個人アクセストークンを利用します。

Figure 3-28　GitLab のプロジェクト複製

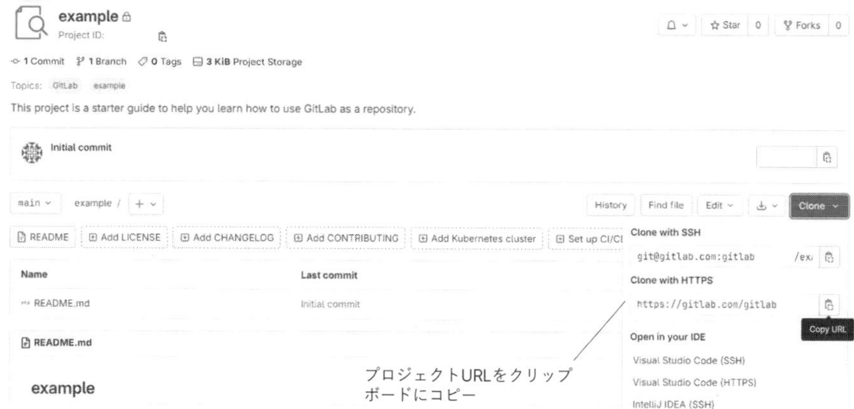

◎　リモートリポジトリの複製

```
## GitLab の登録
$ export GITLAB_USER=<Username>
$ export GITLAB_TOKEN=<Personal Access Token>
$ export GITLAB_USER_EMAIL="<Email>"
$ git config --global user.name "${GITLAB_USER}"
$ git config --global user.email "${GITLAB_USER_EMAIL}"

## Git Clone
$ cd ~/
$ git clone https://${GITLAB_USER}:${GITLAB_TOKEN}@gitlab.com/gitlab（+乱数）/example
Cloning into 'example'...
remote: Enumerating objects: 3, done.
remote: Counting objects: 100% (3/3), done.
remote: Compressing objects: 100% (2/2), done.
remote: Total 3 (delta 0), reused 0 (delta 0), pack-reused 0
Receiving objects: 100% (3/3), done.
```

リモートリポジトリがローカルリポジトリに複製できたら、内容を確認しましょう。複製したリモートリポジトリは、新たなローカルリポジトリに複製されます。

◎　リモートリポジトリの確認

```
$ cd ~/example
$ git branch -a
* main                          ## ローカルリポジトリのブランチ
```

```
remotes/origin/HEAD -> origin/main
remotes/origin/main   ## リモートリポジトリのブランチの複製
```

複製されたリモートリポジトリのブランチは「`origin/main`」という名前でローカルリポジトリのブランチに登録されます。この複製されたブランチは**追跡ブランチ**と呼ばれ、ブランチのコピーがローカルリポジトリにできます（Figure 3-29）。

Figure 3-29　追跡ブランチ

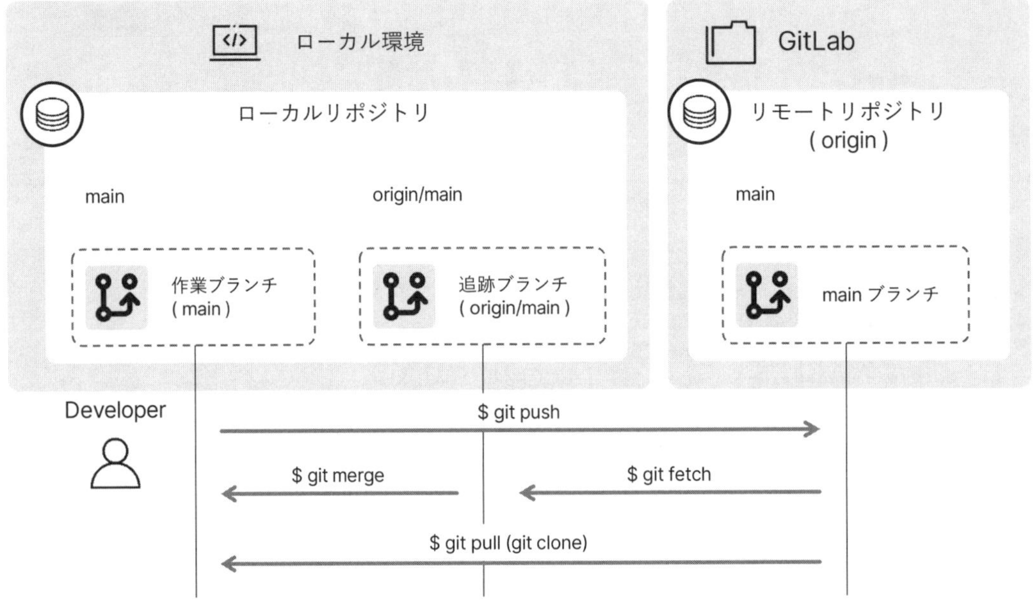

■ リモートリポジトリへの反映（git push）

ローカルリポジトリで編集を行った内容は、最終的に「`git push`」コマンドを用いてリモートリポジトリに反映します。反映する内容はワーキングディレクトリの内容ではなく、これまでのローカルリポジトリで行った変更履歴なども含めた最新のコミットをリモートリポジトリへ反映します。そのため、事前にステージングエリアに反映した変更内容がコミットされていることを確認してください。

まずは、ローカルリポジトリのワーキングディレクトリを更新してみましょう。

◎ ローカルリポジトリの更新

```
## README.md ファイルを新たに更新する
$ cd ~/example
$ mv -v ./README.md ./README.tmp
renamed './README.md' -> './README.tmp'
$ cp -iv ~/project01/README.md ./
'/home/gitlab/project01/README.md' -> './README.md'
$ ls
README.md  README.tmp
```

次にローカルリポジトリに変更内容をコミットし、リモートリポジトリへその内容を反映します。

◎ リモートリポジトリの更新

```
## ローカルリポジトリを新たに更新する
$ git add -A
$ git commit -m "Update the product project description."
[main 46732f3] Update the product project description.
 2 files changed, 2 insertions(+), 92 deletions(-)
 rewrite README.md (100%)
 copy README.md => README.tmp (100%)

## リモートリポジトリに変更内容を送信する
$ git push
Enumerating objects: 5, done.
Counting objects: 100% (5/5), done.
Delta compression using up to 2 threads
Compressing objects: 100% (3/3), done.
Writing objects: 100% (3/3), 342 bytes | 342.00 KiB/s, done.
Total 3 (delta 0), reused 0 (delta 0), pack-reused 0
To https://gitlab.com/gitlab(+乱数)/example.git
   dff26b8..46732f3  main -> main
```

ローカルリポジトリをコミットし、その内容をリモートリポジトリへ反映する作業はGitを利用した開発の重要な基本操作です。これら一つひとつの作業意図を把握することが、安全なファイル管理に繋がります。

リモートリポジトリへの反映が完了したら、ブラウザからファイルが更新されていることを確認しておきましょう（Figure 3-30）。

Figure 3-30 リモートリポジトリへの反映確認

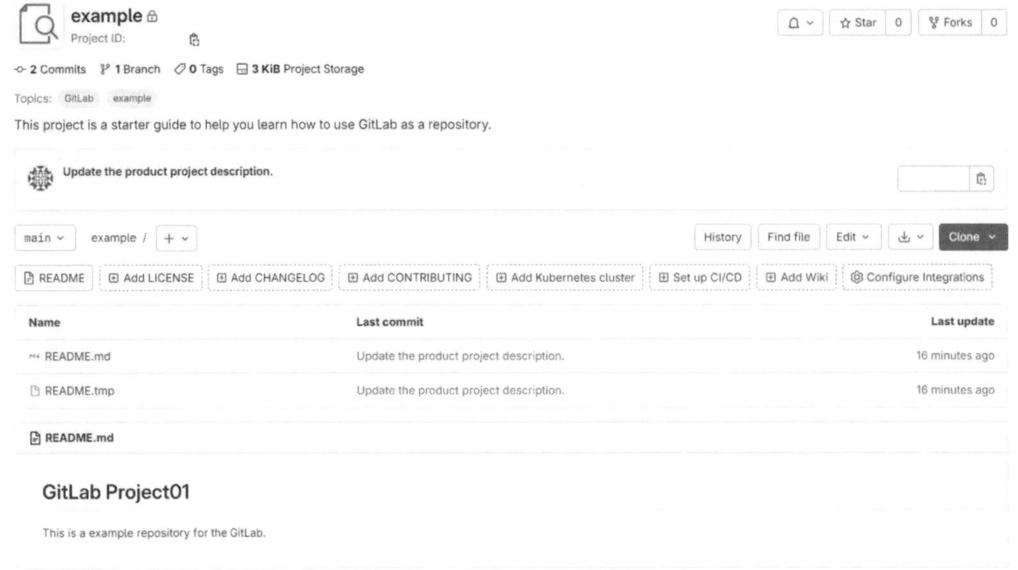

■ ローカルリポジトリへの更新反映（git push/git pull）

リモートリポジトリは複数の開発者によって更新されます。したがって、最新のリモートリポジトリの内容をローカルリポジトリに反映しなければいけません。「`git fetch`」コマンドを使用すると、リモートリポジトリからローカルリポジトリの追跡ブランチを最新版に更新できます。これらを確認するため、ここではGitLab側でリモートリポジトリを更新して、その内容をローカルリポジトリに反映します。

まずはリモートリポジトリのプロジェクトページのサイドバーから［Code］>［Repository］とたどり、先ほど登録した`README.tmp`ファイルを削除します。削除方法は対象ファイルの`README.tmp`を選択し、ファイルの［Delete］ボタンを押下することで削除が可能です。ただし、ここでの作業もリモートリポジトリでのコミット作業とみなされるため、ファイルを削除した履歴としてコミットメッセージの記入が必要です（Figure 3-31）。

ここでは単純にリモートリポジトリ上のファイル削除を行ったに過ぎませんが、これらの作業を他の開発者から行われた更新作業と捉えてください。削除コミットが完了し、リモートリポジトリ上に更新が行われたこととします。

次にリモートリポジトリの更新内容を「`git fetch`」コマンドでローカルリポジトリの追跡ブランチに反映します。

Figure 3-31　リモートリポジトリの更新

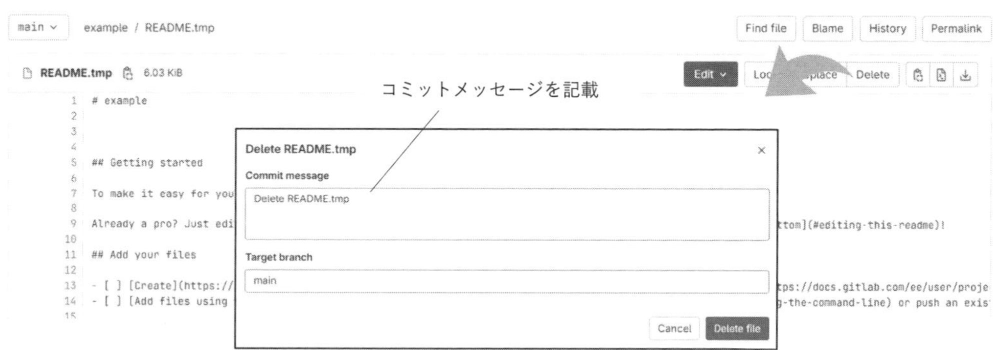

◎　追跡ブランチへの更新反映

```
$ cd ~/example
$ git fetch origin
remote: Enumerating objects: 3, done.
remote: Counting objects: 100% (3/3), done.
remote: Compressing objects: 100% (1/1), done.
remote: Total 2 (delta 0), reused 0 (delta 0), pack-reused 0

$ git log origin/main
commit ff234fa07f (origin/main, origin/HEAD)
    Delete README.tmp

$ ls
README.md  README.tmp
```

ここで重要なことは、あくまで追跡ブランチが最新版に更新されているだけであり、手元の作業ブランチが更新されるわけではありません。ローカルリポジトリ内の追跡ブランチから作業ブランチへの反映は「git merge」コマンドで反映します。追跡ブランチは最新版を取得すると「FETCH_HEAD」というスナップショット名が示されるため、それを用いて作業ブランチに反映します。

◎　作業ブランチへの更新反映

```
$ git merge FETCH_HEAD
Updating 46732f3..ff234fa
Fast-forward
 README.tmp | 92 --------
 1 file changed, 92 deletions(-)
```

```
$ ls
README.md
```

これらの作業を経て、作業ブランチが更新されます。ただし、通常は毎回 fetch と merge を使って更新を行うのではなく「git pull」コマンドを使用します。このコマンドは、リモートリポジトリの内容を一度に追跡ブランチと作業ブランチに反映するコマンドです。

このように共同作業を行う場合は、必ずリモートリポジトリの内容が他の開発者によって更新されていないかを確認してから、変更作業を開始することが必要です。

◎　ローカルリポジトリへの更新反映

```
$ git pull
Already up to date.
```

3-4　まとめ

いまや Git リポジトリは、チーム開発には欠かせない重要なコンポーネントです。

開発者は個々のローカルリポジトリでコードを開発し、それをブランチで管理することで、他の開発者に影響を与えずに共同開発できます。また、リモートリポジトリ側に開発コードを共有することで、チーム全体の開発進捗状況を知ることができます。これらを繰り返すことで、Git リポジトリは単なる開発コードの保管場所ではなく、チーム開発における進捗管理やコミュニケーションの場として機能します。こうした恩恵を受けるためにも、あらかじめ GitLab のプロジェクト管理とそれに伴うユーザーやグループのアクセス権限管理を怠らないことが重要です。

この後の章でも、ここで紹介した Git の基本概念を活用して機能紹介を行います。普段の開発から、Git リポジトリの使い方には慣れておきましょう。

第 4 章

GitLab CI/CD を動かしてみる

アプリケーションの開発ライフサイクルにある一つひとつの作業を自動化することにより、ビジネスアジリティの向上や安定的なサービス提供ができます。

こうしたアプリケーション開発における自動化の仕組みが「GitLab CI/CD」です。GitLab CI/CD を使うことによって、リポジトリコンテンツの更新と同時にビルドやテストを動的に繰り返す仕組みが拡張されます。また、開発によってできた成果物を安全に利用者の元へ提供できるように、デプロイを自動化することで運用者の作業コストの削減を図ります。

このように、アプリケーションの開発ライフサイクルを自動化するには GitLab CI/CD の導入が欠かせません。本章では、こうした作業の自動化を担う GitLab CI/CD について紹介します。

4-1 GitLab CI/CD の概要

GitLab CI/CD は、GitLab に付属する継続的インテグレーションや継続的デリバリのジョブを管理する強力な機能です。GitLab CI/CD の機能はプロジェクトごとに提供され、プロジェクト内で管理しているソースコードの変更をトリガーとして、ビルドやテスト、デプロイメントなどのジョブを実行します。

GitLab CI/CD には、以下の特徴があります。

- マルチプラットフォーム
  Linux、Windows、FreeBSD、Docker をはじめとするプラットフォーム上でジョブが実行できる。
- GitLab リポジトリ変更に伴う連携
  Merge Request や Commit をトリガーにパイプラインの実行ができる。
- 並列分散ジョブ実行
  複数の GitLab Runner を実行することにより、並列にビルド実行ができる。
- ログの可視化
  実行中のジョブの実行ステータスやログを GitLab の Web ポータルから確認できる。
- オートスケール
  ジョブの利用頻度に合わせて動的にジョブの実行多重度をスケールできる。
- アーティファクトの管理
  ビルドした成果物やライブラリを GitLab 上にアップロードして再利用できる。

GitLab CI/CD は GitLab が持つ Git リポジトリと密接に連携しています。その仕組みのおかげで、Issues やコンテナレジストリとの複雑な統合作業も容易にできるという恩恵が得られます。継続的インテグレーションツールは世の中に複数存在しますが、Git リポジトリと周辺ツールが統合されている点は GitLab を採用する利点の一つです。この機能を活用することで、アプリケーションの開発ライフサイクル全体をすぐに構築できます。

まずはこの GitLab CI/CD の仕組みについて学んでいきましょう。

4-1-1 GitLab CI/CD の仕組み

GitLab CI/CD は GitLab サーバーに備わった機能の一つであり、プロジェクト内で管理しているソースコードのビルドやテストのジョブ実行を管理しています。

ここで言う「ジョブ」とは、作業単位のことを表しています。開発ソースコードをコンパイルする作業や、アプリケーションライブラリの依存性をテストする作業、コンテナのイメージにパッケージ化する作業など、GitLab CI/CD ではすべてがジョブとして取り扱われます。そして、これらのジョブを組み合わせたものを「**パイプライン**」と呼んでいます。パイプラインを実行すると、順序通り並べられたジョブが実行され、アプリケーションに適した開発ライフサイクルを回します（Figure 4-1）。

Figure 4-1 ジョブとパイプライン

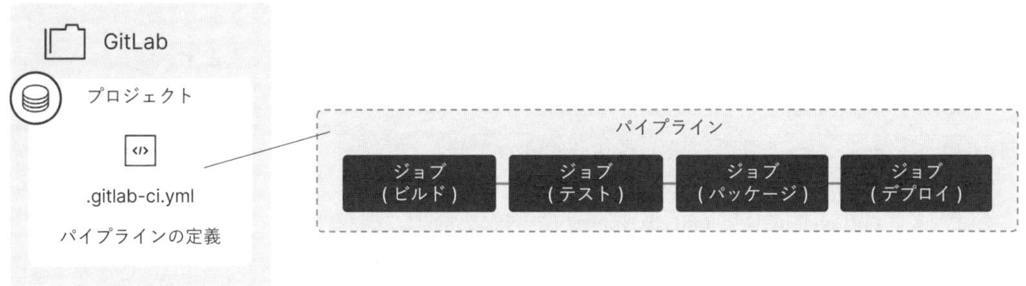

このパイプラインを定義する設定ファイルが「`.gitlab-ci.yml`」です。

GitLab CI/CD では、`.gitlab-ci.yml` をプロジェクトの Git リポジトリのトップディレクトリに隠しファイル形式でコミットすることにより、動的にジョブが実行される仕組みになっています（Figure 4-2）。GitLab サーバー上にある `.gitlab-ci.yml` を更新すると、GitLab CI/CD が `.gitlab-ci.yml` に定義されたジョブの内容を読み取り、ジョブプロセスにその処理を移譲します。そして、ジョブの実行そのものは、GitLab CI/CD が実施するのではなく「GitLab Runner」が担います。

GitLab Runner とは、GitLab CI/CD 上から指示されたスクリプトを実行したり、一時的に Docker コンテナを生成してジョブを実行するエージェントプロセスです。

Figure 4-2 GitLab CI/CD の仕組み

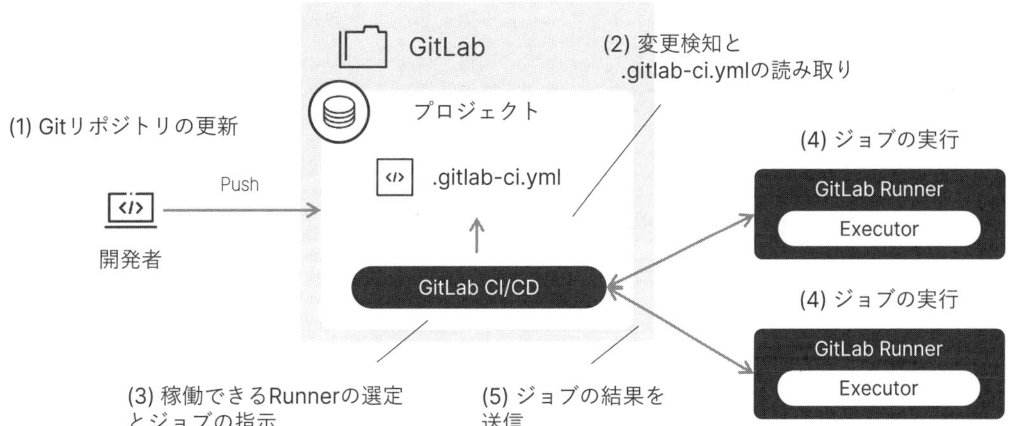

ここまではGitLabサーバーだけを管理してきましたが、GitLab CI/CDを利用するには、事前にGitLab RunnerがGitLab CI/CDに登録されている必要があります。GitLab CI/CDは`.gitlab-ci.yml`の内容をGitLab Runnerに指示することによってジョブを実行します。実行順序としては、以下の流れで動作します。

(1) 開発者がGitリポジトリを更新（プッシュ）
(2) GitLab CI/CDがリポジトリの変更を検知し、`.gitlab-ci.yml`の内容を読み取り
(3) GitLab CI/CDは登録されているGitLab Runnerから実行対象を選び、ジョブを指示
(4) GitLab Runnerが指示されたジョブを実行
(5) GitLab Runnerがジョブの結果をGitLab CI/CDに送信

このように、GitLab CI/CDとGitLab Runnerは密接に連携しているため、それぞれの依存関係にも注意しておきましょう。特に、Self-managed型のGitLabを利用している場合は、GitLab CI/CDとGitLab Runnerのバージョンの整合性を自身で管理する必要があります。後述する手順に従って、GitLab Runnerのインストールやアップデートを行ってください。

なお、GitLab.comを利用している場合は、GitLab Inc.が管理するGitLab Runner（SaaS Runners）を利用できます。

4-1-2 GitLab Runnerの動作モード

それではGitLab Runnerの実装について、もう少し深く見ていきましょう。

GitLab CI/CDは、GitLab上で複数の開発を同時並行でも進められるように、並列分散ジョブ実行ができます。これらのジョブ実行を担っているのがGitLab Runnerです。これらをスケールすればするほど並列でジョブが実行できます。ただし、プロジェクトによっては専有したGitLab Runnerでジョブを実行したいといったことも考えられます。

こうしたプロジェクトごとの要求を加味して、GitLab Runnerには以下の3つの動作モードが用意されています。

- Shared Runners：プロジェクトをまたいで共有して利用できるGitLab Runner
- Group Runners：グループ、またはサブグループで共有して利用できるGitLab Runner
- Project Runners：プロジェクトで専有して利用できるGitLab Runner

これらの動作モードをあらかじめ設定しておくことで、特定のジョブだけにGitLab Runnerが専有さ

れることを未然に防ぎます（Figure 4-3）。開発現場では、アプリケーションのビルドやテストが主体となるため、Shared Runners を利用して共有したリソースを分配するケースが多いですが、アプリケーションテストやデプロイメントでは確約されたリソースを使いたいことがあります。

このようにプロジェクトの特性に合わせて、動作モードを選択してください。

Figure 4-3　GitLab Runner の動作モード

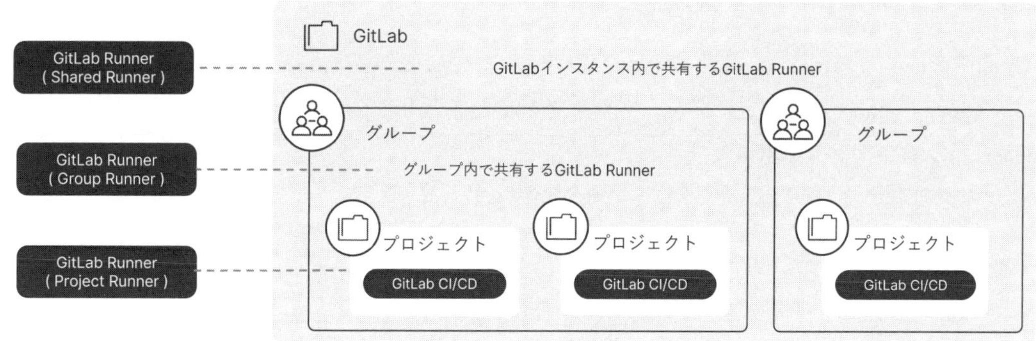

Shared Runners

Shared Runners は、複数プロジェクトから要求されるジョブを実行する GitLab Runner です。Shared Runners を使うことにより、以下の利点が得られます。

- プロジェクトごとに GitLab Runner を構築する手間が省ける。
- 複数プロジェクトから使用されることで、アイドリング状態でリソースが無駄になることを抑止できる。

Shared Runners を使うと、特定のジョブやプロジェクトだけが GitLab Runner を専有してしまいそうですが、Shared Runners には各プロジェクトにジョブを均等に割り当てようとする仕組みも備わっています。それが「Fair usage queue（公平なキューの取得）」です。

本来、GitLab CI/CD に要求されたジョブはキュー（Queue）として貯められ、使用できる GitLab Runner のリソースが空いたタイミングでそのジョブキューを処理します。Fair usage queue では、すでに実行されているジョブの数が最も少ないプロジェクトにジョブキューの処理が割り当てられます。そのため、特定のプロジェクトが過剰な数のジョブを作成しても、ジョブキューの処理は後回しにされます。その他にも Shared Runners の実行ジョブの利用時間に制限を設ける機能として「CI/CD minutes[*1]」な

＊1　CI/CD minutes
https://docs.gitlab.com/ee/ci/pipelines/cicd_minutes.html

どがあり、特定のジョブやプロジェクトに専有され続けないように振る舞う工夫があります。

本書でも使用する GitLab.com の GitLab Runner も Shared Runners が利用されています。公式ドキュメントではこの GitLab Runner を「SaaS Runners」と呼んでいます。SaaS Runners はすべてのプロジェクトで利用でき、特別な構成を行わずともデフォルトでパイプラインが実行できます。

■ Group Runners と Project Runners

Group Runners と Project Runners は特定のグループやプロジェクトに設定された専用の GitLab Runner です。Group Runners は、特定のグループやサブグループ専用の GitLab Runner として動作し、Project Runners はプロジェクト専用に設定されます。

これらを利用することによって、以下の利点が得られます。

- 他のプロジェクトのジョブが完了するまで待たされることがない。
- どの環境でジョブが実行されているのかを管理できる。
- 個別にジョブを実行できるため、セキュリティを強化しやすい。

Group Runners や Project Runners を登録すると、特定のプロジェクトだけに必要な要件や環境に合わせたジョブの実行が可能です。たとえば、コンテナ内でのジョブ実行が求められる環境や、Windows でしか実行できないジョブなどプロジェクトに適した設定ができます。その一方で、個別のプロジェクト単位で GitLab Runner の管理が必要になる点に気を付けましょう。たとえば、これらの GitLab Runner は個別のタグを付けて登録を行います。そして、`.gitlab-ci.yml` ファイル内のジョブ定義に、どの GitLab Runner を使用してジョブを実行するのかをタグで指定します。こうした運用が、パイプライン設定側にも必要となってしまう点を考慮しておきましょう。

4-1-3 Executor の選択

GitLab Runner は Go 言語で実装されており、仮想マシンやコンテナなど様々なプラットフォームで動作できます。ただし、実行ジョブは Windows や Linux といったプラットフォームに依存するため、それぞれの環境に適した実行メカニズムが必要です。GitLab Runner では、この実行メカニズムを「Executor」と言います。

Executor には、GitLab Runner がジョブを実行する方式や環境を定義します。たとえば、GitLab Runner をインストールしたサーバーに Docker Executor を設定すると、GitLab Runner は Docker コンテナを使ってジョブを実行します。また、Linux サーバーに Shell Executor を設定すると、GitLab Runner はシェル

（Bash）を使ってスクリプトを実行します。このように、GitLab Runner の拡張性や利便性が高まるため、複数の Executor が用意されています。

- Shell Executor

  GitLab Runner がインストールされているサーバー上でジョブを実行するシンプルな Executor です。GitLab Runner をインストールできるすべての OS をサポートします。これにより Bash、PowerShell Core、Windows PowerShell などで実行できるスクリプトが利用できます。

- SSH Executor

  GitLab Runner から SSH 接続可能な特定のサーバーに対してコマンドを送って実行する Executor です。リモート接続先のサーバー上でジョブに定義されたスクリプトを実行します。

- VirtualBox Executor

  VirtualBox の仮想マシンを利用したジョブ実行環境を提供します。事前に VirtualBox がインストールされたサーバーに GitLab Runner を用意しておくことにより、ジョブ要求とともに仮想マシンを構築し、SSH 経由でジョブを実行します。Bash や Windows PowerShell が稼働すれば、VirtualBox 上で実行できる OS で動かすことができます。また「`Parallels Executor`」を使うと、VirtualBox の仮想マシンをスケールしてジョブを実行できます。

- Docker/Podman Executor

  隔離されたコンテナをジョブごとに実行する Executor です。GitLab Runner がインストールされているサーバー上に設定された Docker Engine や Podman を使い、コンテナを立ち上げてジョブを実行します。事前に Docker、または Podman をインストールしておく必要はありますが、コンテナイメージを利用することによって、常に新しい環境でジョブが実行できます。これを応用したものとして、オンデマンドで Docker の実行サーバーを生成することでジョブのスケジュールに対応した「Docker Autoscaler Executor」があります。

- Kubernetes Executor

  ジョブごとに Kubernetes API 経由で Pod を作成しジョブを実行する Executor です。事前に Kubernetes 上にコンテナで GitLab Runner を稼働しておくことにより、Kubernetes API から Pod を作成します。

- Instance Executor

  オンデマンドで仮想マシンを作成し、動的スケールを行う Executor です。基本は AWS や Google

Cloud、Azure などの IaaS 機能を利用して、仮想マシンを生成し、ジョブを実行します。

- Custom Executor

  LXD[*2]や Libvirt など、GitLab がネイティブでサポートしていない環境で GitLab Runner を使用するための Executor です。個別の環境ごとに Driver と呼ばれるスクリプトを事前に作成しておくことで、GitLab CI/CD から要求されるジョブを実行します。

GitLab Runner をインストールする時点でこれらの Executor を必ず 1 つ以上選びます。

Executor は、プラットフォームによって仕組みが大きく異なります。特にコンテナや仮想マシンを使用する Executor は、利用できる機能にもいくつか制限があるため注意が必要です。Table 4-1 に、よく利用される Executor の特性を比較した表を紹介します。アプリケーションの動作環境を考慮した上で、導入を検討してください。

Table 4-1　Executor の選択

	Shell Executor	SSH Executor	VirtualBox Executor	Docker Executor	Kubernetes Executor
クリーンなジョブ実行環境の作成	×	×	○	○	○
実行環境の再利用	○	○	×	○	×
GitLab Runner のファイルアクセス保護	×	○	○	○	○
ジョブ失敗時のデバッグ	容易	容易	難しい		

4-1-4　GitLab Runner のインストールと登録

それでは、ここまで紹介してきた GitLab Runner を実際にインストールして、GitLab CI/CD に登録してみましょう。

GitLab Runner は物理サーバーや仮想マシンだけでなく、コンテナまたは Kubernetes クラスタ上にデプロイできます。インストール手段もプラットフォームによって異なりますが、ここでは RHEL の仮想マシン上で「Shell Executor」の利用を前提とした GitLab Runner のインストール手順を紹介します。

なお、この後本書のサンプルアプリケーションで利用する GitLab.com では SaaS Runners を利用するため、ここで紹介する作業の実施は不要です。あくまで Self-managed 型の GitLab をインストールした

＊2　Using LXD with the Custom executor
https://docs.gitlab.com/runner/executors/custom_examples/lxd.html

場合や、GitLab.com でも専用の Project Runners を作成したい場合の参考としてください。

■ GitLab Runner のシステム要件

まずは GitLab Runner のシステム要件を確認します。

GitLab Runner は Go 言語で作成されており、Linux や macOS、Windows など Go 言語が実行できる環境であれば稼働します。GitLab Inc. としてサポートしている Linux 環境としては、以下のディストリビューションが対象です（本書執筆時点）。

- CentOS
- Debian
- Ubuntu
- RHEL
- Fedora
- Mint
- Oracle
- Amazon Linux

この中から、今回は RHEL の仮想マシンを用いた GitLab Runner のインストールを行います。気を付けなければいけない点は、GitLab Runner のバージョンと GitLab サーバー（GitLab CI/CD）のバージョンの整合性です。互換性の観点から、少なくとも GitLab Runner と GitLab サーバーは、メジャーバージョンレベルで同期しておく必要があります。

たとえば GitLab サーバーが v16.8 であれば、GitLab Runner も v16.8 または v16.x の下位バージョンを利用しましょう。基本はマイナーバージョン間での下位互換は保証されていますが、マイナーバージョン間であっても古いバージョンを利用すると新しい機能が利用できない可能性があります。

また、GitLab.com を利用しながら個別の GitLab Runner を登録した場合は、常に最新バージョンの GitLab Runner を利用することが求められます。GitLab.com が継続的に最新バージョンに更新されるため、特別な要件がない限りにおいては SaaS Runners を利用することをおすすめします。

■ RHEL 上の GitLab Runner のインストール

GitLab のパッケージリポジトリとして使われている「packagecloud[*3]」を利用し、GitLab Runner をインストールします。ここからの作業は、GitLab Runner を動作させたい RHEL サーバーを新たに作成して、実施してください（Figure 4-4）。

Self-managed 型の GitLab を運用する場合は、GitLab Runner は GitLab をインストールしたサーバーとは別のサーバー上にインストールしましょう。これはジョブ実行時のセキュリティやパフォーマン

＊3　packagecloud の GitLab Runner
`https://packages.gitlab.com/runner/gitlab-runner`

ス上の観点から、GitLab サーバーへ影響を与えないようにするためです。

また、Docker/Podman Executor を使用する場合は、GitLab Runner をインストールする前に必ず Docker、または Podman[*4]のインストールが必要です。

Figure 4-4 GitLab Runner のインストール構成

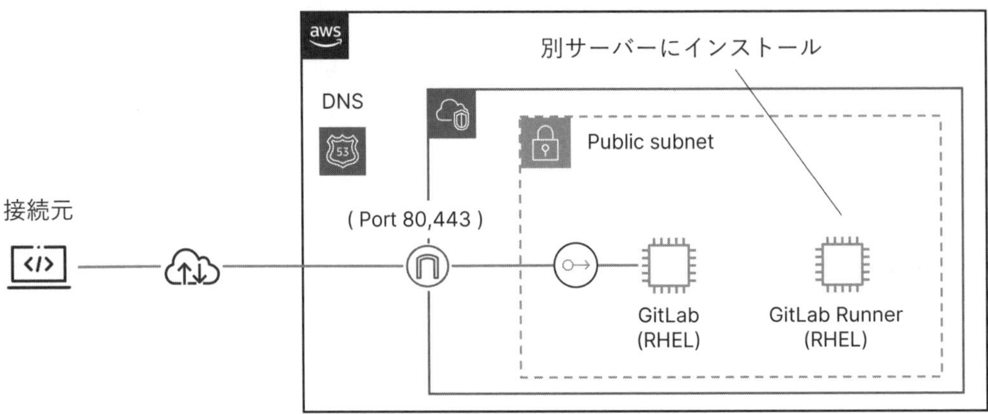

◎ GitLab Runner のインストール

```
$ export GITLAB_RUNNER_REPO=\
"https://packages.gitlab.com/install/repositories/runner/gitlab-runner/script.rpm.sh"
$ curl -L $GITLAB_RUNNER_REPO | sudo bash
…<省略>…
The repository is setup! You can now install packages.

$ sudo dnf -y install gitlab-runner
```

もし特定のバージョンを指定してインストールする場合は、パッケージリポジトリの登録後、リストの中からバージョン選択してインストールを行ってください。

◎ バージョンを指定した GitLab Runner のインストール

```
$ sudo dnf list gitlab-runner --showduplicates | sort -r
$ sudo dnf -y install gitlab-runner-16.7.0-1
```

GitLab Runner のインストールは以上です。RHEL 以外の Linux ディストリビューションにインス

＊4 Podman Installation Instructions
https://podman.io/docs/installation

トールする場合は、公式のドキュメント[*5]を参考にしてください。

■ GitLab Runner の登録

次に GitLab CI/CD へ GitLab Runner の登録を行います。登録には、事前に GitLab Runner の認証トークン（Authentication Tokens）を作成してから作業を行います。ここでは先ほどインストールした GitLab Runner を Project Runners として登録する手順を紹介します。

まずは、GitLab の Web ポータルからプロジェクトポータルに移り、サイドバーの［Settings］>［CI/CD］を選択しましょう。その中から［Runners］セクションを開き、［Project Runners］から［New project runner］のボタンを押します（Figure 4-5）。

Figure 4-5　GitLab Runner の登録

この際、［New project runner］ボタンの横に［Registration token］を設定する詳細ボタンがありますが、こちらと間違えないようにしてください。登録トークン（Registration Token）の使用は GitLab v15.6 で非推奨となり、GitLab v18.0 で削除される予定の機能です。

次に Project Runners の登録ページに遷移したら、GitLab Runner の構成を事前に登録します。ここでは以下を設定していますが、それぞれの環境に合わせて設定を変更してください。特に Docker や Kubernetes の GitLab Runner を利用している際は、この時点で適切にプラットフォームを選択しておきます。

＊5　Install GitLab Runner using the official GitLab repositories
https://docs.gitlab.com/runner/install/linux-repository.html

- Platform：Linux
- Tags：rhel
- Details（Optional）："Shell Executor for Red Hat Enterprise Linux"
- Configuration（optional）：指定なし
- Maximum job timeout：指定なし

ここで指定するタグは、GitLab CI/CD がジョブを実行する GitLab Runner を識別する重要な設定です。パイプラインの実行の際に、どの GitLab Runner の Executor に処理を依頼するかを指定する役割のため、チームメンバーが分かりやすいタグ名を利用しておくとよいでしょう。

設定が完了し［Create runner］のボタンを押すと、GitLab Runner の認証トークンの発行ページに遷移します（Figure 4-6）。認証トークンの発行ページは、一度しか表示されないため、必ずトークンを保存しておいてください。認証トークンを忘れた場合は、再度［New project runner］のボタンを押して新しく登録が必要です。

Figure 4-6　認証トークンの発行ページ

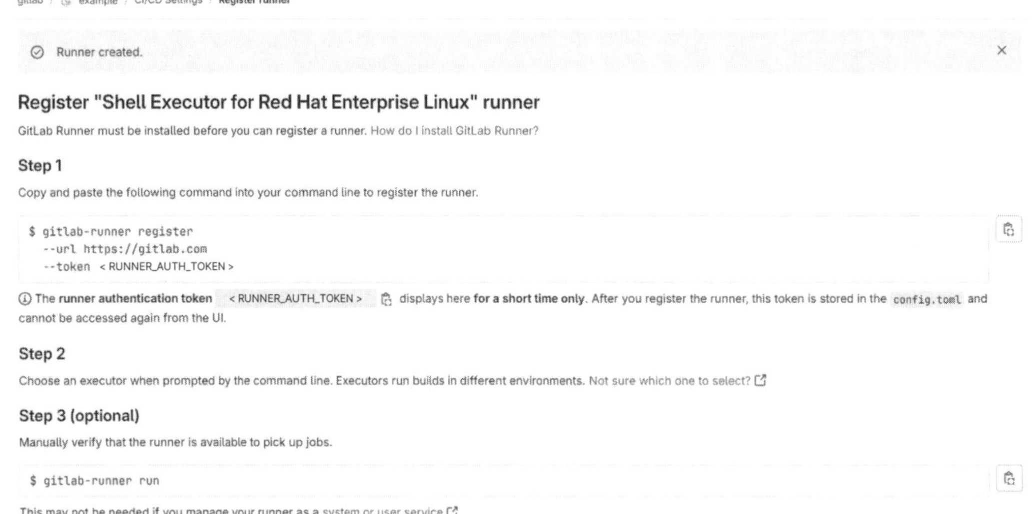

ここまでの作業を GitLab の Web ポータルから事前に行った上で、GitLab Runner の登録に進みます。先ほどインストールした GitLab Runner へ行き、以下のコマンドにて GitLab Runner を登録します。

◎ GitLab Runner の登録

```
$ export RUNNER_AUTH_TOKEN= < RUNNER_AUTH_TOKEN >
$ export GITLAB_SERVER_URL="https://gitlab.com"
$ sudo gitlab-runner register \
  --non-interactive \
  --url $GITLAB_SERVER_URL \
  --token "$RUNNER_AUTH_TOKEN" \
  --executor "shell" \
  --description "shell-executor-rhel"
…<省略>…
Runner registered successfully. Feel free to start it, but if it's running already
the config should be automatically reloaded!

Configuration (with the authentication token) was saved in "/etc/gitlab-runner/conf
ig.toml"
```

登録が完了すると、GitLab Runner の設定ファイル（`/etc/gitlab-runner/config.toml`）に認証トークンが設定されます。GitLab Runner は、デフォルトで 3 秒ごとに設定ファイルの変更をチェックし、必要に応じてリロードします。設定ファイルの内容がうまくロードされると、GitLab サーバーに GitLab Runner が登録されます。登録コマンドを実行後、先ほどと同様のプロジェクトページから［Settings］>［CI/CD］を選択し、登録された GitLab Runner の状態を見てみましょう。緑色の Online ステータスで新たに GitLab Runner が設定されていれば登録完了です（Figure 4-7）。

Figure 4-7 GitLab Runner の登録完了確認

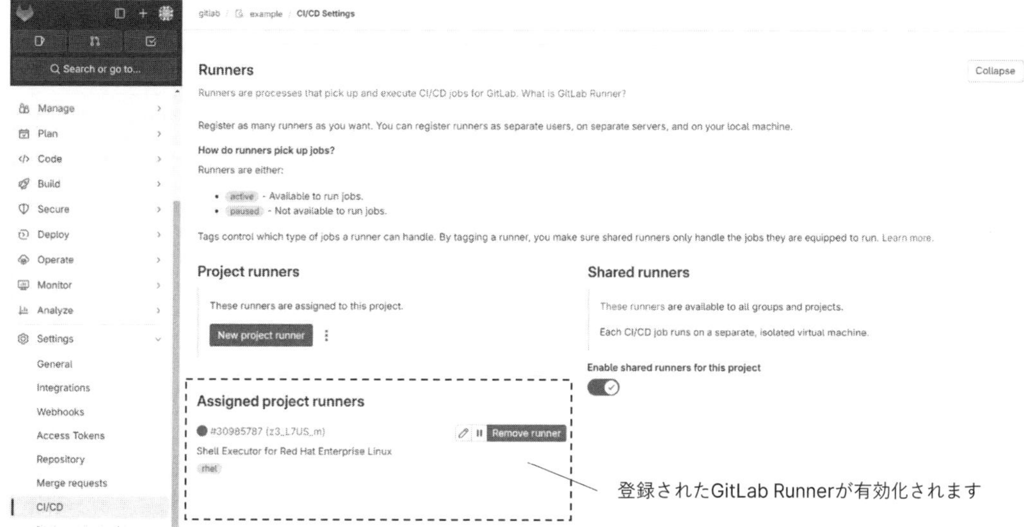

4-2 パイプラインの実行

GitLab Runner が設定できたら、今度はパイプラインの設定に移ります。

GitLab CI/CD を使って継続的インテグレーションを実現するには、既存の開発で行ってきたビルドやテスト、デプロイの作業手順をジョブとしてパイプラインを組み立てます。パイプラインは、GitLab CI/CD の設定ファイル「`.gitlab-ci.yml`」をプロジェクトのトップディレクトリに配置することで実装できます。

ここでは`.gitlab-ci.yml` の基本構文を学ぶとともに、簡単なパイプラインを作りながら GitLab CI/CD を体感してみましょう。

4-2-1 .gitlab-ci.yml の基本構文

`.gitlab-ci.yml` は YAML 言語で記述されたファイルであり、ジョブやパイプラインの定義には連想配列を使って表現します。GitLab の公式ドキュメントでは、各連想配列のキーのことをキーワード（keyword）と呼んでいます。ここからの解説でキーワードと言った場合は、`.gitlab-ci.yml` のキーのことを指していると捉えてください。

まずは`.gitlab-ci.yml` で定義するパイプラインの概念についてみていきましょう。

`.gitlab-ci.yml` では、**ステージ**（stage）とジョブを定義します。ステージとは、パイプラインの中で実行される複数のジョブをまとめ、その実行順序を制御するキーワードです。各ジョブは必ずステージによって、実行するタイミングが定められます。

直観的に分かりやすい定義のため、先にサンプルの`.gitlab-ci.yml` を見てみましょう。

List 4-1 .gitlab-ci.yml のサンプル

```
stages: ## (1)
  - build
  - test
  - deploy

job1:  ## (2)
  stage: build  ## ジョブが所属するステージ
  script:  ## (3)
    - echo "Building…"

job2:  ## (2)
```

```
    stage: test
    script:  ## (3)
      - echo "Testing…"

  job3:  ## (2)
    stage: test
    script:  ## (3)
      - echo "Testing…"

  job4:  ## (2)
    stage: deploy
    script:  ## (3)
      - echo "Deploying…"
```

(1) stages：実行するステージの一覧を定義します。ジョブはこれらのステージのいずれかに必ず属します。

(2) job1、job2、job3…：各ジョブはユニークな名前を持ち、stage キーワードでどのステージに属するかを指定します。

(3) script：各ジョブで実行したいコマンドやスクリプトを記述します。

上記の例では、3 つのステージ（build、test、deploy）と 4 つのジョブが定義されています。build ステージには job1 ジョブが設定され、test ステージには job2、job3、deploy ステージには job4 が定義されています。このパイプラインを実行すると、stages キーワードで上から定義した順番にジョブが実行されます。この例では build、test、deploy の順番でジョブが実施されます。

ただし test ステージでは job2 と job3 が定義されており、これらは並列に実行されます。つまり GitLab Runner を複数登録しておくことにより、稼働が空いている GitLab Runner が 2 つのジョブを並列に処理します（Figure 4-8）。

Figure 4-8　ジョブとステージ

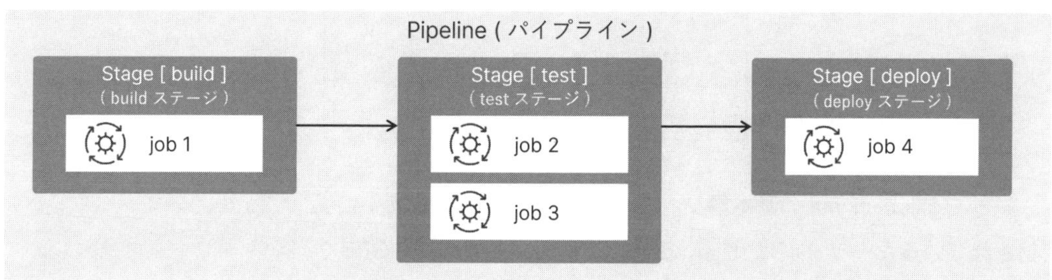

このように GitLab CI/CD では、ジョブとステージを使い分けながらパイプラインを構築していきます。

GitLab CI/CD では、開発者が新しいコードをリポジトリにプッシュすると、`.gitlab-ci.yml` の定義に従ってパイプラインをトリガーし、ビルド、テスト、デプロイといったジョブを実行します。この際、script キーワードに定義されたタスクを GitLab Runner が実行します。実行するコマンドやスクリプトもリスト形式で表現でき、上から定義した順番に実行されます。

4-2-2 グローバルレベルとジョブレベル

`.gitlab-ci.yml` に定義するキーワードは、グローバルレベル上で定義できるものとジョブレベルで定義できるものが決まっています。あらかじめキーワードが定義できる領域を定めておくことにより、パイプライン全体の構造や特定のジョブの動作を制御し、`.gitlab-ci.yml` の保守性が向上できます（Figure 4-9）。

Figure 4-9　グローバルレベルとジョブレベル

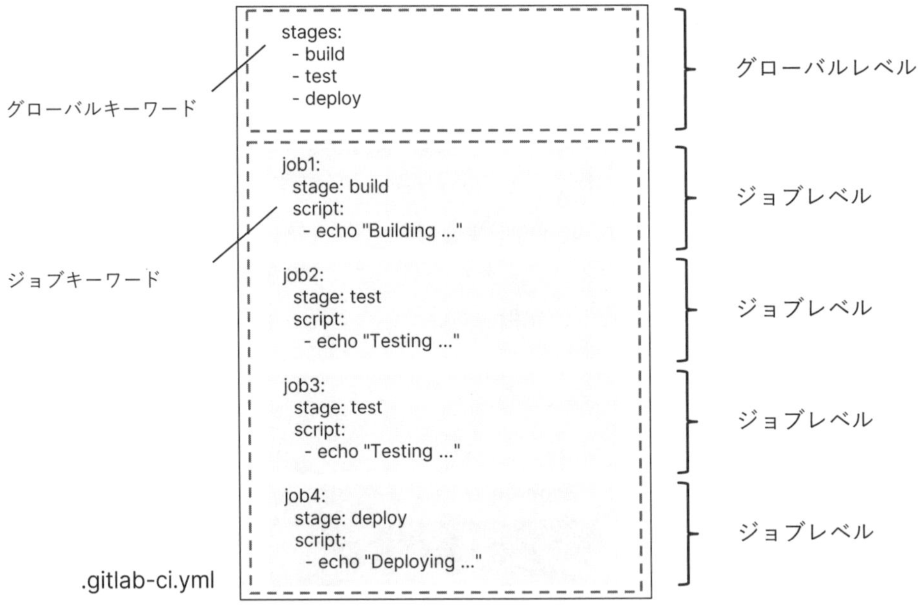

「4-2-1 .gitlab-ci.yml の基本構文」で紹介したサンプルを使って解説すると、グローバルレベルに定義されているキーワードは stages です。これは、各ジョブの制御を行うキーワードであり、パイプライン全体に影響を及ぼします。一方、job1、job2 の中で定義された stage や script は、ジョブレベル

に定義するキーワードであり、そのジョブだけに影響します。

GitLab の公式ドキュメントでは、グローバルレベルで定義されるキーワードを「**グローバルキーワード**（Global Keyword）」と言い、ジョブレベルで定義できるキーワードを「**ジョブキーワード**（Job Keyword）」と呼んでいます。

ここではグローバルレベルで定義したキーワードはパイプライン全体に影響を及ぼし、ジョブレベルに定義したキーワードは1つのジョブの中だけに影響を及ぼすということを覚えておきましょう。

■ グローバルキーワード

グローバルレベルでよく利用するキーワードは、stages と variables です（Table 4-2）。

Table 4-2　グローバルキーワード

キーワード	概要
default	各ジョブのデフォルト値の設定
include	他の YAML ファイルから構成をインポート
stages	パイプライン全体のステージ名と順序定義
variables	すべてのジョブに反映する変数定義
workflow	パイプラインの動作制御

また、以前は image や before_script といった個別のキーワードがグローバルレベルでも利用できましたが、意図しない設定がすべてのジョブに反映されてしまうことから、現バージョンでは default というキーワードによって各ジョブのデフォルト値を定義します。

List 4-2　default の利用例

```
default:
  image: ruby:3.0
  retry: 2
  before_script:
    - bundle config set path conf/bundle
    - bundle install
  after_script:
    - rm -rf tmp/
```

default に限らずグローバルキーワードを利用することにより、各ジョブで明示的に個別の設定を指定する必要がなくなります。これにより、`.gitlab-ci.yml` の冗長性を減らし、設定の共通化や保守性が向上します。

■ ジョブキーワード

ジョブキーワードには必ず script を含んでおく必要があります。これは Executor が実行するジョブ内容そのものであり、script に定義されたコマンドが実行されます。

その他にもジョブレベルには数多くのキーワードが定義でき、これらを駆使することで柔軟なジョブが実装できます。ここではよく利用されるジョブキーワードを紹介します（Table 4-3）。

Table 4-3　ジョブキーワード

キーワード	概要
script	実行するスクリプトやコマンドの指定 (必須)
image	コンテナを利用する Executor のコンテナイメージを指定
services	Docker Executor 利用時の Docker Service を指定
stage	ジョブが所属するステージの指定
variables	ジョブ内で利用する変数定義
tags	実行する GitLab Runner のタグを指定
allow_failure	失敗することを許容するか否かを指定
when	特定の条件にマッチした場合のジョブ制御
dependencies	アーティファクトをジョブ間で受け渡す際の指定
artifacts	アーティファクトの保存を定義
cache	ジョブ間のファイルキャッシュのリストを定義
before_script	script の前に行うジョブを定義
after_script	script の後に行うジョブを定義
retry	ジョブが失敗しても動的にリトライを行う回数を指定

パイプラインの実装はこのジョブキーワードをどれだけうまく使いこなせるのかに依存しています。ジョブキーワードは進化も早く、GitLab のバージョン更新に準じて新規、廃止されるキーワードがあります。実務でパイプラインを構築する際は、公式ドキュメントを参考にしながら`.gitlab-ci.yml`を定義していきましょう。一つひとつのジョブキーワードを覚える必要はありませんが、普段から効率の良いパイプラインの実装を意識しておくことが重要です。

4-2-3　パイプラインの実行

それでは、前章「3-1-4 プロジェクトの管理」で作成した GitLab.com 上のプロジェクトを使い、SaaS Runners を利用してパイプラインを実行してみます。あらためて、ローカルリポジトリを更新してください。もし前章でリモートリポジトリの複製作業を行っていない場合は、以下の手順で複製を行ってください。

プロジェクトページ：https://gitlab.com/gitlab（+乱数）/example

◎ リモートリポジトリの複製

```
$ export GITLAB_USER=<Username>
$ export GITLAB_TOKEN=<Personal Access Token>
$ export GITLAB_USER_EMAIL="<Email>"
$ git config --global user.name "${GITLAB_USER}"
$ git config --global user.email "${GITLAB_USER_EMAIL}"

$ cd ~/
$ git clone https://${GITLAB_USER}:${GITLAB_TOKEN}@gitlab.com/gitlab（+乱数）/example
$ export REPO_EXAMPLE=~/example
$ cd ${REPO_EXAMPLE}
```

それでは.gitlab-ci.ymlの作成とパイプラインを実行します。

■ .gitlab-ci.ymlの作成

はじめに.gitlab-ci.ymlをリポジトリのルートディレクトリに作成しましょう。ここでは手動で入力する手間を避けるため、公開されているリポジトリからサンプルの.gitlab-ci.ymlをダウンロードします。内容は「**4-2-1 .gitlab-ci.ymlの基本構文**」と同様のため、もし一から.gitlab-ci.ymlの構文を学びたい方は、ローカル環境で一から記述してみることにも挑戦してみてください。

◎ .gitlab-ci.ymlの作成

```
$ cd ${REPO_EXAMPLE}
$ export GITLAB_TUTORIAL_URL="https://gitlab.com/cloudnative_impress/gitlab-tutorial"
$ curl -O ${GITLAB_TUTORIAL_URL}/-/raw/main/.gitlab/ci/sample-gitlab-ci.yml
$ mv -v ./sample-gitlab-ci.yml ./.gitlab-ci.yml
```

次にローカルリポジトリを更新し、これをリモートリポジトリへ反映します。今回はあくまでサンプル実行として main ブランチで実行します。

◎　リモートリポジトリへの反映

```
$ git branch
* main

$ git add .gitlab-ci.yml
$ git commit -m "First time using GitLab CI/CD"
$ git push
```

これで`.gitlab-ci.yml`の更新作業は完了です。GitLab.com 上のリモートリポジトリが更新されると、動的に SaaS Runners がパイプラインを処理します。

■ パイプライン実行の確認

GitLab CI/CD が期待通りに動いているかを確認してみましょう。GitLab CI/CD の実行確認は、プロジェクトページのサイドバーから［Build］>［Pipeline］を選択します（Figure 4-10）。

Figure 4-10　パイプラインの実行

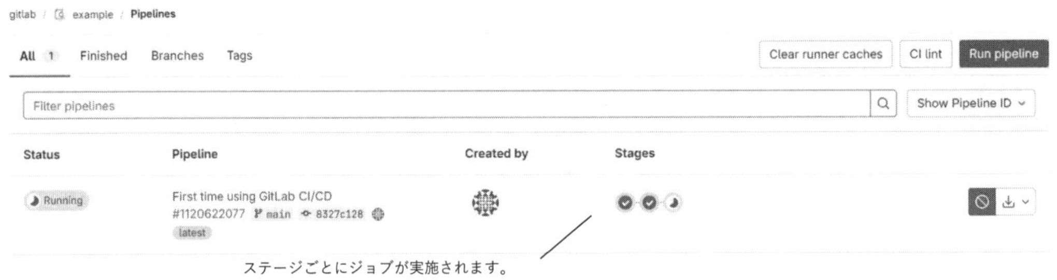

パイプラインの実行が完了するまで少し時間がかかりますが、無事完了すると［Stages］の状態がすべて緑色になり、［Status］が「`Passed`」に更新されます。またパイプライン ID や「`Passed`」となっているステータスをクリックすると、パイプラインの実行詳細ページに遷移します。ここでは、各ジョブのログ確認やパイプラインの遷移図などを見ることができます（Figure 4-11）。それぞれのジョブがどのように実行できているのかを確認してみてください。

Figure 4-11　パイプラインの詳細

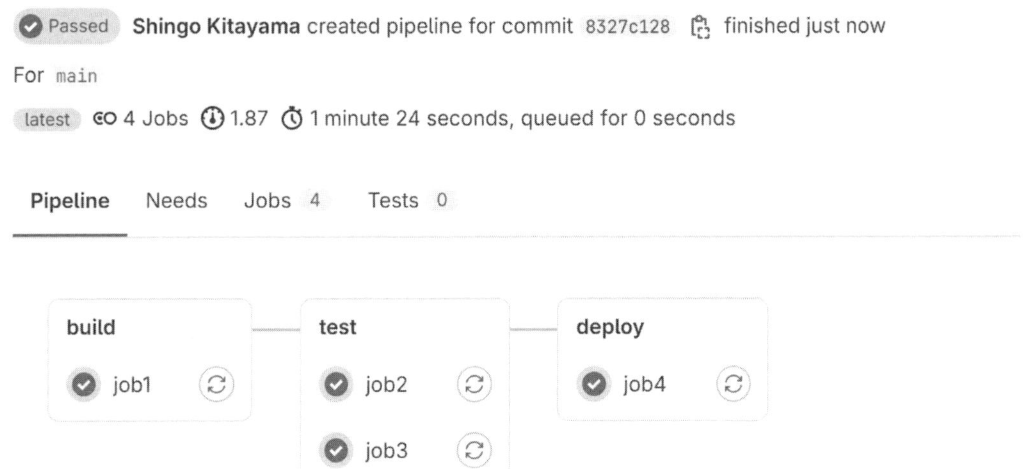

■ GitLab Runner のタグ

GitLab.com では、GitLab Runner のタグを指定しなければ、SaaS Runners が利用されます。GPU の利用など特定の GitLab Runner にしか実行できない作業を行う場合は、`.gitlab-ci.yml` のジョブレベルに tags キーワードを設定して実装します。また、自身で GitLab Runner を登録するときは、登録時に付けたタグをここで一致させる必要があります。

List 4-3　tags の利用例

```
…<省略>…

job2:
  stage: test
  tags:
    - saas-linux-medium-amd64
  script:
    - echo "Testing…"
```

SaaS Runners もいくつかのマシンタイプが提供されており、多くのリソースでジョブを実行したい場合は Premium Tier の利用を検討してください。特に tags の設定が行われていない場合は「`saas-linux-small-amd64`」が使用されます（Table 4-4）。

Table 4-4 SaaS Runners の Linux マシンタイプ

タグ	Subscription Tier	vCPUs	Memory	Storage
saas-linux-small-amd64	all (デフォルト)	2vCPUs	8GB	25GB
saas-linux-medium-amd64	all	4vCPUs	16GB	50GB
saas-linux-large-amd64	Premium	8vCPUs	32GB	100GB
saas-linux-xlarge-amd64	Premium	16vCPUs	64GB	200GB
saas-linux-2xlarge-amd64	Premium	32vCPUs	128GB	200GB

なお、執筆時点では Linux で動作する SaaS Runners には、Google Cloud の Compute Engine「n2d-standard*6」が利用されますが、今後プロセッサータイプは変更される可能性があるため、特定のプロセッサー設計に依存するジョブを実行する場合には Project Runners の利用を検討してください。

4-3 まとめ

以上で、GitLab CI/CD によるパイプラインの実行は完了です。実際には、想像していたよりも簡単にパイプラインが実行できたのではないでしょうか。

ここでは基本となるパイプラインの流れを紹介したに過ぎませんが、ジョブに複雑なビルドやテストの実装を加えると、アプリケーション開発におけるパイプラインが構築できます。

ただし、忘れてはいけない点は、ここで自分一人が理解できる複雑なパイプラインを構築しないことです。本書冒頭で紹介したとおり The DevSecOps Platform である GitLab は、チーム開発に関わるすべての人が取り扱えて、初めてその価値が得られます。GitLab CI/CD は柔軟にジョブが実行でき、GitLab Runner によって幅広い拡張性を持った機能である一方で、属人化しやすい機能の一つでもあります。このような属人化を防ぐためにも、開発計画段階でどういったアプリケーションアーキテクチャや開発ライフサイクルを構築するのかをチームメンバーと共有しておくことが重要です。

次章以降はチュートリアルアプリケーションを使って、これらの開発に触れていきましょう。

＊6 Google Cloud 汎用コンピューティング
https://cloud.google.com/compute/docs/general-purpose-machines?hl=ja#n2d_machines

第5章

開発計画

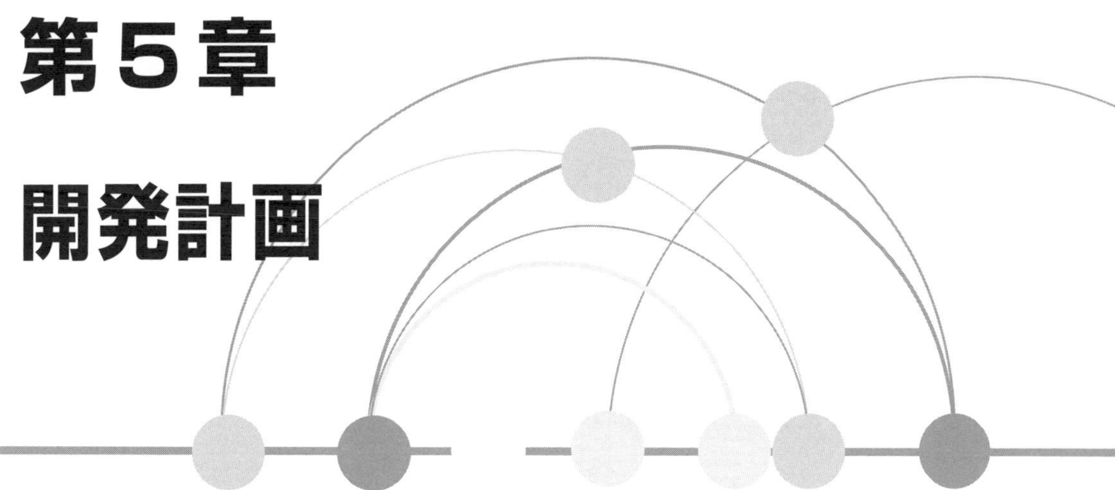

アイデアを具現化し、継続的に改善する取り組みを行うためにはチームメンバーとの日々の認識合わせが欠かせません。GitLab の導入に限らず、どのような開発においても開発計画では作業の見える化と進捗の一元管理を徹底することが重要です。

「どのような課題を改善するための作業なのか」「最終的にどのような機能提供を目指すべきなのか」といったイメージをチーム内で摺り合わせ、アプリケーション開発ライフサイクルに反映します。もちろん、はじめから完璧なものを用意する必要はありませんが、改善を繰り返すことによってビジネスアジリティへと繋げていくことが大切な心得です。

ここからの章ではサンプルアプリケーションを使って、プロダクトチームにおける機能追加開発を想定した開発ライフサイクルを演習していきます。実務においても、開発計画として本章で紹介する検討事項をあらかじめチームメンバーと確認しておきましょう。

5-1 開発ライフサイクルの検討

まずは本書におけるサンプルアプリケーションの開発に携わるメンバーとその役割について紹介します。

本書では、開発者だけでなく開発レビューアとリリースオーナー、そしてビジネスオーナーという 4 人のメンバーを想定して作業を行います。実際にこれらのメンバーのアカウントを作る必要はありませんが、この後何度か登場するメンバーの役割をここでは把握しておきましょう。

ここでは簡単な「**プロダクトチーム**」を想定し、以下のメンバーに括弧書き「()」で記載した GitLab の役割を与えています。実務で使われる名前をもとにメンバーを構成しますが、皆様の組織にあった役割に置き換えて読み進めてください（Figure 5-1）。

(1) ビジネスオーナー（Reporter）

ビジネスからの要件を受け、プロダクト開発メンバーへ要求を行うメンバーです。GitLab では現在のプロダクト状況を見る権限を持ちます。

(2) 開発者（Developer）

アプリケーションを開発、修正を行うメンバーです。GitLab 上では自身のブランチを作成してコードを開発する権限を持ちます。

(3) 開発レビューア（Developer）

開発者が開発したコードをレビューするメンバーです。GitLab ではブランチをマージする（マージリクエストを承認する）権限を持ちます。

(4) リリースオーナー（Maintainer）

本番環境へのデプロイを承認するメンバーです。GitLab ではデプロイとリリース実行ができる権限を持ちます。

実務においても GitLab が定義する役割と、業務の役割が必ずしも一致するわけではありませんが、必要以上の権限をメンバーに割り当てないことを心掛けてください。

これらのメンバーの役割を意識した上で、パイプライン実装を検討していきます。

Figure 5-1 プロダクトチームの構成

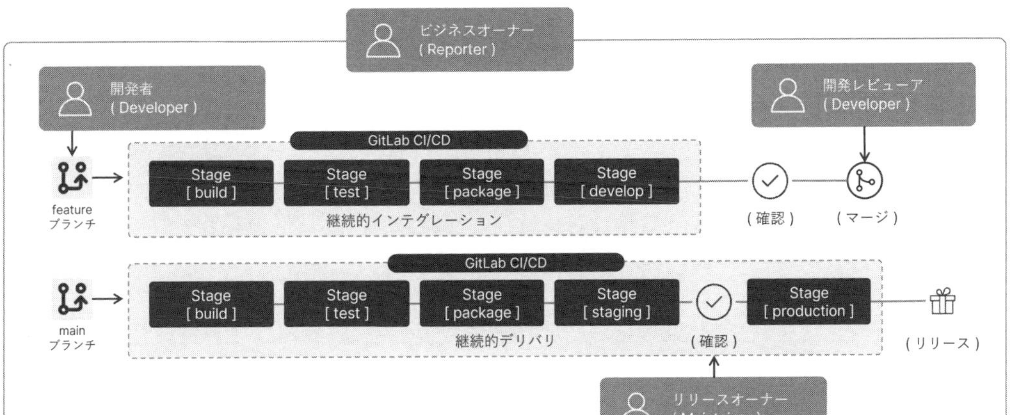

5-1-1 アプリケーションの開発ライフサイクル

サンプルのアプリケーションも継続的インテグレーション、継続的デリバリというフェーズを経て本番環境にリリースを行います。しかし実現場では、アプリケーションの規模や言語によってテストやデプロイ方法が異なります。それをメンバーの技術力に応じて実装すると、どうしても秘伝のタレのように属人化してしまいます。さらにこれを放置すると特定の人しかパイプラインの内容が把握できず、急な修正やトラブルへの対応が必要になった場合にも調査できる要員が限られてしまいます。

こうした状況に陥らないためにも GitLab CI/CD でパイプラインを設計する時点で、メンバー内でステージやジョブの共通認識を持ち、必要な権限での実装を心掛けることが重要です。

サンプルアプリケーションでは、Table 5-1 に示すステージとジョブを実装します。ここから解説する Stage[ステージ名]、Job[ジョブ名] は、サンプルアプリケーションのパイプラインのステージ、ジョブ名を表しています。

Table 5-1 アプリケーションの開発ライフサイクル

アプリケーションライフサイクル	ステージ名	ジョブ名	ジョブ概要
継続的インテグレーション	Stage[build]	Job[quarkus-build]	Quarkus のソースコードをビルド
(第 6 章)	Stage[test]	Job[quarkus-test]	Junit を使った Quarkus の単体テスト

	Stage[package]	Job[quarkus-container-package]	Buildah を使ったコンテナイメージビルド
開発レビュー (第 7 章)	Stage[development]	Job[container_scanning]	Trivy を使ったコンテナイメージスキャニング
		Job[deploy-dev]	Review apps を利用した開発環境のデプロイ
		Job[stop-dev]	Review apps を利用した開発環境の削除
継続的デリバリ (第 8 章)	Stage[staging]	Job[deploy-stg]	ステージング環境へのコンテナデプロイ
	Stage[production]	Job[deploy-prod]	本番環境へのコンテナデプロイ
	Stage[release]	Job[release]	リリースページの作成

このパイプラインを前提としてテスト、デプロイの品質向上について確認してみましょう。

■ アプリケーションのテスト

アプリケーションの開発ライフサイクルにおいて属人化しがちな作業の一つが、アプリケーションのテストです。従来では手順書に従い、手動でテストが行われていたことも多いのではないでしょうか。これらをパイプラインに組み込み、自動化することによってアプリケーションの品質やセキュリティを向上することが求められます。

たとえば、以下のようなことが積み重なると、手動で同じテストを繰り返すことが極めて難しくなります。

- 人によってアプリケーションごとに独自の単体テストを作成している。
- ローカル環境ではテストツールのインストールが制限されており、テストのために決められたプラットフォーム上へコードを持ち運んだ後に環境に合わせたテストを実施する。

様々なテスト条件や入力パターンを網羅することが理想ですが、テスト量が増えるにつれて膨大な作業工数となるため人の力で対応していては限界が訪れます。

こうした属人化されたテスト作業から開放されるために、テストを自動化してパイプラインに組み込むことが望まれます。テストがパイプラインに組み込まれることで、開発者がコミットしたコード変更がトリガーとなり、常に同様のコードテストやセキュリティポリシー、コンプライアンスが確認できます。このようにテストを強制的に実行することで、バグを早期に発見でき、修正コストを大幅に下げるだけでなく自信を持ってデプロイが実施できます。

本書では継続的インテグレーションの中で簡単な単体テスト（Job[quarkus-test]）を実施し、コンテナイメージにパッケージしてからコンテナイメージスキャニング（Job[container_scanning]）を行います。実務ではさらに多くの品質テストが要求されるため、Stage[test] の中で多角的な観点でのアプリケーションテストを並列して実行することも検討してください。

なお、ここでのテスト作成のオーナーは開発者であり、開発レビューアによってその結果を確認することを想定しています。

■ アプリケーションのデプロイメント環境

アプリケーションのライフサイクルを検討する上では、各デプロイメント環境についての共通認識も重要です。各企業によってデプロイメント環境は異なり、名前とともにその役割も多様です。

Table 5-2　デプロイメント環境と deployment_tier

デプロイメント環境名	デプロイメント環境詳細	deployment_tier 名	本書のデプロイジョブ
ローカル環境	開発者のデスクトップ環境	-	-
開発環境 / レビュー環境	開発者が単体テストできるサンドボックス環境	development	Job[deploy-dev]
インテグレーション環境	CI のビルドや成果物を確認する環境	testing	-
テスト環境 / QC 環境	結合テストなどを行い品質管理チームが機能テストを行う環境	testing	-
ステージング環境 / 準本番環境	本番環境を限りなく忠実に反映した最終確認用の環境	staging	Job[deploy-stg]
本番環境 / リリース環境	サービス利用者がアクセスする環境	production	Job[deploy-prod]

GitLab ではこれらのデプロイメント環境のことを「deployment_tier（デプロイメント層）」と呼んでいます。後ほどパイプラインを実装する際にも、この「`deployment_tier`」を利用しますが、各デプロイメント環境に応じて名前とその役割が決まっています。ただし、パイプラインの中でこれらの環境をすべて利用する必要はありません。自社のデプロイメント環境の役割に近しいものを選択することが重要です。

なお、本書の開発ライフサイクルでは開発環境（development）、ステージング環境（staging）、本番環境（production）の 3 つの「`deployment_tier`」を想定してパイプラインを実装します。環境によってそれぞれのデプロイメントオーナーが異なることも認識しておきましょう。

まず開発環境は開発者によってデプロイされますが、ステージング環境へのデプロイメントは開発レビューアによって承認されます。また、本番環境へのデプロイメントはリリースオーナーによってデプロイ判断されるといった役割を意識してパイプラインを実装します。

本書では、これらのデプロイメント環境を疑似的に構築するために Kubernetes を利用します。デプロイメント環境にアプリケーションを展開するジョブ名と Kubernetes のテナント名（namespace 名）を合わせていることを確認してください（Figure 5-2）。

Figure 5-2 アプリケーションのデプロイメント環境

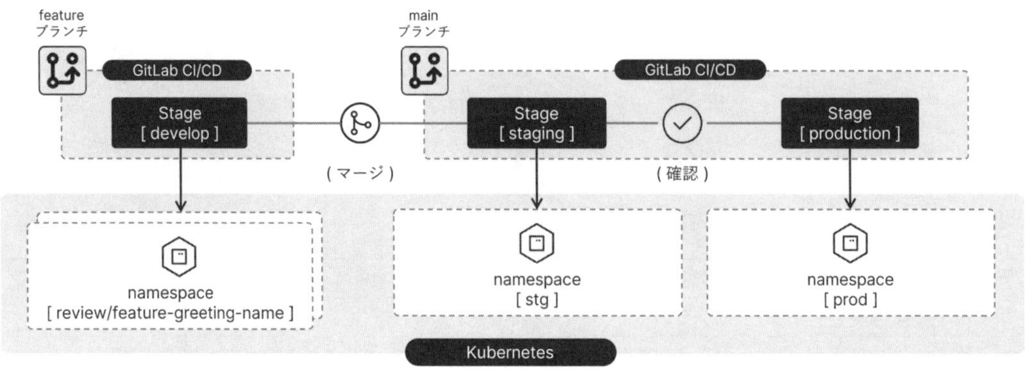

5-1-2 ブランチ戦略

Git は個人の環境で自由に開発できる分散型リポジトリですが、チームメンバーが自由にブランチを更新していては従来のファイル共有と変わりません。Git を開発に利用するメリットは特定のルールに基づいてブランチを作成し、ブランチのマージによってアプリケーションの品質を管理できる点です。

このように複数人が並行して開発を行うためのリポジトリ利用ルールを標準化したものが「**ブランチ戦略**」です。ブランチ戦略にはいくつかの種類があります。

- GitHub Flow：リリース用の main ブランチと開発用の feature ブランチの 2 つで管理するシンプルな戦略
- GitLab Flow：環境に合わせて開発用、リリース用の役割を分けてブランチを作る戦略
- Git Flow：develop ブランチで開発を進め、release ブランチでリリース作業、完了したら main に格納する戦略

ブランチ戦略のどれが良い悪いではなく、チームに合った戦略を選び、開発時点で事前にプロセスを共有できていることがポイントです。これらを共有しておくことによって、開発者が独自のブランチを属人的に作成することがなくなります。まずはこれらの特徴を押さえておきましょう。

■ GitHub Flow

GitHub Flowは、機能開発用のブランチ（featureブランチ）とリリース用のブランチ（mainブランチ）のみを使用するブランチ戦略です（Figure 5-3）。

開発はmainブランチから派生したfeatureブランチ上で行います。featureブランチで開発が完了するとmainブランチにマージされ、このマージされた内容を本番環境へリリースします。

(1) mainブランチから個別の機能修正や新機能を開発するfeatureブランチを作成し、ローカル上で開発を行います。
(2) 開発後はfeatureブランチをローカルでコミットし、リモートリポジトリの同名のブランチにプッシュします。
(3) プッシュ作業をトリガーとしてCIテストが行われ、レビューを行うためにMerge Requestを作成します。
(4) レビュー後のfeatureブランチをmainブランチにマージし、リリースを行います。

Figure 5-3　GitHub Flow

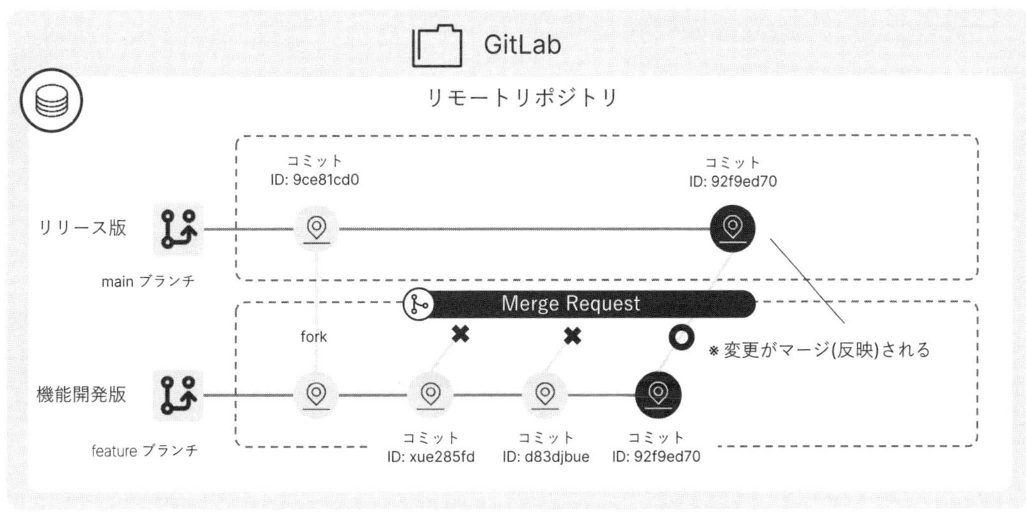

GitHub Flowはシンプルで分かりやすいフローのため、小規模な開発に最適なブランチ戦略です。ただし構造がシンプルな半面、mainブランチを常にリリースできる品質にしておく必要があることに注意しておきましょう。本書でもGitHub Flowをベースとして解説を行っており、開発者はfeatureブランチを使って開発環境にデプロイを行い、mainブランチにマージを行うことでステージング環境、本

番環境へリリースする演習を行います。演習では簡単なデプロイメント環境を用意しますが、実務では複数のテスト環境がある場合やリリースを複数回に分けるような場合もあります。これらの場合には、工程ごとにリポジトリを分けたり、パイプラインを分割したりといった工夫が GitHub Flow では必要です。

■ GitLab Flow

GitLab Flow は、複数のデプロイメント環境に対応した環境ブランチ（Environment Branch）戦略のことを表しています。これはデプロイメント環境に対応したブランチを用意し、各環境でのマージリクエストが通ったものから上位のデプロイメント環境に動的にデプロイを行う仕組みです（Figure 5-4）。これ以外にも GitLab Flow の中にはいくつかのブランチ戦略がありますが、この環境ブランチがよく使われています。

Figure 5-4　GitLab Flow

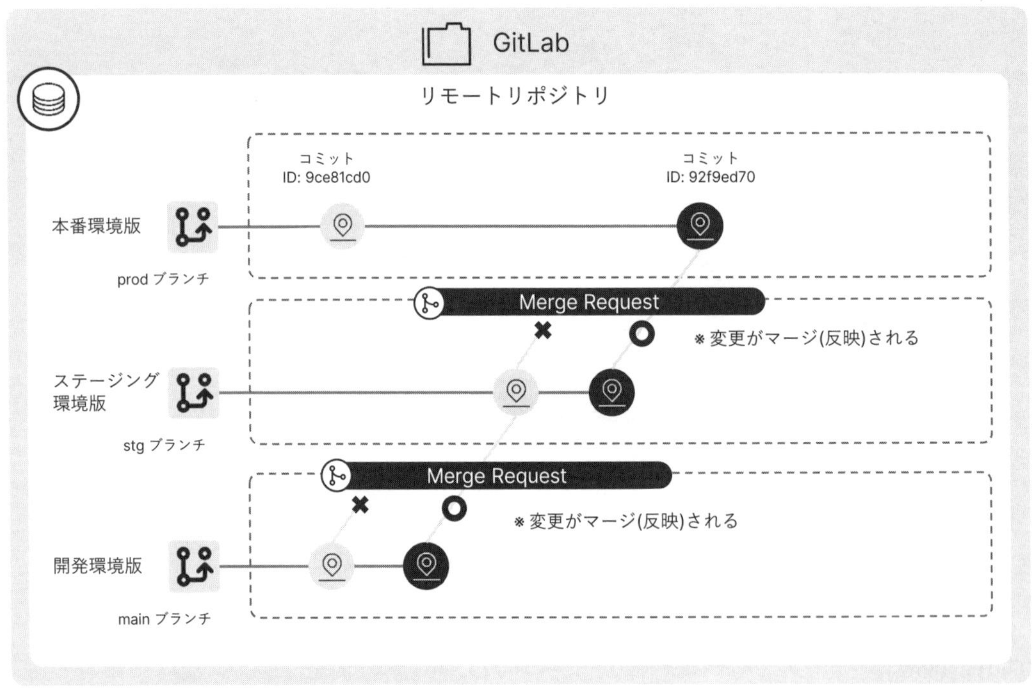

たとえばデプロイメント環境として開発環境、ステージング環境、本番環境という 3 つの環境を想定します。この場合、あらかじめ main ブランチを開発環境へのデプロイ用のブランチとし、ステージング環境用は stg ブランチ（pre-production ブランチなど）、本番環境は prod ブランチ（release ブラン

チ）を作成しておきます。そして、開発環境で確認できたものをステージング環境へ昇格する場合はmain ブランチから stg ブランチへ Merge Request を作成します。また、本番環境へデプロイしたい場合は、stg ブランチから prod ブランチへ Merge Request を作成します。

このブランチ戦略を行うことにより、各デプロイメント環境にデプロイされているコードは常にそれと相対するブランチと同一のものであることが保証されます。

(1) 機能開発は、main ブランチから feature ブランチを作成して開発を行う。
(2) 開発後に、feature ブランチから main ブランチに対して Merge Request を作成する。
(3) main ブランチの構成をテスト環境へデプロイして確認を行う。
(4) 確認後 main ブランチから stg ブランチへの Merge Request を作成し、マージと同時にステージング環境へのデプロイを行う。
(5) stg ブランチから prod ブランチへの Merge Request を作成し、マージと同時に本番環境へのデプロイを行う。

GitLab Flow では、各デプロイメント環境のデプロイメントがテスト済みであることを保証すると同時に、デプロイメント環境ごとに柔軟な運用ができるため、アプリケーション開発を安定的に提供する場合に最適なブランチ戦略です。このブランチ戦略では、常にデプロイメントがブランチの内容と一致する自動化の仕組み「GitOps」[*1]を使うことが推奨されます。

5-2 サンプルアプリケーションの構成

本書におけるサンプルアプリケーションのアーキテクチャについて紹介します。

サンプルアプリケーションは、Quarkus フレームワークのクイックスタートである「Hello World Quarkus app[*2]」を利用します。このアプリケーションは Java で構成されており、コンテナイメージ化して起動できるシンプルなアプリケーションです。

本書では便宜上このアプリケーションのことを「GitLab Tutorial アプリケーション」と表現しており、この後の章でもこちらを使って解説を行います。

＊1 「GitOps」とは
https://about.gitlab.com/topics/gitops/

＊2 Hello World Quarkus app
https://quarkus.io/guides/getting-started

○GitLab Tutorial アプリケーション

https://gitlab.com/cloudnative_impress/gitlab-tutorial

まずビルドやテストを GitLab CI/CD に組み込むためには、プログラミング言語に依存したビルドやテスト内容を事前に理解しておく必要があります。Python 言語、Go 言語、Java 言語など、それらすべてでビルドやテスト実装方法が異なります。今回使用する GitLab Tutorial アプリケーションも「Hello GitLab Tutorial」と返すシンプルな実装ですが、事前にアプリケーションの実装やビルド、テスト方式を理解してから開発ライフサイクルの演習に移りましょう。

5-2-1 GitLab Tutorial アプリケーションのアーキテクチャ

GitLab Tutorial アプリケーションは、REST 経由でエンドポイントを公開する Quarkus アプリケーションです。

Quarkus とは、GraalVM[*3] や HotSpot[*4]向けに設計された、Apache 2.0 ライセンス配下で公開されている Java フレームワークです。Kubernetes をはじめとするコンテナでの動作に最適化されており、少ないメモリ使用量で高速に起動できます。

従来 Java 言語は、長い起動時間と大きなメモリを利用して安定的にアプリケーションが稼働できるように設計されていました。しかしコンテナやサーバーレスといった高速な起動時間と効率的なリソース活用が求められる環境下では、こうした Java の特徴を十分に活かすことができませんでした。そこで新たなアーキテクチャが求められ、登場したのが Quarkus フレームワークです。Quarkus は任意の Java ランタイム環境（JRE）または OpenJDK 環境で実行できます。

演習では Quarkus の依存性注入を実装して、機能拡張を図ります。**依存性注入**（DI: Dependency Injection）とは、他のクラスのデータや実装（各メソッドの処理）に依存している部分を外部から渡せるようにする Java のデザインパターンです。依存性注入を利用することで、クラスの依存性を極小化し、効率的なコードの変更やテストが実施できます。

演習を行う上でこの依存性注入の仕様を知っておく必要はありませんが、開発者が GreetingResource

＊3 GraalVM
様々な言語で開発されたアプリケーションを実行するユニバーサル仮想マシンであり、JVM バイトコードをネイティブ実行可能ファイルにコンパイルする機能を提供します。
https://www.graalvm.org/

＊4 HotSpot VM
プログラムの実行時に動的最適化とガベージコレクションを行う代表的な Java 仮想マシン（JVM）実装です。
https://openjdk.org/groups/hotspot/

オブジェクトにGreetingServiceの実装を注入する作業を開発ライフサイクルの演習として実施することを理解しておいてください（Figure 5-5）。

- GreetingResource：「`/hello`」にアクセスすると、挨拶を返します。
- GreetingService：「`/hello/greeting/<名前>`」にアクセスすると<名前>を付けて挨拶を返します。

Figure 5-5　GitLab Tutorial アプリケーションへのアクセス

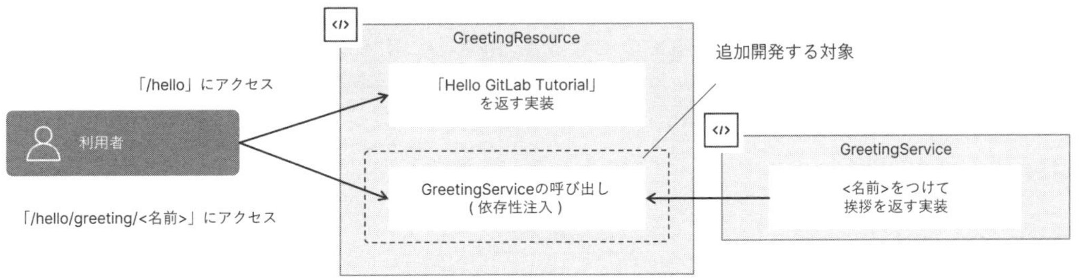

まずそれぞれのコードにアクセスし、アプリケーションの内容を確認してみてください。

■ GreetingResource

GreetingResourceは、RESTエンドポイントを作成し「`/hello`」のリクエストに対して「`Hello GitLab Tutorial`」を返します。このソースコードは、GitLab Tutorialアプリケーションの`/build/src/main/java/org/acme/`ディレクトリ配下にあります。

変更を行う前のGreetingResourceを既存のアプリケーションのクラスとし、GreetingServiceを依存性注入するクラスとして変更を加えます。

List 5-1　GreetingResource: /build/src/main/java/org/acme/GreetingResource.java

```
package org.acme;

import javax.ws.rs.GET;
import javax.ws.rs.Path;
import javax.ws.rs.Produces;
import javax.ws.rs.core.MediaType;

@Path("/hello")  ## (1)
public class GreetingResource {
```

```
    @GET   ## (2)
    @Produces(MediaType.TEXT_PLAIN)
    public String hello() {
        return "Hello GitLab Tutorial";
    }
}
```

(1) @Path アノテーションは、メソッドを公開するための URI プレフィックスを定義します。
(2) HTTP メソッドアノテーション（GET）によって、REST エンドポイントとして公開します。

■ GreetingService

GreetingService には、<名前>を付けて挨拶を返すといったロジックが定義されています。こちらを新しいエンドポイントとして GreetingResource に注入すると「/hello/greeting/<名前>」のリクエストに対して「hello <名前>」を返します。

このソースコードは、GitLab Tutorial アプリケーションの/build/src/main/java/org/acme/ディレクトリ配下にあります。

List 5-2　GreetingService: /build/src/main/java/org/acme/GreetingService.java

```
package org.acme;

import jakarta.enterprise.context.ApplicationScoped;

@ApplicationScoped   ## (1)
public class GreetingService {

    public String greeting(String name) {
        return "hello " + name;
    }

}
```

(1) 注入したクラスから、メソッドが初めて呼び出されるときにインスタンスが生成されます。

はじめは依存性注入の実装は行われていませんが、演習の中でGreetingServiceを差し込む開発を行い、GitLab CI/CDを使った開発ライフサイクルを実装します（Figure 5-6）。

Figure 5-6　GitLab Tutorial アプリケーションのクラス

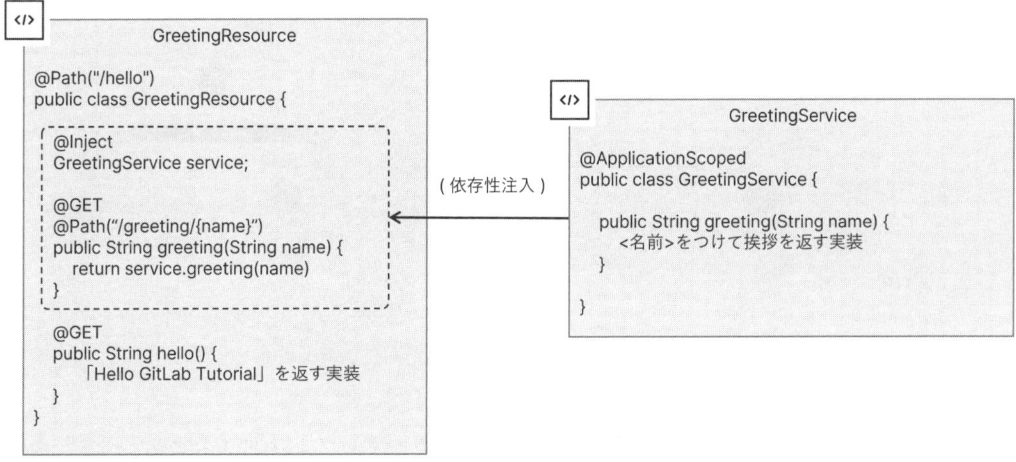

5-2-2　演習のステップ

ここで改めてGitLab CI/CDを利用した本書の演習ステップを確認します。

演習開始時点では、既存のアプリケーションとしてGreetingResourceがあらかじめ用意されています。そこに読者の皆様が、開発者の役割として、GreetingServiceを注入するという演習を行います。この後の継続的インテグレーションや継続的デリバリでは以下のシナリオに基づいて演習を進めます。

(1) mainブランチを利用して、GitLab Tutorialアプリケーションを稼働します。

(2) 開発者はfeatureブランチを用意し、GreetingServiceを実装します。

(3) featureブランチにコミットし、開発レビューアに開発成果を確認してもらいます。

(4) 確認できたものをリリースオーナーが本番環境へ展開します。

これらの演習ステップの中でGitLab CI/CDを利用するところは、(3)と(4)のアプリケーションのビルドから本番環境に向けたデプロイメントです（Figure 5-7）。これらのステップを意識しながら演習を進めていきましょう。

Figure 5-7　演習のステップ

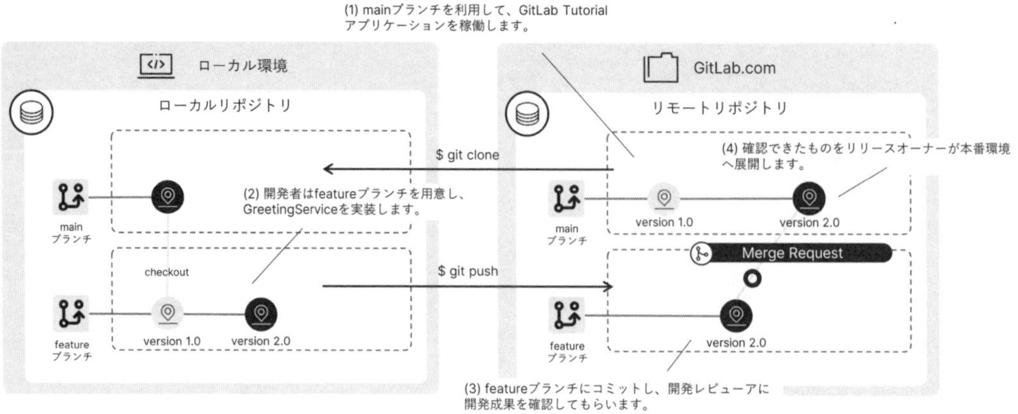

5-2-3　ディレクトリ構成

GitLab Tutorial アプリケーションで利用するリポジトリのディレクトリ配置について紹介します。

通常、新しくソースコードリポジトリを用意したとき、ある程度開発者同士が認識できるディレクトリ構成を取っておくことが望まれます。独自のディレクトリ構成を作ることも可能ですが、チーム開発ではそれらの認識がメンバー同士で共有できていることが重要です。

世の中にある数多くのプロジェクトも、リポジトリ内のディレクトリの命名規則が決まっており、その多くは英小文字（lower-case letter）で命名されています。これらの規則に従うことによりどのプロジェクトのリポジトリを見ても、どこにソースコードが置かれているかが分かります。

一例ですが、以下のようなディレクトリ名がよく利用されます。

- `build/`：ビルドスクリプトを配置
- `docs/`：ドキュメントを配置
- `example/`：サンプルコードを配置
- `lib/`：ライブラリを配置
- `src/`：ソースコードを配置
- `test/`：テストコードを配置

GitLab Tutorial アプリケーションもこちらの命名規則に従い、以下のようにディレクトリを配置しています。主に「`/build`」に継続的インテグレーションで使用するファイルがあり「`/deploy`」に継続的デプロイに利用するファイルがあります。

◎ GitLab Tutorial アプリケーションのディレクトリ構成

```
./gitlab-tutorial
├──build  ## (1)
│  ├──Containerfile
│  ├──.dockerignore
│  ├──.mvn
│  ├──mvnw
│  ├──pom.xml
│  ├──src
│  └──system.properties
├──deploy  ## (2)
│  ├──quarkus-app-ingress.yaml
│  └──quarkus-app.yaml
├──.gitignore
├──.gitlab  ## (3)
│  ├──agents
│  └──ci
├──.gitlab-ci.yml  ## (4)
├──LICENSE  ## (5)
└──README.md  ## (6)
```

(1) ソースコードを含め、ビルドを行うためのスクリプト一式が入っています。
(2) デプロイに必要なマニフェストが入っています。
(3) GitLab CI/CD に必要な追加設定が入っています。
(4) GitLab CI/CD を実行するスクリプトです。
(5) リポジトリのオープンソースライセンスです。
(6) リポジトリの概要説明ファイルです。

開発に携わるチームメンバーが増えると、どうしても個々人がディレクトリを作成してしまう傾向があります。特にルートディレクトリに複数のファイルやディレクトリが点在しているとリポジトリを開いたときの見通しが悪く、保守性が損なわれます。ルートディレクトリはできる限りシンプルな構成にしておくことが望まれます。

またリポジトリを公開する場合は必ず「LICENSE」「README.md」を置くように心掛けましょう。これらは、ソースコードを外部公開する上では欠かせないファイルです。

- LICENSE：著作権者がリポジトリ内のソフトウェアやソースコードの使用を他のユーザーに許諾する契約内容
- README.md：リポジトリ内のソフトウェアやソースコードに関する概要や利用方法の解説

これらによって、リポジトリの使用や取り扱いが変わります。

■ LICENSE ファイル

リポジトリを公開した場合、他のユーザーが自由に対象のリポジトリのソースコード使用し、変更や配布もできるようにするには、オープンソースライセンスを付与する必要があります。ライセンスの配置は義務ではありませんが、ライセンスがない場合は著作権法に従います。つまり、ソフトウェアの複製や改変、配布、派生物の作成は誰にも許可されません。

オープンソースプロジェクトを作成する場合は、オープンソースライセンスの配置が必要です。GitLab の場合は、リポジトリ直下に「LICENSE」という名前で作成することで、リポジトリに対するソースコードライセンスが適用されます。オープンソースライセンスにも様々な種類があり、代表的なオープンソースライセンスは、プロジェクトページのトップにある［Add LICENSE］ボタンから作成できます（Figure 5-8）。

Figure 5-8　LICENSE ファイルの作成

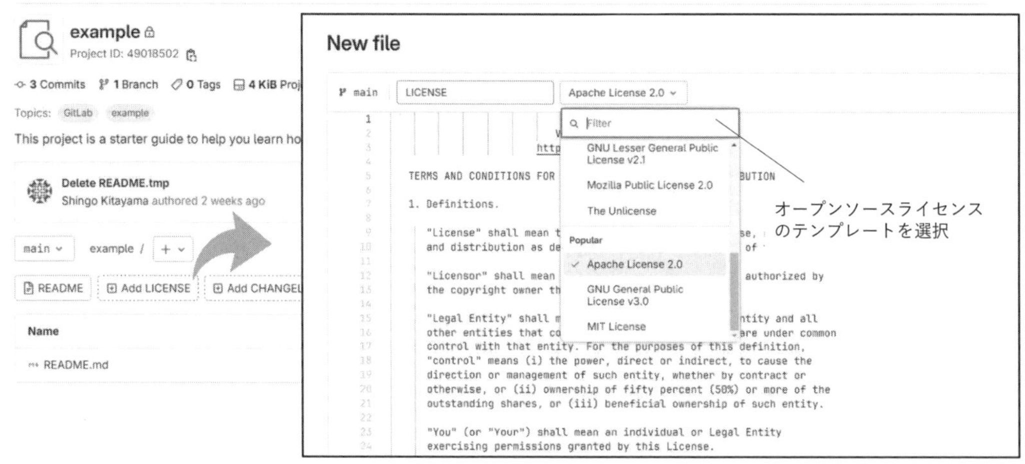

一例としてオープンソースライセンスには Table 5-3 のようなものがあります。これらはソースコードに対する利用条件*5が細かく決まっているため、公開目的に適したものを選択しましょう。

＊5　Choose an open source license
https://choosealicense.com/

Table 5-3　代表的なオープンソースライセンス

オープンソースライセンス名	利用者に求める行為
MIT License	著作権とライセンス通知の保存のみを要求する条件を備えた、短くてシンプルな寛容なライセンス
Apache License 2.0	著作権とライセンス通知の保存を主な条件とする寛容なライセンス。貢献者は特許権を明示的に付与する
GNU General Public License v3.0	著作権およびライセンス通知を保存する必要があるライセンス。貢献者は特許権を明示的に付与する。また、利用者が作成したソフトウェアはコピーレフト‡でなければならない

‡　コピーレフト
ソフトウェアを再配布する人は、変更してもしなくても、それをコピーし変更を加える自由を一緒に渡さなければならないという考え方。GNU GPLv3.0 では、このライセンス配下のソフトウェアを再配布（自身のソフトウェアに組み込む場合も含む）する場合、変更有無に関わらず、ソフトウェアの完全なソースコードを利用可能としなければならない。

■ README.md

README.md は、プロジェクトトップページに表示されるリポジトリの概要です。利用者はこのREADME.md を読むことでこのリポジトリの利用方法が分かります。そのため、README.md に情報が少ないと、リポジトリが誰からも活用されずに淘汰されていく可能性があります。つまり、README.md を整えておくことは、リポジトリの利用を促進する重要な要素です。

README.md を読む対象者には大きく 2 種類のパターンがあります。一つは「**ソースコードの利用者**」、もう一つは「**ソースコードの開発者**」です。GitLab Tutorial リポジトリの場合は、読者の皆様が対象となるためソースコードの利用者という設定で記載を行います（Table 5-4）。このように README.md は読者対象に合わせて、記載内容を決めることが大切です。

Table 5-4　README.md の内容例

README.md の読者	コンテンツ	概要
ソースコードの利用者	Getting Started	試してみるためのインストール手順やサンプルの使い方
	マニュアル	チュートリアルやリファレンスなど
	リリースノート	マイナーバージョンごとのリリース変更内容
	サポート問い合わせ先	利用者のフィードバックを受け付ける窓口
ソースコードの開発者	設計、環境セットアップ	全体の設計や開発環境のセットアップ方法
	テスト方法	ローカル環境でのソースコードのビルドや単体テスト方法
	デプロイ方法	結合テスト用のデプロイ方法
	コーディング規約	修正や新規機能追加などのコーディングを行うときの規則

空白のテキストから README.md を生成することもできますが、GitLab ではプロジェクトを作成する際に、テンプレートとして用意された内容で README.md を生成できます。これを利用すると、見た目の良い README.md が作成できるため積極的に活用してみましょう。

5-3 演習環境の準備

それでは、本書の演習環境のセットアップを行います。

GitLab Tutorial アプリケーションは GitLab CI/CD によってビルドされた後、コンテナイメージにパッケージ化され Kubernetes 上に展開されます。Kubernetes とは、コンテナのオーケーストレーションツールの一つであり、コンテナの運用管理と自動化を実現し、開発環境を効率的に提供できるオープンソースのソフトウェアです。多くの企業によってディストリビューションが作られており、AWS の Amazon Elastic Kubernetes Service（Amazon EKS）や Red Hat OpenShift などがあります。

本書の GitLab CI/CD では Amazon EKS を使用してデプロイメントを行います（Figure 5-9）。次章以降スムーズに GitLab CI/CD を使った開発ライフサイクル演習が実行できるよう、Kubernetes のセットアップや GitLab との連携をあらかじめ行っておきましょう。

Figure 5-9　本書の演習環境

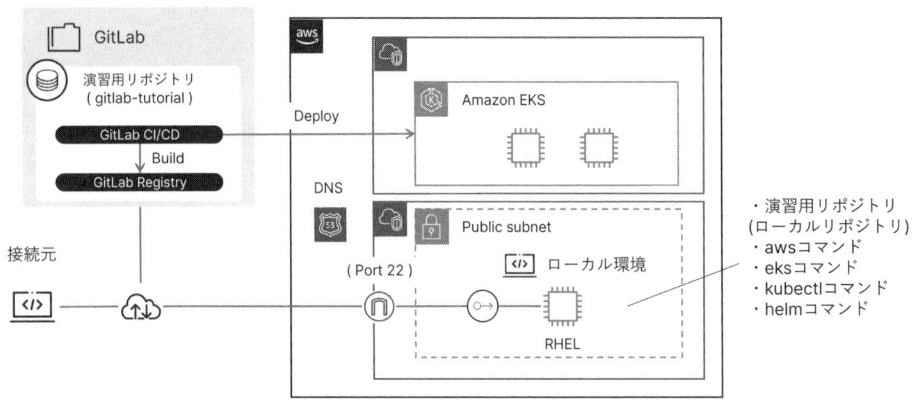

なお、ここからの作業は AWS のアカウントが事前に作成されている前提で解説を行います。基本はローカル環境として使用した、前章「3-3 Git の基本操作」の Linux（RHEL）環境をそのまま利用してください。

5-3-1 ローカル環境のセットアップ

まずは演習で利用するローカル環境をセットアップします。

今回は演習の中でブランチのマージ作業や設定作業を行うため、公開リポジトリを直接利用するのではなく、作成したGitLabアカウントに演習用リポジトリを用意します。また演習の中ではAmazon EKSを利用するため、ローカル環境上からこれらが操作できるように、以下の作業にていくつかのコマンドも用意しておきます。

- 演習用リポジトリの作成
- AWS CLIのインストール
- `eksctl`コマンドのインストール
- `kubectl`コマンドのインストール
- `helm`コマンドのインストール

■ 演習用リポジトリの作成

まずは公開されているGitLab Tutorialリポジトリをインポートし、ローカル環境上で演習用リポジトリを用意しましょう。GitLabは新規プロジェクトを作成する際に、インポートを選択することによって既存のプロジェクトのコンテンツを自身で管理しているプロジェクトに持ってくることができます(Figure 5-10)。

Figure 5-10　リポジトリのインポート作業

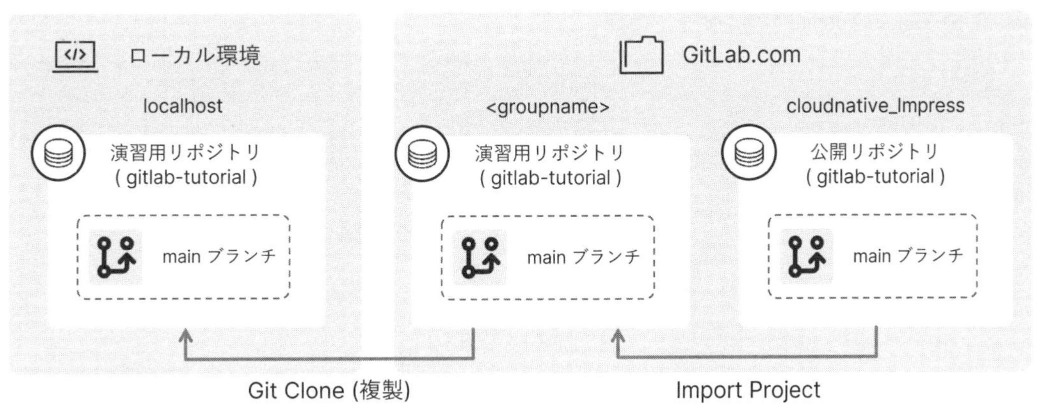

まずはアカウントのトップページへ行き、サイドバーの [Projects] を選択した上で [New Project]

ボタンを押してください。第 3 章では「Create blank project」から「`example`」プロジェクトを作成しましたが、今回は「Import project」を選択します。Import project では複数のインポート元に対応していますが、今回はソースコードのみなので［Repository by URL］を選択します（Figure 5-11）。

Figure 5-11 GitLab Tutorial のインポート

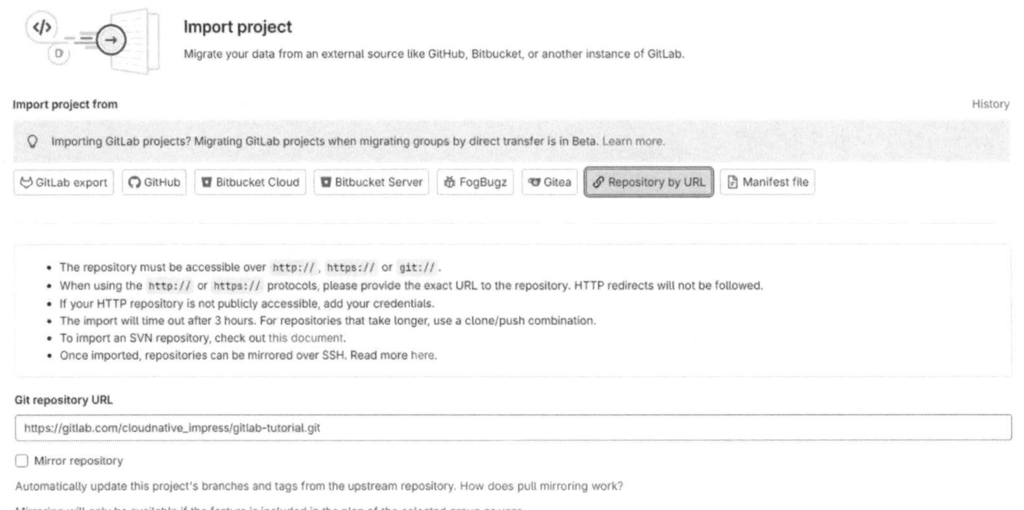

ここまでの流れを改めて解説すると、トップページから［Projects］を選択し［New Project］>［Import project］>［Repository by URL］と選択してインポート元の GitLab Tutorial の URL を指定する画面に遷移します。ここからは Table 5-5 に従って、公開リポジトリのインポートを行ってください。

Table 5-5 GitLab Tutorial のインポート内容

入力項目	入力内容
Import project from	Repository by URL
Git repository URL	https://gitlab.com/cloudnative_impress/gitlab-tutorial.git
Mirror repository	Off
Username (optional)	< 不要 >
Password (optional)	< 不要 >
Project name	GitLab Tutorial
Project URL	https://gitlab.com/gitlab (+乱数)
Project slug	gitlab-tutorial
Project description (optional)	< 適宜記載ください >
Visibility Level	Private

入力が完了すると公開リポジトリと同様のコンテンツが、自身のアカウントにインポートされます。あくまでリポジトリのソースコードを複製したに過ぎないため、リポジトリを手動でフォークして利用いただいても構いません。なお演習の仕様上、リポジトリ名などは必ず英小文字を使用してください。別のリポジトリ名や大文字を使用すると期待しない結果となる場合があるため、ご留意ください。

作業通りに行うと、以下のリポジトリリンクが作成されます。

○ 演習用リポジトリ

https://gitlab.com/gitlab (+乱数)/gitlab-tutorial

次に演習用に作成した GitLab Tutorial アプリケーションのリポジトリをローカル環境にクローンします。演習用リポジトリはプライベートリポジトリとして登録しているため、ローカル環境の Git コマンドでアクセスするためには認証設定が必要です。事前に登録した個人アクセストークンを利用しましょう。

◎ リモートリポジトリの認証設定

```
$ export GITLAB_USER=<Username>
$ export GITLAB_GROUP=<Groupname>
$ export GITLAB_TOKEN=<Personal Access Token>
$ export GITLAB_USER_EMAIL="<Email>"
$ git config --global user.name "${GITLAB_USER}"
$ git config --global user.email "${GITLAB_USER_EMAIL}"
```

環境変数を登録したら、先ほどインポートした演習用のリポジトリをローカル環境にクローンします。

◎ リモートリポジトリの複製

```
$ cd ~/
$ git clone https://${GITLAB_USER}:${GITLAB_TOKEN}@gitlab.com/${GITLAB_GROUP}/\
gitlab-tutorial.git
$ export REPO_BASE=~/gitlab-tutorial
$ ls ${REPO_BASE}
build  deploy  LICENSE  README.md
```

演習用 GitLab Tutorial リポジトリの用意は以上で完了です。この後解説する演習用リポジトリは、ログインユーザーのローカル環境に<REPO_BASE>という環境変数で設定しています。リモートブランチには main ブランチと feature ブランチがありますが、この時点ではローカルリポジトリには main ブランチしかない状態です。

◎ GitLab Tutorial のブランチ確認

```
$ cd ${REPO_BASE}
$ git branch -a
* main
  remotes/origin/HEAD -> origin/main
  remotes/origin/feature-greeting-name
  remotes/origin/main
```

■ AWS CLI のインストール

ローカル環境で使う AWS コマンドラインインターフェイス（AWS CLI）をインストールします。

AWS CLI は、AWS のサービスを管理するためのコマンドラインツールです。Amazon EKS を構築するために、あらかじめローカル環境に AWS CLI をインストールしておきます。

本書では AWS アカウントの作成手順などは省略しますが、公式のドキュメント*6を参考にアカウントを作成してください。なお、本演習は Amazon EKS 以外の Kubernetes サービスを利用することも可能です。その際は AWS CLI の利用は不要です。

◎ AWS CLI のインストール

```
$ export CMD_SOURCE_BASE=~/cmd_source
$ mkdir -v ${CMD_SOURCE_BASE} && cd ${CMD_SOURCE_BASE}
$ curl "https://awscli.amazonaws.com/awscli-exe-linux-x86_64.zip" -o "awscliv2.zip"
$ unzip awscliv2.zip
$ sudo ./aws/install
$ /usr/local/bin/aws --version
aws-cli/2.13.23 Python/3.11.5 Linux/5.14.0-284.11.1.el9_2.x86_64 …(省略)…
```

AWS CLI のインストールが終わると、AWS へのアカウントの構成設定を行います。デフォルトのプロファイル認証情報を作成することで、AWS CLI から AWS の各サービス（API）に接続が可能です。

＊6　AWS アカウント作成の流れ
https://aws.amazon.com/jp/register-flow/

◎ AWS CLI の構成設定

```
$ export AWS_ACCESS_KEY_ID=<AWS_ACCESS_KEY_ID>
$ export AWS_SECRET_ACCESS_KEY=<AWS_SECRET_ACCESS_KEY>
$ export AWS_REGION=<AWS_REGION>

$ aws configure set aws_access_key_id ${AWS_ACCESS_KEY_ID}
$ aws configure set aws_secret_access_key ${AWS_SECRET_ACCESS_KEY}
$ aws configure set default.region ${AWS_REGION}

$ cat ~/.aws/credentials
[default]
aws_access_key_id = <AWS_ACCESS_KEY_ID>
aws_secret_access_key = <AWS_SECRET_ACCESS_KEY>
```

AWS CLI で構成が設定できると「.aws」フォルダに認証情報ファイルが生成されます。これは後述の eksctl コマンドからも認証情報として参照されます。

■ eksctl コマンドのインストール

次にローカル環境で使う eksctl コマンドをインストールします。

eksctl コマンドは、Amazon EKS のクラスタを構築および管理するためのコマンドラインツールです。AWS のマネジメントコンソールからも Amazon EKS は作成できますが、eksctl を利用した方が一括で設定できます。

eksctl コマンドのインストールは、公式のリポジトリから最新版[*7]をインストールしましょう。本書執筆時点では「v0.167.0」の eksctl を使用して動作確認を行っています。

◎ eksctl コマンドのインストール

```
$ cd ${CMD_SOURCE_BASE}
$ ARCH=amd64
$ PLATFORM=$(uname -s)_${ARCH}
$ curl -sLO "https://github.com/eksctl-io/eksctl/releases/latest/download/eksctl_\
    ${PLATFORM}.tar.gz"
$ tar -xzf eksctl_${PLATFORM}.tar.gz && rm eksctl_${PLATFORM}.tar.gz
```

＊7　eksctl installation
https://eksctl.io/installation/

```
$ sudo install eksctl /usr/local/bin/
$ eksctl version
0.167.0
```

■ kubectl コマンドのインストール

kubectl コマンドは、Kubernetes を管理するためのコマンドラインツールです。Kubernetes 上に展開されたコンテナやサービスを取り扱うために、ローカル環境に kubectl をインストールしておきます。本書で利用する Amazon EKS は v1.28 を利用しているため、こちらのバージョンに合ったコマンドをインストールしています。

◎ kubectl コマンドのインストール

```
$ cd ${CMD_SOURCE_BASE}
$ export KUBE_VERSION=v1.28.5
$ curl -LO "https://dl.k8s.io/release/${KUBE_VERSION}/bin/linux/amd64/kubectl"
$ sudo install ./kubectl /usr/local/bin/
$ kubectl version --client
Client Version: v1.28.5
Kustomize Version: v5.0.4-0…
```

Kubernetes のバージョンと合わせたものをクライアントとして指定することにより、期待した動作になります。

■ helm コマンドのインストール

最後に helm コマンドをインストールします。

Helm は Kubernetes におけるパッケージマネージャで、アプリケーションのデプロイをシンプルかつ一貫性のある方法で自動化できます。本書では、GitLab と Kubernetes の連携や Ingress をインストールする際に helm コマンドを利用します。多くの Helm パッケージがバージョン 3 で管理されているため、執筆時点での最新版をインストールしています。

◎　helm コマンドのインストール

```
$ cd ${CMD_SOURCE_BASE}
$ curl -fsSL -o get_helm.sh https://raw.githubusercontent.com/helm/helm/main/\
    scripts/get-helm-3
$ chmod 700 get_helm.sh
$ ./get_helm.sh && rm -v ./get_helm.sh
$ helm version
version.BuildInfo{Version:"v3.13.0"…
```

5-3-2　Amazon EKS の構築

次にローカル環境にインストールした各種コマンドを利用して、演習のデプロイメント環境であるKubernetes を構築します。

本書の演習では Amazon EKS を利用していますが、各種クラウドプロバイダの Kubernetes サービスや Red Hat OpenShift などでも演習は可能です。読者の皆様が普段使い慣れている Kubernetes をご利用ください。

それでは早速 Amazon EKS を構築しましょう。AWS CLI で認証情報が設定できると eksctl コマンドからすぐに Amazon EKS を構築できます。Amazon EKS のクラスタには「gitlab-tutorial」という名前を付けています。

◎　Amazon EKS のインストール

```
$ export EKS_CLUSTER_NAME="gitlab-tutorial"
$ export EKS_CLUSTER_VERSION=1.28
$ eksctl create cluster \
  --region=${AWS_REGION} \
  --version=${EKS_CLUSTER_VERSION} \
  --name=${EKS_CLUSTER_NAME} \
  --node-type=t3.medium \
  --nodes=2 \
  --node-volume-size=30 \
  --auto-kubeconfig \
  --with-oidc
```

eksctl コマンドはバックエンドで AWS CloudFormation を使用し、Amazon EKS に必要なインスタンスやネットワーク、認証情報をすべて展開します。eksctl コマンドには Table 5-6 に示す値を設定しています。

Table 5-6　演習環境の Amazon EKS 構成

eksctl コマンドオプション	オプション概要	本書の設定値
--region	Amazon EKS を構築する AWS のリージョン	< AWS_REGION >
--version	Amazon EKS の Kubernetes バージョン	1.28
--name	Amazon EKS のクラスタ名	gitlab-tutorial
--node-type	Amazon EKS の Worker Node に使用する EC2 インスタンスタイプ	t3.medium (2vPUC/4.0GiB)
--nodes	Amazon EKS の Worker Node 台数	2
--node-volume-size	Amazon EKS の Worker Node のディスクボリュームサイズ	30 (GB)
--auto-kubeconfig	Amazon EKS への認証ファイル (kubeconfig) 生成	-
--with-oidc	OIDC プロバイダの利用	-

Figure 5-12　Amazon EKS の構築

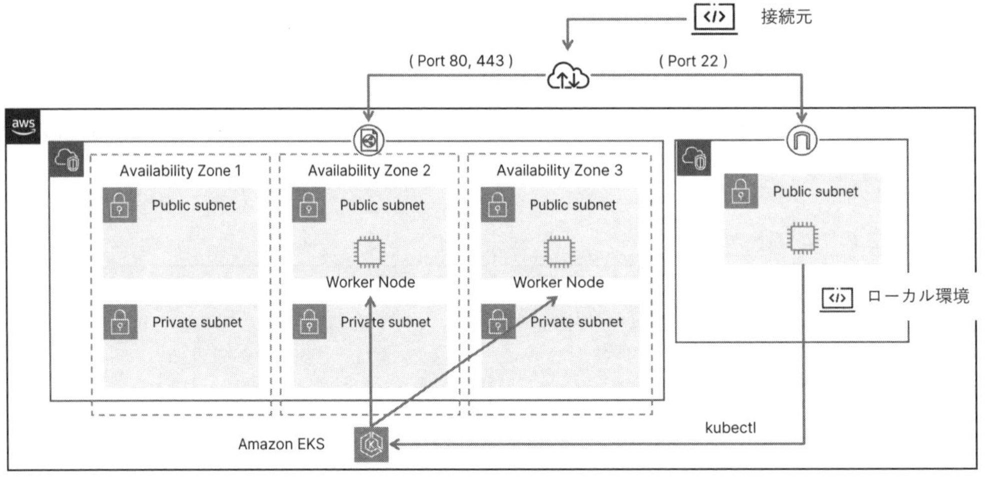

Worker Node の台数やネットワーク状況などいくつかの要因に依存しますが、おおよそ 15 分から 30 分くらいで Kubernetes クラスタが立ち上がります。またその間、バックエンドで構築されているログが標準出力に表示されますが、ターミナルのセッションを絶対に切らないように注意してください。途中でセッションが切れるとそこで構築作業が止まってしまい、期待しないリソースが残ってしまう可能性があります。

なお、正常に Amazon EKS の構築が完了すると、以下のログが標準出力から表示されます。

◎　Amazon EKS 構築時のログ

```
...
yyyy-MM-dd HH:mm:ss [ℹ ]  nodegroup "ng-XXXXXXX" has 2 node(s)
yyyy-MM-dd HH:mm:ss [ℹ ]  node "ip-192-168-XXX-XXX.<AWS_REGION>.compute.internal"
is ready
yyyy-MM-dd HH:mm:ss [ℹ ]  node "ip-192-168-XXX-XXX.<AWS_REGION>.compute.internal"
is ready
yyyy-MM-dd HH:mm:ss [ℹ ]  kubectl command should work with "/home/ec2-user/.kube/
eksctl/clusters/gitlab-tutorial", try 'kubectl --kubeconfig=/home/ec2-user/.kube/
eksctl/clusters/gitlab-tutorial get nodes'
yyyy-MM-dd HH:mm:ss [✓ ]  EKS cluster "gitlab-tutorial"
 in "<AWS_REGION>" region is ready
```

作成が終わると、AWS マネジメントコンソールからも Amazon EKS クラスタが確認できます。自身の AWS アカウントでログインを行い、該当のリージョンにある [EKS] サービスから gitlab-tutorial クラスタが作成されていることを確認してください（Figure 5-13）。

Figure 5-13　Amazon EKS の構築完了確認

構築が完了したら、Amazon EKS クラスタに kubectl から接続できるように認証情報を登録しておきます。認証情報である kubeconfig は「~/.kube/eksctl/clusters/gitlab-tutorial」にありますが、kubectl コマンドから認識するためには「~/.kube/config」の情報として認識させておく必要があります。

◎　kubectl コマンドの kubeconfig 設定

```
$ eksctl get cluster -n ${EKS_CLUSTER_NAME} -o yaml
...
$ aws eks update-kubeconfig --region ${AWS_REGION} --name ${EKS_CLUSTER_NAME}
Added new context arn:aws:eks:<AWS_REGION>:<AWS Account ID>:cluster/gitlab-tutorial to
```

```
/home/ec2-user/.kube/config

$ kubectl get nodes
NAME                                             STATUS   ROLES    AGE   VERSION
ip-192-168-XXX-XXX.<AWS_REGION>.compute.internal  Ready    <none>   XXm   v1.28.5-eks
ip-192-168-XXX-XXX.<AWS_REGION>.compute.internal  Ready    <none>   XXm   v1.28.5-eks
```

作成した Amazon EKS クラスタに `kubectl` コマンドを経由で接続でき、Worker Node のステータスが Ready 状態であればクラスタ構築としては完了です。もし、何かしらの理由でクラスタ作成に失敗してしまった場合は、`eksctl` コマンドを利用して一度クラスタを削除した後に、クラスタを作り直してください。

◎ Amazon EKS の削除

```
$ eksctl delete cluster \
  --region=${AWS_REGION} \
  --name=${EKS_CLUSTER_NAME}
```

5-3-3 Ingress NGINX Controller の設定

Kubernetes では、クラスタの外からコンテナへ HTTP(S) 接続を行う場合「`Ingress`」リソースを利用します。実装としては、Ingress のオブジェクトに定義された内容をもとに、Ingress Controller が各ロードバランサーの設定を行い、インターネット側に Kubernetes 上のコンテナを公開します。

Amazon EKS の Kubernetes を利用する場合、AWS Load Balancer Controller[*8] というアドオンを使うことにより Ingress が利用できます。ただし、本書では極力クラウドプロバイダに依存しない形での実装として「Ingress Nginx Controller」を利用した Ingress の実装を紹介します。

Ingress Nginx Controller とは、ロードバランサーとして NGINX を使用する Kubernetes 用の Ingress Controller です。これを利用することにより、プロバイダに依存することなく、同様の手順でロードバランサーが用意できます。

Ingress Nginx Controller は、Helm からインストールします。

＊8 AWS Load Balancer Controller
AWS Load Balancer Controller では「`type: LoadBalancer`」を持つ Service リソースのコントローラーが用意され、Kubernetes の Service ごとに Network Load Balancer（NLB）を作成します。
https://docs.aws.amazon.com/eks/latest/userguide/aws-load-balancer-controller.html

◎ Ingress Nginx Controller のインストール

```
$ helm repo add ingress-nginx https://kubernetes.github.io/ingress-nginx
"ingress-nginx" has been added to your repositories
$ helm repo list
NAME            URL
ingress-nginx   https://kubernetes.github.io/ingress-nginx

$ helm upgrade --install ingress-nginx ingress-nginx/ingress-nginx \
  --namespace ingress-nginx \
  --create-namespace

$ helm list -n ingress-nginx
NAME            NAMESPACE       REVISION    STATUS      CHART                   APP VERSION
ingress-nginx   ingress-nginx   1           deployed    ingress-nginx-4.9.0     1.9.5
```

インストールがうまくいくと、namespace[ingress-nginx] に Ingress Nginx Controller コンテナが起動します。また Nginx 専用の ingressclass[nginx] ができます。IngressClass とは、Kubernetes 上にインストールされた Ingress Controller の利用を特定するリソースです。今回は Ingress Nginx Controller のみを利用しますが、複数の Ingress Controller を同一の Kubernetes クラスタにインストールした場合、それらを使い分けるために IngressClass を指定します。

◎ Ingress Nginx Controller の確認

```
$ kubectl -n ingress-nginx get pod
NAME                                        READY   STATUS    RESTARTS
ingress-nginx-controller-c5c658699-fnvwp    1/1     Running   0

$ kubectl get ingressclass
NAME    CONTROLLER              PARAMETERS
nginx   k8s.io/ingress-nginx    <none>
```

ここでは、Ingress Nginx Controller が正常に稼働していることを確認しておきましょう。

5-3-4 GitLab Tutorial アプリケーションの確認

次章以降では GitLab CI/CD から動的にビルドやデプロイを行いますが、ここまでの Amazon EKS と Ingress NGINX Controller の設定ができていることを確認するために、GitLab Tutorial アプリケーションを手動でデプロイしてみます（Figure 5-14）。ここでは確認作業を簡素化するためにソースコードからのビルドではなく、すでに公開リポジトリ上でコンテナイメージ化されている GitLab Tutorial アプリケーションをデプロイします。

Figure 5-14　GitLab Tutorial アプリケーションの確認

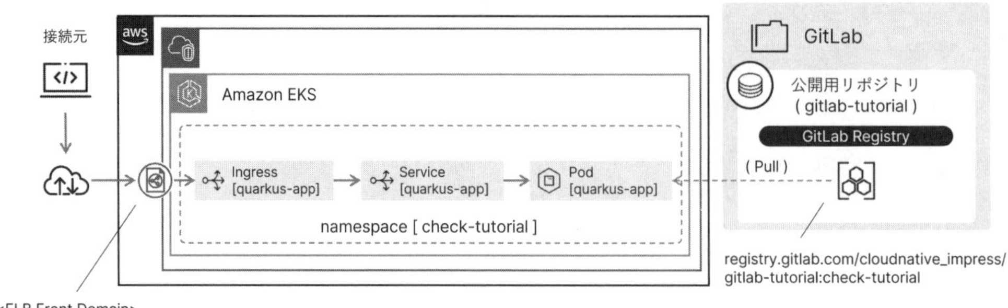

まずはデプロイメントの確認を行うための namespace[check-tutorial] を作成しましょう。

◎　namespace[check-tutorial] の作成

```
$ export CHECK_NAMESPACE=check-tutorial
$ kubectl create namespace ${CHECK_NAMESPACE}
namespace/check-tutorial created
```

デプロイには演習用リポジトリにあるマニフェストを活用します。このマニフェストはテンプレートとなっており、ビルドしたコンテナイメージのタグを入れることによって展開できます。ここでは、公開リポジトリのコンテナレジストリに保存されているコンテナイメージを指定します。

> 公開リポジトリのコンテナイメージ：
> registry.gitlab.com/cloudnative_impress/gitlab-tutorial:check-tutorial

デプロイメント用のマニフェストはリポジトリの「${REPO_BASE}/deploy/」ディレクトリに保存されています。

◎　GitLab Tutorial アプリケーションのデプロイ

```
$ cd ${REPO_BASE}
$ export CI_REGISTRY_IMAGE=registry.gitlab.com/cloudnative_impress/\
  gitlab-tutorial:check-tutorial

## < 注意 >「___」は半角アンダーバー（_）が 3 つ連続しています。
```

```
$ sed -e "s#___IMAGE_URL___@___IMAGE_DIGEST___#${CI_REGISTRY_IMAGE}#g" \
    ${REPO_BASE}/deploy/quarkus-app.yaml \
    | kubectl -n ${CHECK_NAMESPACE} apply -f -

service/quarkus-app created
serviceaccount/quarkus-app created
deployment.apps/quarkus-app created

$ kubectl -n ${CHECK_NAMESPACE} get pod
NAME                           READY   STATUS    RESTARTS
quarkus-app-77469857c-5dmb9    1/1     Running   0
```

デプロイメントが完了すると、pod[quarkus-app] とともに必要な service[quarkus-app] や serviceaccount[quarkus-app] が展開されます。ここでは sed コマンドを使ってコンテナイメージ名をマニフェストに登録していますが、後述する GitLab CI/CD のパイプラインでも、同じようにテンプレートのマニフェストを変更します。これらの変更の動作を覚えておきましょう。

これで GitLab Tutorial アプリケーションが展開できました。次に稼働しているコンテナに接続するために ingress[quarkus-app] を作成します。

◎　ingress[quarkus-app] のデプロイ

```
$ cd ${REPO_BASE}
$ kubectl -n ${CHECK_NAMESPACE} \
  apply -f ${REPO_BASE}/deploy/quarkus-app-ingress.yaml

ingress.networking.k8s.io/quarkus-app created

$ kubectl -n ${CHECK_NAMESPACE} describe ingress quarkus-app
Name:             quarkus-app
Labels:           <none>
Namespace:        check-tutorial
Address:          <ELB Front Domain>
Ingress Class:    nginx
Default backend:  <default>
Rules:
  Host                     Path  Backends
  ----                     ----  --------
  quarkus-app.example.com   /    quarkus-app:8080 (192.168.25.197:8080)
Annotations:      <none>
…
```

ingress[quarkus-app] が作成できると、Ingress NGINX Controller により ELB（Elastic Load Balancing）のエンドポイントが提供されます。そして、ingress[quarkus-App] に定義された <ELB Front Domain> のドメインにアクセスすると service[quarkus-app] に接続できます。ただし、Kubernetes では Ingress はホストヘッダを確認して内部のルーティングを行っています。したがって、外からのアクセスには ingress[quarkus-app] で設定したホスト名「quarkus-app.example.com」を付けて接続を行わなければいけません。

◎　GitLab Tutorial アプリケーションの接続

```
$ export ELB_FRONT_DOMAIN=$(kubectl -n ${CHECK_NAMESPACE} get ingress quarkus-app \
    -o=jsonpath={.status.loadBalancer.ingress[0].hostname})
$ echo ${ELB_FRONT_DOMAIN}
<ELB_NAME>.<AWS_REGION>.elb.amazonaws.com

$ curl -H "Host: quarkus-app.example.com" http://${ELB_FRONT_DOMAIN}/hello -w "\n"

Hello GitLab Tutorial
```

正常に GitLab Tutorial アプリケーションに接続できると「Hello GitLab Tutorial」という文言が返ってきます。ここまで確認が取れれば、Amazon EKS および Ingress NGINX Controller が想定通り設定できていることが確認できます。この環境はこれ以降利用しないため、確認ができれば削除しておきましょう。

◎　GitLab Tutorial アプリケーションの削除

```
$ kubectl -n ${CHECK_NAMESPACE} delete all -l app=quarkus-app
$ kubectl delete namespace ${CHECK_NAMESPACE}
```

5-3-5　GitLab Agent for Kubernetes の設定

最後に Kubernetes と GitLab の接続を紹介します。

Kubernetes と GitLab の連携には「GitLab Agent for Kubernetes」という機能を使います。これを使うことにより GitLab CI/CD のジョブから安全に kubectl を実行することができ、マニフェストのデプロイメント作業が簡素化されます。

GitLab Agent for Kubernetes の仕組みは GitLab Runner と非常によく似ており、クライアント&サーバーで構成されています。事前にGitLabサーバー側でGitLab Agent Server for Kubernetes（KAS）を稼働させておき、GitLab Agent for Kubernetes（agentk）用のアクセストークンを発行します。次にそのアクセストークンを使い、Kubernetes上にGitLab Agentをインストールし、GitLab Agent Server（GitLab側）とGitLab Agent（Kubernetes側）を認証します。

- GitLab Agent Server for Kubernetes（KAS）

  GitLabサーバー側に設定するAgent用の機能です。GitLab.comではあらかじめ設定されていますが、Self-managed型のGitLabでは管理者が事前に設定*9しておく必要があります。当初Kubernetes agent serverという機能名だったことからKASと呼ばれています。

- GitLab Agent for Kubernetes（agentk）

  Kubernetes側にコンテナとしてインストールするエージェントです。agentkと呼ばれています。

この仕組みにより、認証されたGitLab AgentだけがGitLab Agent Serverの指示に従い、Kubernetesのデプロイメントを管理できます（Figure 5-15）。

Figure 5-15　GitLab Agent for Kubernetesの仕組み

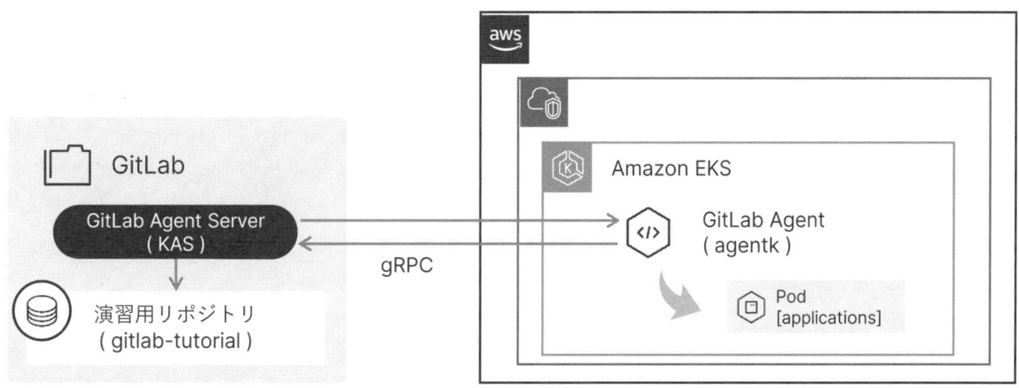

GitLab Agent for Kubernetesは、以下の手順で設定を行います。

(1) GitLab Agentの構成ファイルを作成

(2) GitLab Agent Server（KAS）へGitLab Agentを登録

(3) KubernetesへのGitLab Agentインストール

＊9　Install the GitLab agent server for Kubernetes (KAS)
https://docs.gitlab.com/ee/administration/clusters/kas.html

■ GitLab Agent の構成ファイルを作成

まずは連携対象のリポジトリに GitLab Agent の構成ファイルを作成します。

方法はリポジトリのデフォルトブランチ（主に main ブランチ）のルートに GitLab Agent の構成ファイルを作成してプッシュします。この際、GitLab Agent の構成ファイルの置く場所が決まっています。

> GitLab Agent の構成ファイル：
> ${REPO_BASE}/.gitlab/agents/<GitLab Agent Name>/config.yaml

GitLab Agent の名前は任意のもので構いませんが、RFC 1123 のホスト名標準*10に従います。GitLab Tutorial アプリケーションでは「`eks`」という名前を採用しており「`.gitlab/agents/eks/config.yaml`」をあらかじめ反映しているため、追加の作業は不要です。後述の説明でも取り扱いますが、この GitLab Agent 名はデプロイメントの `template-deployment.yml` で参照するため、GitLab Agent 名を変更した場合はそれに合わせて`<GITLAB_AGENT_ID>`の変数値を変更してください。

List 5-3 .gitlab/ci/template-deployment.yml

```
.deploy:
  image:
    name: docker.io/bitnami/kubectl:1.28
    entrypoint: [""]
  dependencies:
    - quarkus-container-package
  variables:
    GITLAB_AGENT_ID: "eks"
…
```

また、この `config.yaml` に GitLab Agent の設定を施すことで、GitLab Agent に利用制限を設けることや特定のファイル更新をトリガーとして動的に Kubernetes に反映を行うことが可能です。

本書では GitLab CI/CD 側でデプロイメント処理を管理するため、いったん GitLab Agent を登録する時点では空のファイルのままで問題ありません。

＊ 10 Requirements for Internet Hosts
https://www.rfc-editor.org/rfc/rfc1123

■ GitLab Agent Server（KAS）へGitLab Agentを登録

次にGitLab Agent ServerにGitLab Agentを登録します。登録は、GitLab.comにある演習用リポジトリのプロジェクトページで行います。公開プロジェクト（cloudnative_impress）では操作できる権限がないため、用意した演習リポジトリで実装するように注意してください。

登録方法は、プロジェクトページのサイドバーにある［Operate］>［Kubernetes clusters］を選択し、［Connect a cluster］ボタンを押します。すでにGitLab Agentの構成ファイルが作成されている場合は、リストからGitLab Agent名（eks）を選択するだけで登録できます（Figure 5-16）。

Figure 5-16　GitLab Agentの登録

［Register］ボタンを押すとGitLab Agent用のアクセストークン（Agent access token）が発行されます。このアクセストークンは一度しか表示されず、この後Kubernetes上にGitLab Agentをインストールする際に必要となるため、必ず安全な場所に保存しておいてください。

また、GitLab Agent用のアクセストークンが発行されると同時に、インストール用のHelmコマンドが表示されます。その中に、最新バージョンのGitLab Agentが記載されているため、こちらを使って次のGitLab Agentのインストール手順を行っていただくことをおすすめします。

■ Kubernetes への GitLab Agent インストール

最後に再度ローカル環境に戻り、Helm を使って登録した GitLab Agent を Kubernetes にインストールします。ここで、先ほど発行した GitLab Agent 用のアクセストークンを使って登録を行うと、動的に GitLab Agent Server 側と通信を行います。

◎ GitLab Agent のインストール

```
$ cd ${REPO_BASE}
$ export GITLAB_AGENT_ACCESS_TOKEN=<Agent access token>
$ helm repo add gitlab https://charts.gitlab.io
"gitlab" has been added to your repositories
$ helm repo update

$ helm upgrade --install eks gitlab/gitlab-agent \
    --namespace gitlab-agent-eks \
    --create-namespace \
    --set image.tag=v16.7.0 \
    --set config.token=${GITLAB_AGENT_ACCESS_TOKEN} \
    --set config.kasAddress=wss://kas.gitlab.com
```

なお、ここではあくまで GitLab.com を使った方式で解説を行っています。もし Self-managed 型の GitLab を利用している場合は「`config.kasAddress`」の接続先が GitLab サーバーの External URL で提供する GitLab Agent Server（例：`wss://gitlab.example.com/-/kubernetes-agent/`）に向ける必要があります。

最後にインストールされた GitLab Agent が期待通り展開されているかを確認しておきましょう。

◎ GitLab Agent の確認

```
$ kubectl get pod -n gitlab-agent-eks
NAME                                   READY   STATUS    RESTARTS
eks-gitlab-agent-v1-559b6fb79b-wzhpq   1/1     Running   0
eks-gitlab-agent-v1-559b6fb79b-xtsgp   1/1     Running   0
```

これらが稼働しているとプロジェクトページの［Operate］>［Kubernetes clusters］に接続された GitLab Agent の状態が更新されます。「Connection status」が接続状態であることを確認できれば完了です（Figure 5-17）。

Figure 5-17　GitLab Agent の確認

5-4　まとめ

チーム開発を始めるためには、まずはチームメンバーにアプリケーションの設計やルールを共有しておくことが重要です。どのような環境であっても、ツールを入れるだけで効率的な開発ライフサイクルが実現できることはありません。つまり、チーム内でのコミュニュニュケーションを図りながら、チームにとっての最適な開発プロセスをイメージしておくことが効率化の第一歩です。

まずは開発計画時点でリポジトリやアプリケーションアーキテクチャ、デプロイメント環境などの作業全体の見える化を徹底し、気軽にコミュニケーションが図れる場を整えることから始めましょう。

第6章

継続的インテグレーション

開発者がコードの更新や変更を行った後は、動的なビルドとテストを繰り返し、迅速かつ高い品質の成果物を作成する仕組みが必要です。

修正されたコードに対して即座にビルドを行い、自動化されたテストを継続的に行うことによって、迅速かつ信頼性の高いアプリケーション開発ライフサイクルを作ります。それらを支えるのが「継続的インテグレーション」です。継続的インテグレーションは、アプリケーション開発における品質改善や納期短縮を促進するためのプラクティスの一つです。

機能別組織によく見られるウォーターフォール開発では、開発工程を終えた後にテスト工程が始まるため、些細なエラーによる大きな手戻りが幾度となく発生することも多く見られていました。たとえば、開発環境とテスト環境の差異に伴うライブラリバージョンの不一致があると、役割の異なる組織をまたがって調整が必要なため、工数にも大きく影響してしまいます。一方、アジャイル開発を主軸としたプロダクトチームでは、チーム内の責任範囲でビルドやテストを繰り返しながら、エラーを早期に発見して改善していきます。

このようにプロダクトチームで行われる早い開発ライフサイクルを、GitLab CI/CDを使って体感してみましょう。

6-1 継続的インテグレーションのパイプライン

まずは開発者が feature ブランチを使ってソースコードを開発し、その変更をリモートリポジトリ（GitLab.com）の feature ブランチに反映することによって、ビルドやテストの自動化ができるという継続的インテグレーションの基本をここでは学びます。なお、ここからの演習作業は「**5-3 演習環境の準備**」があらかじめ完了していることを前提として解説しています。

継続的インテグレーションのパイプラインでは、以下のジョブを取り上げます（Figure 6-1）。

(1) アプリケーションのビルド

Maven を使用して Java で構成された GitLab Tutorial アプリケーションをビルドする。

(2) アプリケーションのテスト

JUnit を使用して GitLab Tutorial アプリケーションをテストする。

(3) コンテナパッケージ化

Buildah を使用して GitLab Tutorial のコンテナイメージをビルドし、コンテナレジストリに格納する。

Figure 6-1 継続的インテグレーションのパイプライン

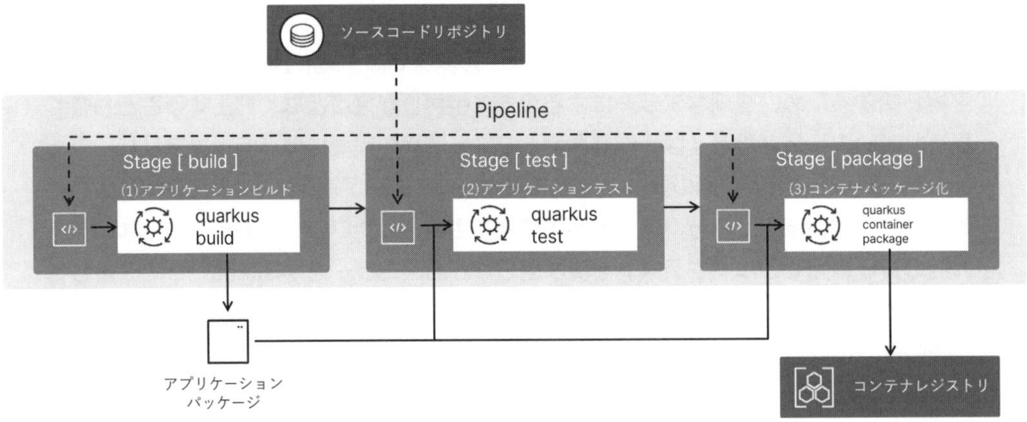

アプリケーションの開発ライフサイクルでは開発環境へのデプロイも継続的インテグレーションとして取り扱いますが、本書ではこれらを開発レビューのフェーズとして次章でより詳しく紹介していきます。

まずはローカルリポジトリで「**GitLab Tutorial アプリケーションの更新**」を行い、その後に「**パイ**

プラインの実行」でリモートリポジトリのソースコードを変更してみましょう。

6-1-1 GitLab Tutorialアプリケーションの更新

まずは開発者がアプリケーションの機能開発を行うことを想定して、演習用のGitLab Tutorialアプリケーションに変更を加えてみましょう。変更内容としては、「5-2-1 GitLab Tutorialアプリケーションのアーキテクチャ」のとおりGreetingResourceに変更を加え、GreetingServiceを注入します。本書ではこれから適用するコードをコメントアウトして用意しているため、手順に沿ってこれらを反映していきます。

GitLab Tutorialアプリケーションの更新作業は以下の流れで行います。

(1) featureブランチの作成
(2) GreetingServiceの開発（`GreetingService.java`）
(3) GreetingResourceへの注入（`GreetingResource.java`）
(4) GreetingResourceTestの追加（`GreetingResourceTest.java`）

ここでの作業はfeatureブランチで3つのファイルを更新し、最後にリモートリポジトリにプッシュします。

■ featureブランチの作成

どのような些細な開発や修正であっても、まずはfeatureブランチを作成してから開発を始めます。

シンプルな作業ではありますが、GitHub Flowを使ったブランチ戦略ではブランチを作成することに重要な意味があります。mainブランチの内容を直接更新してしまうと他の開発者の変更部分と重複してコンフリクトが生じる原因にもなります。また、featureブランチ名もチーム内であらかじめ決めたルールを作っておくことをおすすめします。開発者が好きにfeatureブランチ名を付けると、リポジトリ管理が煩雑になるだけでなく作業ミスによるコードの変更や予期せぬコードの損失が発生してしまいます。

GitLabでは開発者が構造化されたブランチ名を作成できるよう、ブランチ名にあらかじめ制限[*1]を設けています。これに準じながら、以下のような命名規則を作っていきます。

＊1　Name your branch
`https://docs.gitlab.com/ee/user/project/repository/branches/#name-your-branch`

- カテゴリ名で始める。
- 課題追跡 ID を含める。
- ハイフンやスラッシュなどのセパレータを使用する。
- 開発者名を含める。
- 数字のみは避ける。
- 長く複雑な命名規則を避ける。

本書では「`feature-`」というカテゴリ名から始め、名前付けの挨拶を機能として加えるため「`feature-greeting-name`」という名前を付けています。この feature ブランチはすでに演習用リポジトリ上で作成されているため、こちらを反映してローカルリポジトリ上にワーキングディレクトリを作成しましょう。

◎ feature ブランチの作成

```
$ cd ${REPO_BASE}
$ git checkout -b feature-greeting-name origin/feature-greeting-name
branch 'feature-greeting-name' set up to track 'origin/feature-greeting-name'.
Switched to a new branch 'feature-greeting-name'

$ git branch -a
* feature-greeting-name
  main
  remotes/origin/HEAD -> origin/main
  remotes/origin/feature-greeting-name
  remotes/origin/main
```

これで開発を行う feature ブランチの作成は完了です。

■ GreetingService の開発

次に feature ブランチのワーキングディレクトリで GreetingService を開発します。本来であればここで開発者が機能開発を行いますが、ここではコメントとして取り扱われている `GreetingService.java` 内のコードを有効化することを開発作業とみなしましょう。

Java 言語では「`/*`」から「`*/`」の間がコメント行として取り扱われます。用意している `GreetingService.java` では 1 行目、および最終行のコメント記号によってコード内容全体があらかじめコメント化されています。

List 6-1　build/src/main/java/org/acme/GreetingService.java

```
/* Uncomment this section.   ## ここからコメントが開始（この行を削除）
package org.acme;
…<省略>…
    public String greeting(String name) {
        return "hello " + name;
    }

}
*/   ## ここでコメントが終了（この行を削除）
```

テキストエディターなどを使い、これらのコメント記号を削除してください。一番簡単な方法としてはGreetingService.javaの1行目および最終行を削除することです。

◎　GreetingServiceのコメント記号を削除

```
$ cd ${REPO_BASE}
## コメントを外した後の状態を確認
$ sed -e '1d' -e '$d' build/src/main/java/org/acme/GreetingService.java
package org.acme;

import jakarta.enterprise.context.ApplicationScoped;

@ApplicationScoped
public class GreetingService {

    public String greeting(String name) {
        return "hello " + name;
    }

}

## 反映
$ sed -i -e '1d' -e '$d' build/src/main/java/org/acme/GreetingService.java
```

これでGreetingServiceが作成されます。ここでは、コメントアウトの箇所をJavaコードに反映するために指定行をsedコマンドで削除しています。冪等性があるコマンドではないため、何度も同じコマンドを実行すると必要なコードまで削除してしまう恐れがあります。安全に削除するためには、テキストエディターを使って削除してください。

また作業実行時は、すべてローカルリポジトリの feature ブランチ上で行っていることを改めて確かめておきましょう。

■ GreetingResource への注入

次に先ほど作成した GreetingService を GreetingResource へ注入します。これも GreetingService と同様に GreetingResource にあるコメント行を反映させますが、今回は Java コード内の以下の 2 箇所を修正します。

- Inject クラスのインポート
- GreetingService の依存性注入

List 6-2　build/src/main/java/org/acme/GreetingResource.java

```
package org.acme;

/* Uncomment this section.   ## ここからコメントが開始（この行を削除）
import jakarta.inject.Inject;
*/   ## ここでコメントが終了（この行を削除）
…<省略>…
/* Uncomment this section.   ## ここからコメントが開始（この行を削除）
    // inject GreetingService.
    @Inject
    GreetingService service;

    @GET
    @Produces(MediaType.TEXT_PLAIN)
    @Path("/greeting/{name}")
    public String greeting(String name) {
        return service.greeting(name);
    }
*/   ## ここでコメントが終了（この行を削除）

    @GET
    @Produces(MediaType.TEXT_PLAIN)
    public String hello() {
        return "Hello GitLab Tutorial";
    }
}
```

これらを先ほど同様にテキストエディターを使い、コメント記号を外してください。こちらもコマンドベースで行うと以下の方法で削除可能です。

◎ GreetingService のコメント記号を削除

```
$ cd ${REPO_BASE}
##「/*」「*/」から始まる行を外した後の状態を確認
$ sed -e '/^\/\*/d' -e '/^\*\//d' \
  build/src/main/java/org/acme/GreetingResource.java
## 実行
$ sed -i -e '/^\/\*/d' -e '/^\*\//d' \
  build/src/main/java/org/acme/GreetingResource.java
```

以上で GreetingResource への依存性注入が完了します。これによって、名前付けの挨拶を返す機能が追加されます。

■ GreetingResourceTest の追加

最後にこれらのコードを反映したときの単体テストも修正します。

GreetingResource のテストクラスには、JUnit を利用しています。JUnit の単体テストは後ほどパイプラインの中で Maven から自動的に呼ばれます。既存の状態では「`/hello`」パスにアクセスしたコメントだけをテストする「`testHelloEndpoint`」メソッドが用意されていますが、新たに「`/hello/greeting/{name}`」パスにアクセスした場合のテストを行う「`testGreetingEndpoint`」メソッドを追加します。

これらは同じ GreetingResourceTest クラス内にありますが、GreetingResource 同様に以下の 2 箇所の修正が必要です。

- UUID クラスのインポート
- testGreetingEndpoint のテスト追加

List 6-3 build/src/test/java/org/acme/GreetingResourceTest.java

```
package org.acme;

import io.quarkus.test.junit.QuarkusTest;
import org.junit.jupiter.api.Test;

/* Uncomment this section.
```

```
import java.util.UUID;
*/
…<省 略>…

/* Uncomment this section.
    @Test
    public void testGreetingEndpoint() {
        String uuid = UUID.randomUUID().toString();
        given()
          .pathParam("name", uuid)
          .when().get("/hello/greeting/{name}")
          .then()
            .statusCode(200)
            .body(is("hello " + uuid));
    }
*/
}
```

これらも先ほど同様にテキストエディターを使いコメントを外してください。コマンドで実行すると以下の方法で削除可能です。

◎ GreetingResourceTest のコメント記号を削除

```
$ cd ${REPO_BASE}
## 「/*」「*/」から始まる行を外した後の状態を確認
$ sed -e '/^\/\*/d' -e '/^\*\//d' \
  build/src/test/java/org/acme/GreetingResourceTest.java
## 実行
$ sed -i -e '/^\/\*/d' -e '/^\*\//d' \
  build/src/test/java/org/acme/GreetingResourceTest.java
```

以上でテストの作成とアプリケーションの更新が完了しました。

6-1-2 パイプラインの実行

最後にここまで開発したソースコードをローカルリポジトリ上にコミットし、それをリモートリポジトリ上に反映します。リモートリポジトリを更新すると、GitLab CI/CD のパイプラインが動的に実行されます。これは「5-2-2 演習のステップ」で解説した、演習ステップの (3) を行っていることを表しています（Figure 6-2）。

Figure 6-2　演習のステップ

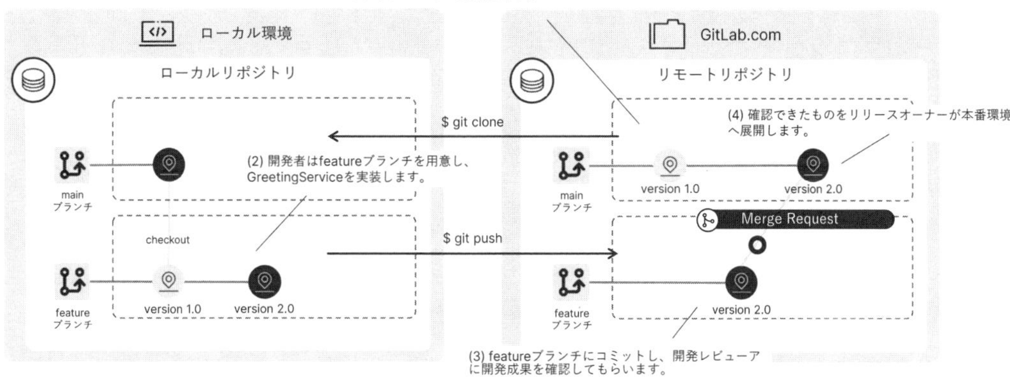

まだこの時点では開発レビューアに確認してもらうデプロイメント環境は整っていませんが、パイプラインを見ていくために動作を確認していきましょう。まずは、ワーキングディレクトリで開発したコードをステージングエリアへ移行します。

◎　ステージングエリアへの移行

```
$ cd ${REPO_BASE}
## feature ブランチ（feature-greeting-name）であることを確認
$ git branch -a
* feature-greeting-name
  main
  remotes/origin/HEAD -> origin/main
  remotes/origin/feature-greeting-name
  remotes/origin/main

$ git add ./build/src
$ git status
On branch feature-greeting-name
Your branch is up to date with 'origin/feature-greeting-name'.

Changes to be committed:
  (use "git restore --staged <file>..." to unstage)
        modified:   build/src/main/java/org/acme/GreetingResource.java
        modified:   build/src/main/java/org/acme/GreetingService.java
        modified:   build/src/test/java/org/acme/GreetingResourceTest.java
```

更新されたファイルのみがコミット対象となっているかを「git status」コマンドを使って確認し

てください。更新対象のファイル名が出力されていることを確認した上で、今度はローカルリポジトリへコミットします。

◎ ローカルリポジトリへのコミット

```
$ git commit -m "Inject GreetingService in GreetingResource"
[feature-greeting-name dc424a3] Inject GreetingService in GreetingResource
 3 files changed, 10 deletions(-)

$ git log -p -1
commit dc424a37d666eff246095b800217a75a10c1b9fc (HEAD -> feature-greeting-name)
Author: Developer <developer@gitlab.example.com>
Date:

    Inject GreetingService in GreetingResource

diff --git a/build/src/main/java/org/acme/GreetingResource.java…
…
```

コミットが完了すると最新のコミットログが「`git log`」コマンドから確認できます。差分などを確認した上で、最後にリモートリポジトリ上の feature ブランチにコードを反映してください。なお事前に「5-3-1 ローカル環境のセットアップ」で利用した、個人アクセストークンが設定されていることを改めて確認しておきましょう。GitLab.com への認証が通っていないとリモートリポジトリへソースコードがプッシュできません。

◎ リモートリポジトリへ開発コードを反映

```
$ cd ${REPO_BASE}
$ git push origin feature-greeting-name
Enumerating objects: 29, done.
Counting objects: 100% (29/29), done.
…
remote:
To https://gitlab.com/<groupname>/gitlab-tutorial.git
   c31c0e8..dc424a3  feature-greeting-name -> feature-greeting-name
```

うまくリモートリポジトリを更新できたら、GitLab.com 上の SaaS Runner がパイプラインを実行しているかを確認してみましょう。パイプラインは、GitLab.com の Web ポータルへログインし、演習用リポジトリのプロジェクトトップへ移動した後にサイドバーの［Build］>［Pipelines］から確認できます。

○ 演習用リポジトリ

https://gitlab.com/<groupname>/gitlab-tutorial

この後演習を進めながら`.gitlab-ci.yml`の実装内容を紹介しますが、この時点ではJob[deploy-dev]が失敗し、パイプラインからうまくKubernetes上にデプロイできずに失敗します。ちょうどStage[development]のJob[deploy-dev]の時点でジョブが失敗していると、本書の想定通りの状態です（Figure 6-3）。

Figure 6-3 パイプライン実行の初期状態

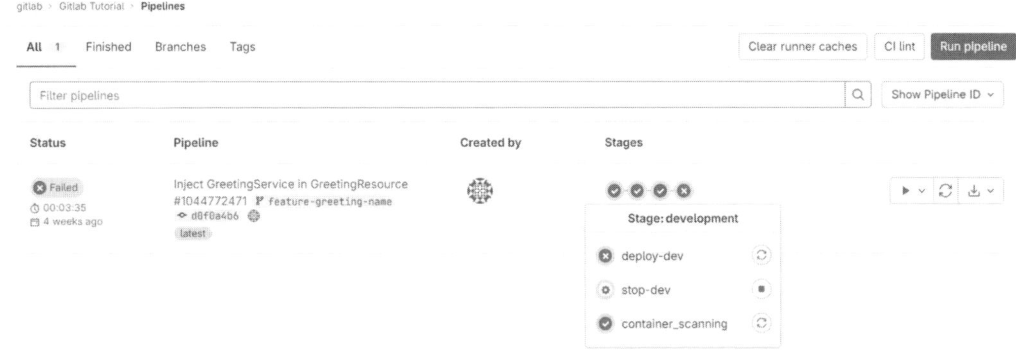

6-2 アプリケーションのビルド

ここからは、実行されたパイプラインのジョブを一つずつ確認しながら`.gitlab-ci.yml`の実装について紹介していきます。まずはアプリケーションのビルド（Job[quarkus-build]）について見ていきましょう。

Job[quarkus-build]では、同じ演習用リポジトリに格納されているJavaコードをビルドします。アプリケーションはプログラミング言語によってそのビルド方法が異なり、それに合わせて利用されるビルドツールも異なります。たとえば、プログラム言語ごとに以下のようなビルドツールが使われています。

- Java言語のビルドツール：Maven、Gradle
- JavaScript系言語のビルドツール：npm
- Go言語のビルドツール：go buildコマンド

このように利用するアプリケーション言語によって利用するビルドツールが異なると、ビルドジョブもそれに応じた実行手順で作成する必要があります。GitLab Tutorial アプリケーションは Quarkus によって開発されており、Maven をビルドツールとして利用します。

まずは演習用リポジトリにある「gitlab-tutorial/.gitlab-ci.yml」から、Job[quarkus-build] の定義を見てみましょう。

List 6-4　Job[quarkus-build] の定義（gitlab-tutorial/.gitlab-ci.yml）

```
default:
  image: docker.io/openjdk:17 ## 各ジョブで使用するコンテナイメージ
variables:     ## パイプライン全体に適用される変数の定義
  BUILD_HOME: ${CI_PROJECT_DIR}/build
  MANIFESTS_HOME: ${CI_PROJECT_DIR}/deploy
  FF_USE_NEW_SHELL_ESCAPE: "True"
  FF_USE_FASTZIP: "True"
…<省略>…

quarkus-build:  ## ジョブのセクション名
  stage: build
  variables: ## (1)
    MAVEN_ARGS: >-
     -Dhttps.protocols=TLSv1.2
     -Dmaven.repo.local=$CI_PROJECT_DIR/.m2/repository
     -Dmaven.test.skip=true
     -Dorg.slf4j.simpleLogger.showDateTime=true
     -Djava.awt.headless=true
  script: ## (2)
    - cd ${BUILD_HOME}
    - ./mvnw package
  artifacts: ## (3)
    paths:
      - ${BUILD_HOME}/target/quarkus-app/
    expire_in: 30 mins
```

(1) ビルド変数の定義
(2) ビルドスクリプトの定義
(3) アーティファクトの取得

Job[quarkus-build] で使われるジョブキーワードについて、もう少し深く理解していきましょう。

6-2-1 ビルド変数の定義

`.gitlab-ci.yml`では、variablesキーワードを利用して変数を定義します。変数は`.gitlab-ci.yml`のジョブレベルやグローバルレベルだけでなく、プロジェクトのシークレット変数など、様々な場所で定義できます。そして、これらの変数はジョブ実行時の環境変数として使用できます。

`.gitlab-ci.yml`のグローバルレベルに定義したvariablesは「**グローバル変数**」とみなされ、`.gitlab-ci.yml`内で定義されたすべてのジョブで利用できます。一方、ジョブレベルのvariablesに定義した「**ジョブ変数**」は、そのジョブに限定されたスコープを持ちます。したがって、同じ`.gitlab-ci.yml`内であってもジョブ変数は、別のジョブでは利用できません（Figure 6-4）。

なお、グローバル変数とジョブ変数で同一名の変数を定義した場合、ジョブ変数の定義が優先されます。

Figure 6-4　グローバル変数とジョブ変数

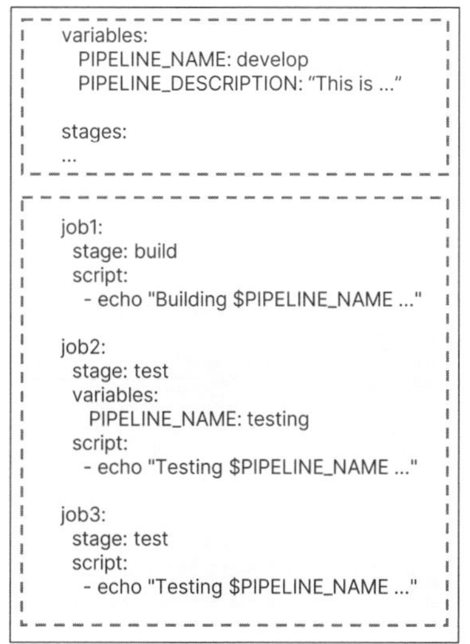

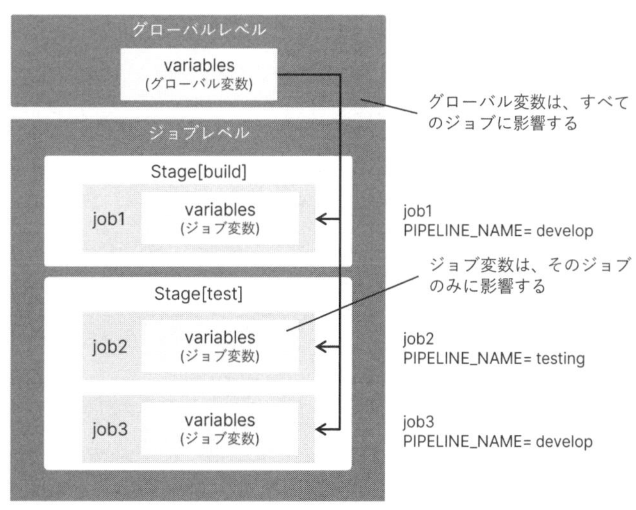

■ グローバル変数の定義

グローバル変数は、多くの場合`.gitlab-ci.yml`の冒頭で定義します。Job[quarkus-build]が使う変数でも、いくつかの変数はグローバルレベルで定義された変数を使っています。

List 6-5 .gitlab-ci.yml のグローバル変数

```
variables:     ## CI/CD パイプライン全体で使用する変数の定義
  BUILD_HOME: ${CI_PROJECT_DIR}/build
  MANIFESTS_HOME: ${CI_PROJECT_DIR}/deploy
 FF_USE_NEW_SHELL_ESCAPE: "True"
  FF_USE_FASTZIP: "True"
```

グローバル変数には、各ジョブでよく利用するディレクトリや、スクリプト実行時に必須となるオプションなどを設定しておきます。

たとえば<BUILD_HOME>や<MANIFESTS_HOME>には、GitLab Tutorial アプリケーションのソースコードとそれを Kubernetes 上に展開するためのマニフェストファイルが入っています。これらは各ジョブで利用するため、あらかじめグローバル変数として設定しています。なお、ここで利用している<CI_PROJECT_DIR>とは、後ほど紹介する定義済み変数の一つです。

また演習用の.gitlab-ci.yml は<FF_USE_NEW_SHELL_ESCAPE>や<FF_USE_FASTZIP>という変数を定義しています。これは GitLab Runner の機能フラグ（FF：feature flags）の一つであり、近い将来機能追加されるベータ版機能や逆に非推奨となる機能の有効化を設定できます。ここではあくまで本書執筆時点で利用できる機能フラグ[*2]を定義しているため、取り扱う GitLab のバージョンに応じて必要なものを選択してください（Table 6-1）。

Table 6-1 機能フラグの一例

機能フラグ名	デフォルト値	内容
FF_NETWORK_PER_BUILD	FALSE	Docker Executor がビルドごとに Docker ネットワークを作成する
FF_USE_FASTZIP	FALSE	キャッシュ/アーティファクトのアーカイブと抽出を高性能に行う Fastzip を使用する
FF_USE_NEW_BASH_EVAL_STRATEGY	FALSE	スクリプト内の適切な終了コードを検出するために、eval がサブシェルを実行する
FF_SCRIPT_SECTIONS	FALSE	.gitlab-ci.yml の実行ジョブがセクションごとに折りたたまれ、各行の所要時間を表示する
FF_USE_NEW_SHELL_ESCAPE	FALSE	シェルのエスケープ実行の高速化を有効にする
FF_DISABLE_POWERSHELL_STDIN	FALSE	シェルや PowerShell のスクリプトが、標準入力ではなくファイルで渡されて実行する

＊2 GitLab Runner feature flags
https://docs.gitlab.com/runner/configuration/feature-flags.html

FF_RETRIEVE_POD_WARNING_EVENTS	FALSE	ジョブが失敗したときに、ポッドに関連付けられたすべての警告イベントを取得する

■ ジョブ変数の定義

ジョブ変数はジョブレベル内に定義します。それでは、Job[quarkus-build] 内の variables を確認してみましょう。

List 6-6　Job[quarkus-build] の variables

```
quarkus-build:
  stage: build
…<省略>…
  variables:
    MAVEN_OPTS: >-
      -Dhttps.protocols=TLSv1.2
      -Dmaven.repo.local=$CI_PROJECT_DIR/.m2/repository
      -Dmaven.test.skip=true
      -Dorg.slf4j.simpleLogger.showDateTime=true
      -Djava.awt.headless=true
```

Job[quarkus-build] では、ビルドに使用する Maven のオプション`<MAVEN_OPTS>`を指定しています。これを環境変数として定義しておくことにより、ビルド実行時に Maven が動的にそれらを読み込んで実行します。

今回のように、変数に長い変数値やオプションを入れる場合は「`>-`」という YAML 表記の折り返し構文を利用してください。「`>-`」を使うことによって、各行末の改行コードがスペースに変換され、最終行の改行コードが省略されます。つまり「`MAVEN_ARGS=-Dxx=xx -Dxx=xx -Dxx=xx`」と改行されたオプションを繋げていることを表しています。

■ 定義済み変数（Predefined Variables）

GitLab CI/CD ではユーザーが独自に定義する変数の他にも、GitLab があらかじめ用意している「定義済み変数（Predefined Variables）」があります（Table 6-2）。

Table 6-2 定義済み変数の一例

変数名	内容
CI_COMMIT_SHA	実行契機となった Commit バージョンのハッシュ値
CI_COMMIT_BRANCH	実行契機となった Commit のブランチ名
CI_COMMIT_TITLE	実行契機となった Commit のタイトル
CI_JOB_ID	GitLab CI/CD が内部で使用する一意のジョブ ID
CI_JOB_IMAGE	GitLab CI/CD が使用するコンテナイメージ名
CI_PROJECT_NAME	ジョブの実行対象のプロジェクト名
CI_PIPELINE_ID	GitLab CI/CD が内部で使用する一意のパイプライン ID
CI_PIPELINE_SOURCE	パイプラインがどのような契機（push, web など）でトリガーされたかを示す
CI_RUNNER_ID	ジョブで使用している GitLab Runner の固有 ID
CI_REGISTRY_PASSWORD	コンテナイメージをプロジェクトの GitLab Container Registry にプッシュするためのパスワード
CI_REGISTRY_USER	コンテナイメージをプロジェクトの GitLab Container Registry にプッシュするためのユーザー名
GITLAB_USER_EMAIL	ジョブを実行したユーザーの E メール
GITLAB_USER_ID	ジョブを実行したユーザー ID

これらの変数は、Job が実行されたタイミングで GitLab Runner や実行環境の状態に合わせて値が動的に設定されます。定義済み変数には、ジョブやパイプライン固有の ID、パイプラインのトリガーとなったコミット ID などの情報だけでなく、特定の条件でのみ利用可能な変数も用意されています。この他にも様々な定義済み変数があるため、ジョブの実行に合わせた環境変数を利用したい場合は、強引にスクリプトなどで取得する前に、一度公式のドキュメント*3を確認してみましょう。

■ シークレット変数

`.gitlab-ci.yml` に定義された変数は、リポジトリにアクセスできるすべてのユーザーが値を確認できてしまいます。しかし、変数によってはデータベースの認証情報など、参照可能なユーザーに制限を設けたい変数もあります。こうした場合は、プロジェクトレベルで設定可能な「**シークレット変数**」が便利です。シークレット変数は、プロジェクトページの［Settings］＞［CI/CD］＞［Variables］から設定できます。

この画面で変数を定義するためには、［Add variable］を押下して Table 6-3 に示す設定を行います。この際、変数をシークレット化する場合は Flag に「Mask variable」のみを有効化しておきます（Figure

＊3 GitLab CI/CD variables - Predefined Variables
https://docs.gitlab.com/ee/ci/variables/predefined_variables.html

6-5)。

Table 6-3　UI からの変数定義

設定項目		詳細
Type		変数値を標準出力で渡すかファイル形式で渡すかを選択する
Environments		変数の有効範囲 (特定の Environment のみでの使用など) を決める
Flags	Protect variable	保護されたブランチまたはタグが付いたパイプラインでのみ使用できる
	Mask variable	ジョブやログで変数値をマスクする (正規表現に合う変数値を入れる必要がある)
	Expand variable	$から始まる変数を展開せずに提供する
Key		変数名を文字、数字を使用し、スペースを含まない 1 行で定義する
Value		変数値を定義します

ここではプロジェクト内で利用できることを前提に紹介しましたが、シークレット変数はグループにも設定できます。グループに設定する際は、グループページの［Settings］から同様の手順で定義することにより、所有するプロジェクト全体に変数が継承されます。なお、プロジェクトのシークレット変数を設定するには Maintainer 以上、グループに設定するには Owner の権限を持っていなければいけません。

Figure 6-5　シークレット変数の定義

6-2-2 ビルドスクリプトの定義

ビルドパラメータを環境変数として定義ができたところで、次はビルド実行のスクリプトを確認していきましょう。

GitLab Tutorial アプリケーションには、あらかじめ「build」ディレクトリ配下に以下のようなファイルを配置しています。

◎ GitLab Tutorial アプリケーションのビルドディレクトリ構成

```
gitlab-tutorial/build
 ├──Containerfile
 ├──mvnw
 ├──pom.xml
 ├──src
 │ ├──main  ## GitLab Tutorial アプリケーションの Java 実行コード
 │ │ ├──java
 │ │ │ └──org
 │ │ │ └──acme
 │ │ │ ├──GreetingResource.java
 │ │ │ └──GreetingService.java
 │ │ └──resources
 │ │ ├──META-INF
 │ │ │ └──resources
 │ │ │ └──index.html
 │ │ └──application.properties
 │ └──test  ## GitLab Tutorial アプリケーションのテストコード
 │ └──java
 │ └──org
 │ └──acme
 │ ├──GreetingResourceTest.java
 │ └──NativeGreetingResourceIT.java
 └──system.properties
```

ここで Java コードの実装を詳しく理解する必要はありませんが、GitLab Tutorial アプリケーションをビルドするにはこれらのファイルが必要であることを確認しておいてください。

- src/main/java：Java 実行ソースコード
- src/test/java：テスト用コード
- pom.xml：依存ライブラリ情報など
- mvnw：Maven のラッパーコマンド

- system.properties：プロパティファイル

mvnw は、Maven をビルドする環境に適したオプションやバージョンの差異を吸収するためのラッパーコマンドです。GitLab Tutorial アプリケーションで利用している Quarkus にも、Maven でビルドするためのオプションが複数あるため[*4]、mvnw を利用しています。本来であれば、アプリケーション特性に応じたプロパティ設定や Maven のビルドオプションが複数必要ですが、この mvnw の恩恵により複雑な設定を緩和しています。

その結果、アプリケーションのビルドは build ディレクトリ配下で「mvnw package」コマンドを実行するだけで完了します。Job[quarkus-build] の script を改めて見てみましょう。

List 6-7　Job[quarkus-build] の script

```
quarkus-build:
  stage: build
…<省略>…
  script:
    - cd ${BUILD_HOME}  ## (1)
    - ./mvnw package  ## (2)
```

(1) build ディレクトリをベースディレクトリに変更する。
(2) Maven Wrapper を使って、アプリケーションのビルドを実行する。

このように script 実行では、わずか 2 行でアプリケーションがビルドできます。多くのビルドツールでは、ビルド時に複数のビルドオプションを加えて実行します。しかし、実行するコマンドと一緒に script 内にパラメータを羅列してしまうと、.gitlab-ci.yml の可読性が低下し、結果としてその保守性を低下させてしまいます。したがって、前述の variables の環境変数を用いて、スクリプト本体から変数を切り離すことにより、シンプルな script を定義することを心掛けておきましょう。

また、複数のジョブが何度も同じ環境変数を script キーワードで使う場合は、繰り返し定義するのではなく、その変数をグローバル変数として定義することが基本です。たとえば、<BUILD_HOME>はこの後のテストやパッケージでも利用するため、グローバル変数として定義しています。

＊4　Quarkus and Maven
https://quarkus.io/guides/maven-tooling

6-2-3 アーティファクトの取得

パイプラインを実行する過程では、ジョブによって生成されたパッケージやログなどを保存する必要があります。このようにジョブででき上がった成果物は「アーティファクト（Artifact）」と呼ばれています。GitLab CI/CD では artifacts キーワードを用いることで、GitLab サーバー側にアーティファクトを保存し、後続のジョブに引き継いで利用できます。

アプリケーションのビルドでは、ビルドツールが生成したパッケージをテストやコンテナにパッケージ化する際に利用します。また、その他のジョブでは、ログの解析や調査レポートの保存としても利用しています。

Job[quarkus-build] の artifacts を見ながら確認していきましょう。

List 6-8　Job[quarkus-build] の artifacts

```
quarkus-build:
  stage: build
…<省略>…
  artifacts:
    paths:
      - ${BUILD_HOME}/target/quarkus-app/   ## (1)
    expire_in: 30 mins   ## (2)
```

(1) quarkus-app ディレクトリ以下をアーティファクト対象として設定
(2) 保存期間を 30 分間に指定

artifacts の「paths」オプションには、アーティファクトが生成される場所を指定します。Maven でビルドした Java のアーティファクトは、ベースディレクトリの/target/<app name>内に jar 形式で作成されるため、そのディレクトリを指定しています。ただし、ここではあくまで Maven でビルドされていることを想定しており、ビルドツールを変更した場合はアーティファクトが生成されるパスも変わります。したがって、すぐに.gitlab-ci.yml を作成するのではなく、あらかじめローカル環境で対象のアプリケーションをビルドし、アーティファクトの位置関係を把握しておくことが必要です。

paths オプションに指定されたディレクトリは、ジョブの最後に GitLab サーバーに zip 形式で送信されます。デフォルトでは 30 日間保持され、一度に保持できるファイルの容量は 100MB 以下に制限されています。GitLab Tutorial アプリケーションでは、Job[quarkus-build] のアーティファクトは後述のジョブでコンテナイメージにパッケージングされるため、長期間保存する必要はありません。したがって、アーティファクトの有効期限を「expire_in」オプションで30分間にしています。

ここでは、artifactsの2つのオプションを紹介しましたが、その他にもTable 6-4に示すようなオプションがよく使われます。

Table 6-4 artifactsのオプション

オプション	条件
name	アーティファクトの名前を指定する。デフォルトは「artifacts」という名前になっており、ダウンロードすると「artifacts.zip」に変換される
path	アーティファクトのパスを指定する。指定されたパス配下のファイルはすべてアーティファクトとなる
report	JUnitレポートなど、あらかじめ定義されている種類(Artifacts Reports Types)のアーティファクトを収集する際に指定する
public	アーティファクトを匿名ユーザーやゲストユーザーに公開するかどうか。trueの場合、匿名ユーザーやゲストユーザーがアーティファクトをダウンロード可能となる(デフォルト)
exclude	アーティファクトの対象外とするファイルのパスを指定する。ファイルパスはワイルドカードを使用することが可能
untracked	Gitに追跡されていないファイルもアーティファクトとして追加する(true/false)
when	特定の条件のもと、アーティファクトを管理する on_success：ジョブが成功した場合のみアップロード(デフォルト) on_failure：ジョブが失敗した場合のみアップロード always：ジョブの状態に関係なく常にアップロード
expire_in	アーティファクトの保管有効期限を指定する 指定例: '2h20min'、'6 mos 1 day'、'47 yrs 6 mos and 4d'

Job[quarkus-build]が成功していたら、GitLabのWebポータルからアーティファクトが確認できます。まずはプロジェクトページの［Build］>［Jobs］からJob[quarkus-build]を探し、ジョブの実行ログを確認します（Figure 6-6）。

そして、Job[quarkus-build]の実行ログの右にある[Job artifacts]からアーティファクトが確認できます。アーティファクトの中にはGitLab Tutorialアプリケーションのjarファイル（quarkus-run.jar）の他に、アプリケーションが依存しているライブラリが含まれています。また、アーティファクトは［Browse］ボタンからブラウザ上で確認ができる他、［Download］ボタンをクリックしてzipファイルとしてダウンロードすることも可能です（Figure 6-7）。

以上でアプリケーションビルドのジョブが完了です。

Figure 6-6 ジョブの実行結果

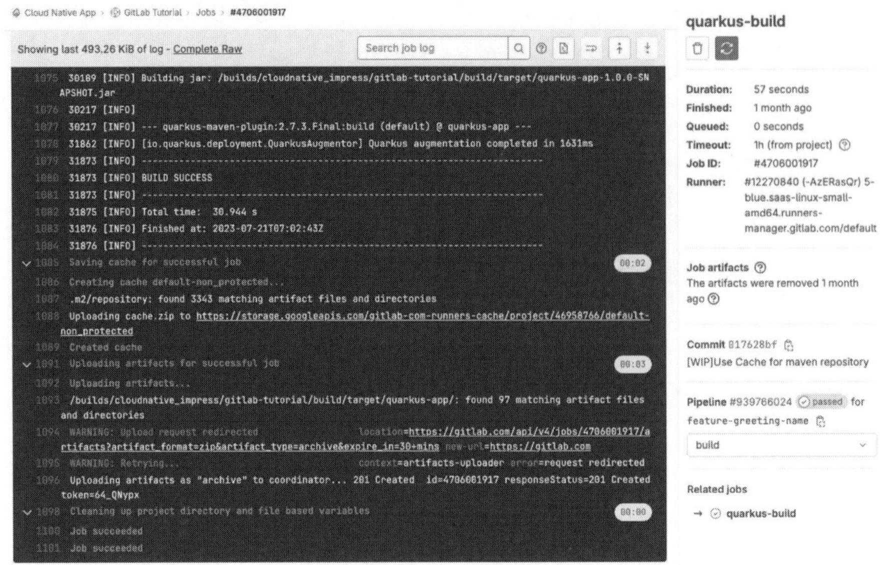

Figure 6-7 アプリケーションビルドのアーティファクト

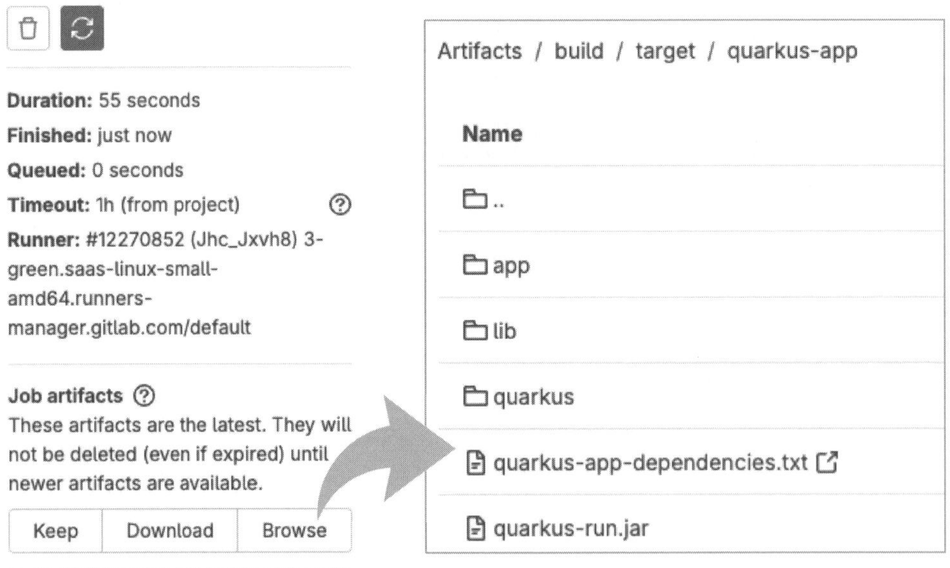

6-3　アプリケーションテスト

次に GitLab Tutorial アプリケーションの Java コードを検証するアプリケーションテスト（Job[quarkus-test]）を見ていきましょう。アプリケーションのビルドツール同様、テストツールに関してもプログラミング言語に応じたツールが存在します。

GitLab Tutorial アプリケーションでは、JUnit によってテストを実行しています。

List 6-9　Job[quarkus-test] の定義（gitlab-tutorial/.gitlab-ci.yml）

```
quarkus-test:
  stage: test
  dependencies: []  ## (1)
  script:  ## (2)
    - cd ${BUILD_HOME}
    - ./mvnw test
  artifacts:  ## (3)
    reports:
      junit:
        - ${BUILD_HOME}/target/surefire-reports/TEST-*.xml
```

(1) アーティファクトの継承
(2) maven による JUnit テスト
(3) テストレポートの保存

script 部分は Job[quarkus-build] と非常によく似ていますが、いくつか新たに出てきたジョブキーワードについて解説していきます。

6-3-1　アーティファクトの継承

SaaS Runner ではジョブ実行の都度、「Docker Machine Executor」によって仮想マシンが起動され、その中でコンテナが実行されます。そして、特に指定を行わない場合、artifacts で定義したアーティファクトはその後のステージにあるすべてのジョブに継承されます。GitLab Tutorial アプリケーションで言うと、Job[quarkus-build] で作成したアーティファクトは後段ステージのすべてのジョブに引き継がれます。

これらは一見すると利便性の高い仕様に感じますが、ジョブ実行の都度アーティファクトがダウンロードされ、不要なアーティファクトを継承することはジョブの実行時間を延ばしてしまいます。また、後段のジョブが予期せず成果物の変更や改ざんを行ってしまうと、思わぬ事故にも繋がります。こういった事象を回避するために、通常はアーティファクトの継承を制御する dependencies キーワードを利用します。

dependencies は、同一のパイプラインの実行済みジョブからアーティファクトを引き継ぎたいジョブをホワイトリストで定義します。逆に dependencies を定義しないとジョブはそれまでに実行されたすべてのジョブで生成されたアーティファクトを引き継いでしまいます。Job[quarkus-test] では、以下のように dependencies を定義しています。

List 6-10　Job[quarkus-test] の dependencies

```
quarkus-test:
  stage: test
  dependencies: []
```

ここで指定している「 [] 」とは、dependencies を設定しない状態を表しています。Job[quarkus-test] は Maven から JUnit を実行するため、ソースコード以外はここでは利用しません。したがって dependencies を空で設定し、アーティファクトの継承を行わずにジョブを実行します。このように、アーティファクトの継承が不要である場合は明示的に dependencies を使って不要を宣言し、必要であればどのジョブで生成されたアーティファクトが必要なのかを正しく宣言することが、効率的なパイプラインを構築することに繋がります。

もし、特定のジョブで生成されたアーティファクトを継承したい場合は、そのジョブ名やアーティファクト名を dependencies に定義することで、特定のアーティファクトを引き継ぐことができます。簡単に利用例を見てみましょう。

List 6-11　dependencies の利用例

```
Job1:
  script:
    - ./scripts/job1.sh
  artifacts:
    paths:
      - ./job1_artifacts

Job2:
  script:
```

```
      - ./scripts/job2.sh
    artifacts:
      paths:
        - ./job2_artifacts

  Job3:
    dependencies:
      - Job1
    script:
      - ./scripts/job3.sh
```

この場合、Job1で取得したアーティファクト「`job1_artifacts`」はJob3に引き継がれ、Job2で取得したアーティファクト「`job2_artifacts`」はJob3には引き継がれません。このようにジョブ名を明示的にdependenciesに入れると、どのジョブとの関連性があるかが分かります。ただし、artifactsのexpire_inオプションにより期限切れとなってしまった場合やアーティファクトが削除されていると、ジョブがエラーとなることに注意してください。

6-3-2 MavenによるJUnitテスト

次にscriptキーワードによるJUnitテストの定義を見ていきます。

JUnitは、Javaアプリケーション向けのユニットテストフレームワークです。基本は単体テストのフェーズで、開発したJavaプログラムのコンポーネント（メソッドや関数）が正しく動作しているかを検証するときに利用します。パイプラインの中でJUnitを実行することで、ソースコードの変更をトリガーとしたJavaアプリケーションテストが自動化でき、テストの一貫性とコードの品質が向上します。

Job[quarkus-test]のscriptの内容に入る前に、GitLab TutorialアプリケーションのJUnitテストコードについて改めて確認しましょう。JUnitを実行するためには「**6-1-1 GitLab Tutorialアプリケーションの更新**」で行ったようにあらかじめテストコードを定義し、アプリケーションソースコードと同じリポジトリに格納しておく必要があります。Mavenでビルドする場合、テストコードは「`build/src/test`」配下に置きます。

◎　GitLab Tutorialアプリケーションのテストコード構成

```
GitLab-tutorial/build
```

```
| ・・・
├──src
| ├──main
| | ・・・
| └──test
| └──java
| └──acme
| └──GreetingResourceTest.java
└──system.properties
```

GitLab Tutorial アプリケーションでは「GreetingResourceTest」というテストクラスと「testHelloEndpoint」というメソッドが事前に定義されており、その中に「testGreetingEndpoint」というメソッドを挿入しました。

List 6-12　build/src/test/java/org/acme/GreetingResourceTest.java

```
…<省略>…
@QuarkusTest
public class GreetingResourceTest {

    @Test
    public void testHelloEndpoint() {
        given()
          .when().get("/hello")
          .then()
             .statusCode(200)
             .body(is("Hello GitLab Tutorial"));
    }

    @Test
    public void testGreetingEndpoint() {
        String uuid = UUID.randomUUID().toString();
        given()
          .pathParam("name", uuid)
          .when().get("/hello/greeting/{name}")
          .then()
            .statusCode(200)
            .body(is("hello " + uuid));
    }
}
```

こちらのテストコードでは「testHelloEndpoint」は「/hello」エンドポイントに対する HTTP ステー

タスコードと Body 内容を確認しており、「testGreetingEndpoint」は「/hello/greeting/{name}」エンドポイントに対する HTTP ステータスコードと Body 内容を確認しています（Table 6-5）。

Table 6-5　GreetingResourceTest のテストメソッド

メソッド名	テスト対象パス	HTTP ステータスコード	HTTP Body 内容
testHelloEndpoint	/hello	200	Hello GitLab Tutorial
testGreetingEndpoint	/hello/greeting/{name}	200	hello <name>

これらのテストコードを適切に配置することによって、Maven から JUnit を利用してテストメソッドが実行されます。script としては「mvnw test」を定義しておくと、ビルド同様に Maven がテストを行います。

List 6-13　Job[quarkus-test] の script

```
quarkus-test:
  stage: test
…<省略>…
  script:
    - cd ${BUILD_HOME}
    - ./mvnw test
```

一見すると、Job[quarkus-build] でも同様に mvnw を使ってビルドしているため「mvnw build」を実施した時点で JUnit テストも実行されているように感じます。しかし、Job[quarkus-build] ではあえて「-Dmaven.test.skip=true」という<MAVEN_OPTS>を付けることでテストを実行せず、Job[quarkus-test] でテストを実行しています。

これは保守性の観点からジョブを分離し、Stage[build] と Stage[test] という異なるステージで処理を実行しています。特に GitLab CI/CD の script は柔軟性が高いため、カスタマイズスクリプトのように 1 つのジョブで複数の作業ができてしまいます。しかし、1 つのジョブが異なる作業を実行すると、修正のたびに影響する範囲が広がってしまいます。したがって、1 つのジョブ内で複数作業ができることであっても、意味のある単位でジョブを分け、テストの追加、変更が容易にできるよう心掛けておくことが重要です。

テストが完了すると、実行ログにテスト結果が表示されます。Maven を利用した JUnit テストの場合、「BUILD SUCCESS」の文字列とともに、テスト結果の内訳や実行時間が出力されます。Job[quarkus-build] のときと同様に、テストジョブの実行結果はプロジェクトページの［Build］>［Jobs］から Job[quarkus-test] を探してアクセスしてみましょう（Figure 6-8）。

Figure 6-8　テストジョブの実行結果

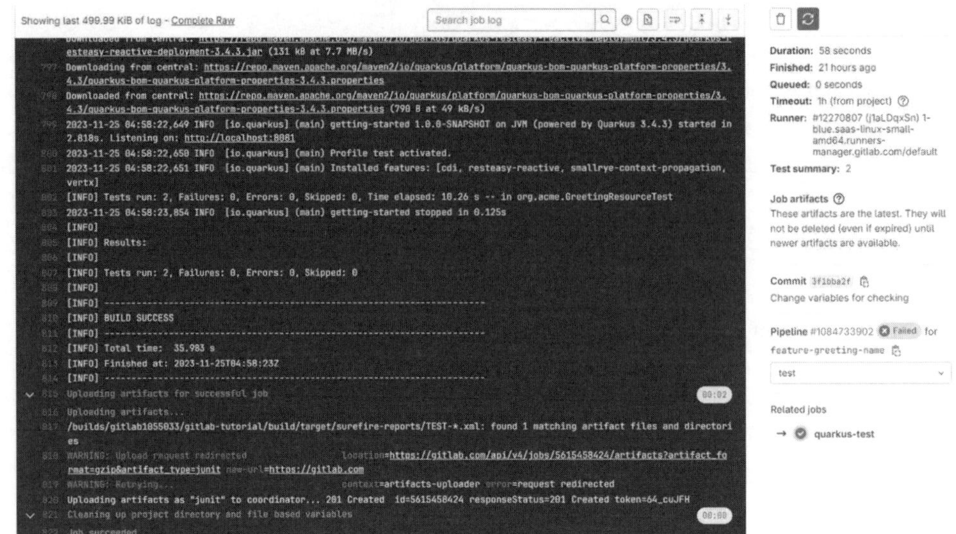

Column　Quarkus のネイティブモード

Quarkus は、通常の Java フレームワーク同様に JVM 上で実行できます。また、JVM モードの他に、Java 仮想マシン（JVM:Java Virtual Machine）を必要とせず、より軽量なメモリ消費で高速なブート実行を可能とする「ネイティブモード」でのビルトが可能です。本書の GitLab Tutorial アプリケーションは、JVM モードで Maven からビルドしていますが、ネイティブモードでコンパイルする場合は、異なる Maven のオプションや実行環境が必要です。

コンテナを利用することで容易にネイティブモードでも実装できるため、Quarkus 公式ドキュメントを参考に是非挑戦してみてください。

○ Building a Native Executable
`https://quarkus.io/guides/building-native-image`

6-3-3　テストレポートの保存

Maven から JUnit テストを実行すると、maven-surefire-plugin によって `surefire-reports` ディレクトリ（`build/target/surefire-reports`）が作成され、その配下に text、および xml 形式のテストレポートが置かれます。テストレポートは、テスト実行時に生じた問題の特定や解決に役立つだけでなく、開発レビューアが確認する監査ログとして利用できます。

GitLab CI/CDでは、これらのテストレポートの保存としてビルド時にも使用したartifactsを利用します。

List 6-14　Job[quarkus-test]のartifacts

```
quarkus-test:
  stage: test
…<省略>…
  artifacts:
    reports:
      junit:
        - ${BUILD_HOME}/target/surefire-reports/TEST-*.xml
```

artifactsのreportsオプションには、テストレポートだけでなく、コード品質レポートやセキュリティレポートといったレポートの種類に対応した、Artifacts Reports Types[*5]と呼ばれる定義済みの型を指定します（Table 6-6）。

Table 6-6　Artifacts Reports Types

名称	利用対象の概要
dotenv	環境変数のセットを含むdotenvファイル
junit	JUnitレポート形式のxmlファイル
coverage_report	coberturaフォーマットのテストカバレッジレポート
terraform	Terraformが生成するtfplan.json
codequality	GitLabのCode Quality機能のレポート
cyclonedx	CycloneDXプロトコル形式のSBOM(Software Bill of Materials)
sast	GitLabのSAST(Static Application Security Test)機能のレポート
secret_detection	GitLabのSecret Detection機能のレポート

Artifacts Reports Typesをartifactsのreportsオプションに定義することにより、GitLabのプロジェクトページにあるアーティファクトの一覧画面（［Build］>［Artifacts］）からレポートの種類が分かりやすくなったり、Merge Requestやパイプラインビューからレポートのサマリが確認できるといった恩恵が得られます。JUnitの場合は、アーティファクトの一覧画面上のレポートファイルに「`junit`」のラベルが付けられるとともに、テストジョブの完了後にパイプラインの詳細画面から、テスト結果のサマリが確認できます（Figure 6-9）。

＊5　Artifacts Reports Types
https://docs.gitlab.com/ee/ci/yaml/artifacts_reports.html

Figure 6-9 アプリケーションテストのアーティファクト

Artifacts Reports Types を指定したアーティファクトは、ステージの成功や失敗に関わらず常にアップロードを試みます。アプリケーションビルドでは、アーティファクトの保存期間を 30 分として指定しましたが、テストレポートはジョブ実行後のテスト結果確認やエラーとなった場合の分析のため、保存期間を指定しないか、長期の期間を指定しておくことが望ましいでしょう。なお、expire_in オプションを指定しない場合、アーティファクトはデフォルトでは 30 日間保存されます。

テストレポートはプロジェクトページの［Pipelines］にある対象の < #Pipeline ID > を選択し、［Tests］タブから Job[quarkus-test] を選択することで詳細が確認できます（Figure 6-10）。

Figure 6-10 JUnit レポートの詳細

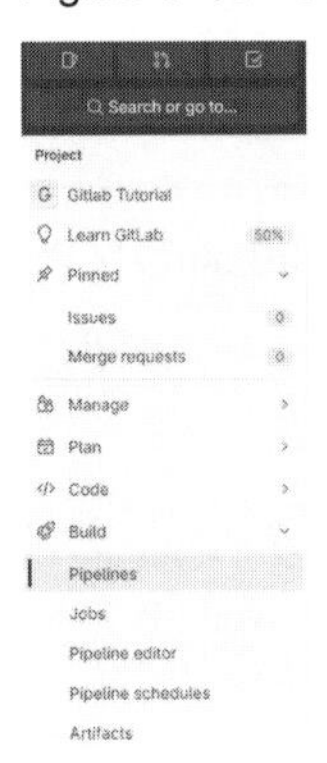

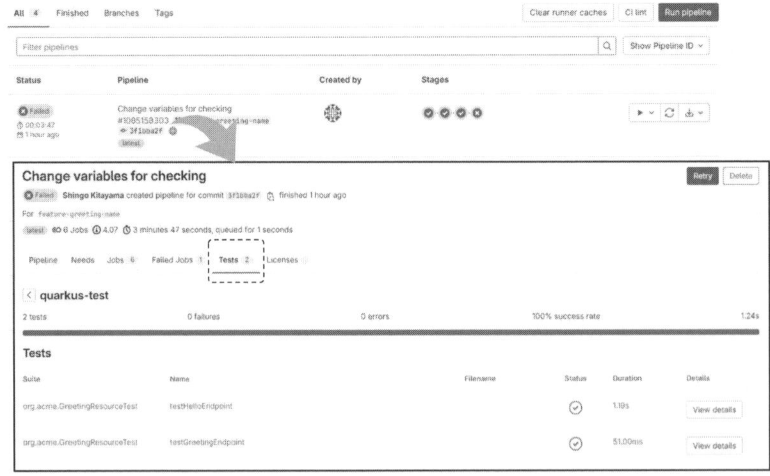

6-4 コンテナイメージへのパッケージ化

ここからはビルドされたアプリケーションのバイナリと Containerfile（Dockerfile）を使い、GitLab Tutorial アプリケーションをコンテナイメージへパッケージ化します。コンテナイメージへのパッケージ化では、Job[quarkus-build] で作成したバイナリをコンテナイメージにパッケージングし、コンテナレジストリに格納するまでの一連の流れを 1 つのジョブとして管理します。

第 2 章でも紹介したとおり、GitLab には「GitLab Container Registry」というコンテナレジストリの機能が備わっており、ここからは GitLab.com が提供する GitLab Container Registry を利用したジョブを紹介します。Self-managed の GitLab を利用している場合は「2-2-3 インストール後の設定」の手順を使い、GitLab Container Registry の有効化を事前に行っておきましょう。

では早速、コンテナイメージへのパッケージ化ジョブ（Job[quarkus-container-package]）の内容を見てみましょう。

List 6-15　Job[quarkus-container-package] の定義（gitlab-tutorial/.gitlab-ci.yml）

```
quarkus-container-package:
  stage: package
  image:
    name: quay.io/buildah/stable
  dependencies:
    - quarkus-build
  variables:
    BUILDAH_ISOLATION: "rootless"
  before_script:
    - buildah login --username "${CI_REGISTRY_USER}"
        --password "${CI_REGISTRY_PASSWORD}" "${CI_REGISTRY}"  ##(1)
  script:
    - cd ${BUILD_HOME}
    - buildah bud -t "${CI_REGISTRY_IMAGE}:${CI_COMMIT_SHORT_SHA}" .  ## (2)
    - buildah push --digestfile="./container-digest.env"  ## (3)
        "${CI_REGISTRY_IMAGE}:${CI_COMMIT_SHORT_SHA}"
        docker://${CI_REGISTRY_IMAGE}:${CI_COMMIT_SHORT_SHA}
    ## Making an environment value of the pushed container digest.
    - sed -ie '1s/^/CI_IMAGE_DIGEST=/g' ${BUILD_HOME}/container-digest.env
    - cat ${BUILD_HOME}/container-digest.env
  after_script:
    - buildah logout "${CI_REGISTRY}"  ## (4)
  artifacts:
    reports:
      dotenv: ${BUILD_HOME}/container-digest.env
```

(1) コンテナレジストリへのログイン
(2) コンテナイメージビルド
(3) コンテナレジストリへのプッシュ
(4) コンテナレジストリからのログアウト

これまでのジョブとは違い少し複雑なジョブに見えますが、script に定義された工程を一つひとつ確認していきましょう。

今回のパイプラインでは、Buildah というコンテナビルドツールを用いてコンテナイメージのパッケージ化を行います。Buildah を活用することで、Containerfile からコンテナイメージを生成し、コンテナレジストリに格納するまでの一連のプロセスを自動化できます。なお、これらのプロセスは Maven によるビルドとテストを Job[quarkus-build] と Job[quarkus-test] の 2 つの異なるジョブに分割して行っているように、コンテナイメージ化とレジストリの格納を一つひとつの異なるジョブで対応することも可能です。しかし、ジョブ間でのコンテナイメージの受け渡し作業が複雑になるだけでなく、ジョブを分けて並列で実行することが適切ではないため、今回のパイプラインでは Job[quarkus-container-package] の中で双方の処理を実装しています。

6-4-1 Buildah によるコンテナビルドの概要

Job[quarkus-container-package] の詳細に入る前に、コンテナビルドについて触れておきます。

従来の GitLab CI/CD におけるコンテナビルドでは、GitLab Runner がインストールされているホスト上の Docker デーモンを使ってコンテナビルドを行ったり、Docker-in-Docker と呼ばれる特殊な実行環境を使うことが主流でした。これらの Docker デーモンを用いたコンテナビルドは、ホストや Kubernetes での特権作業が必要なことから、セキュリティ面での脆弱性が指摘されるだけでなくパフォーマンスの観点からも課題がありました。こうした影響を回避するために、Docker プロセスに依存することなく Containerfile からコンテナイメージを作ることができるツールとして Buildah が開発されました。

コンテナビルドには、主に 2 種類の方法が用意されています（Figure 6-11）。

- ローカルコンテナビルド：ローカル環境にインストールしたコンテナランタイムの機能でビルドを行います。
- クラウドコンテナビルド：クラウド（Kubernetes）上のランタイム環境でビルドを行います。

Figure 6-11　コンテナビルドの種類

ローカルコンテナビルド

コンテナランタイムの
機能によってビルド(Dockerなど)

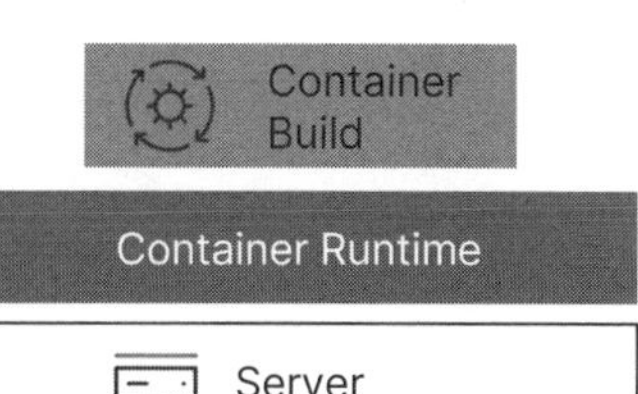

クラウドコンテナビルド

コンテナの中でビルド
(Buildah, Kanikoなど)

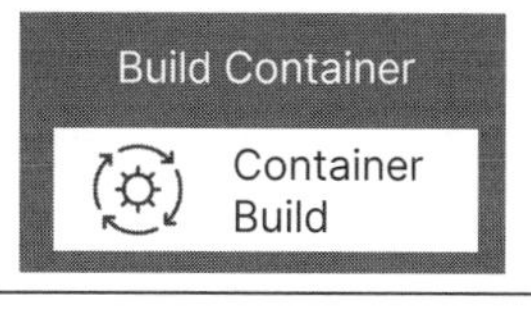

Kubernetes

ローカルコンテナビルドのツールとしてはDockerやPodman[*6]が有名であり、クラウドコンテナビルドのツールとしては、Kaniko[*7]やBuildah[*8]がよく使われています。今回のGitLab Tutorialアプリケーションのように Kubernetesやクラウド上でコンテナビルドを行う場合、Buildahのようなクラウドコンテナビルドツールを選択すると便利です。

なお、GitLab.comのSaaS Runnerでは「Docker Machine Executor」が利用されているため、クラウドコンテナビルドを利用した場合も、Docker環境上でBuildahイメージを使い、コンテナビルドを行っていることになります。

Column　Kanikoのコンテナビルド

GitLabの公式ドキュメントでは、Kanikoを用いたコンテナビルドの方法も紹介しています。Job[quarkus-container-package]をKanikoで実装することもできるため、ドキュメントと照らし合わせながら利用してみましょう。

○ Use Kaniko to Build Docker images
https://docs.gitlab.com/ee/ci/docker/using_kaniko.html

＊6　Podman
https://podman.io/

＊7　Kaniko
https://github.com/GoogleContainerTools/kaniko

＊8　Buildah
https://buildah.io/

■ Buildah の特徴

Buildah は Open Container Initiative（OCI）互換のコンテナイメージを作成できるオープンソースツールです。Open Container Initiative は、Docker 社や CoreOS 社（現在は Red Hat 社に合併）がコンテナイメージのフォーマットやランタイムの標準規格策定を目的として立ち上げたイニシアチブであり、Linux Foundation プロジェクトの一つです。OCI に準拠したコンテナイメージを作成することで、Kubernetes や Docker といったコンテナ実行環境との互換性が取れます。

その他にも、Buildah は以下のような特徴を持っています。

- デーモンレス
- 実行環境に最適化されたコンテナイメージを作成
- 作成したイメージは OCI 準拠のコンテナランタイムで動作可能

■ Buildah コマンドの概要

Buildah はコンテナイメージのビルドを専門として作成されたツールであり、デーモンやソケット、その他のコンポーネントなしでビルドが可能です。また、豊富なコマンドオプションを駆使することで、CI ツールとも柔軟に連携してコンテナイメージが作成できます。

Buildah には、Table 6-7 に示すようなコマンドオプションが用意されています。

Table 6-7　Buildah のコマンドオプション

コマンド	概要
build / bud	Dockerfile / Containerfile から、OCI コンテナイメージを構築する
commit	実行中のコンテナからイメージを作成する
containers	実行中のコンテナとベースイメージをリスト表示する
images	ローカルストレージ上のコンテナイメージを一覧表示する
inspect	実行中のコンテナやイメージに関する情報を表示する
login	コンテナレジストリにログインする
logout	コンテナレジストリからログアウトする
mount	実行中コンテナのルートファイルシステムをホストからアクセス可能な場所へマウントする
prune	中間イメージをクリーンアップして、キャッシュを構築・マウントする
pull	指定の場所からコンテナイメージをプルする
push	ローカルイメージからイメージレジストリなどへコンテナイメージをプッシュする
rename	ローカルのコンテナ名を変更する
rm	1 つ以上の実行中コンテナを削除する

rmi	コンテナイメージを削除する
run	コンテナ内で指定したコマンドを実行する
tag	ローカルイメージへタグを追加する
umount	実行中コンテナのルートファイルシステムをアンマウントする

なお、Job[quarkus-container-package] では「`login`」「`bud(build)`」「`push`」「`logout`」の 4 種類を利用しています。

6-4-2 コンテナレジストリへのログイン

ビルドされたコンテナイメージは、様々な環境にデプロイできるようにコンテナレジストリである GitLab Container Registry に格納します。

どのコンテナビルドツールを利用した場合も、これらの作業には事前に GitLab Container Registry の認証作業が必要です。Job[quarkus-container-package] では、コンテナイメージをビルドする前に Buildah コマンドを使ってログインを行っています。

List 6-16　Job[quarkus-container-package] のコンテナレジストリへのログイン

```
quarkus-container-package:
  stage: package
…<省略>…
  before_script:
    - buildah login --username "${CI_REGISTRY_USER}"
        --password "${CI_REGISTRY_PASSWORD}" "${CI_REGISTRY}"
```

ここで注目すべき点は、script の中でログイン作業を行うのではなく、before_script キーワードを使っている点です。before_script は、1 つのジョブの中で script よりも優先的に準備しておきたい作業を実行する際に使うキーワードです。before_script と script は同じシェルで実行されるため、before_script で実行したコマンド情報やセッション情報はメインの script に引き継がれます。

before_script は、主に以下のような作業で利用されます。

- サービスへのログイン認証
- （variables だけでは設定できない）環境変数の設定
- パッケージの取得

before_script では script で実施するコマンドの準備設定を行い、script ではジョブで定義したメインのコマンドだけを実行します。

また、Job[quarkus-container-package] では、GitLab Container Registry の認証情報として以下の情報が必要ですが、自分で設定するのではなく GitLab の定義済み変数を使います。

- `CI_REGISTRY`：プロジェクトが所属する GitLab Container Registry の接続先アドレス
- `CI_REGISTRY_USER`：GitLab Container Registry の接続専用ユーザー
- `CI_REGISTRY_PASSWORD`：GitLab Container Registry の接続パスワード

これらは GitLab Container Registry を有効化したときに値が設定される定義済み変数で、GitLab CI/CD job token とも呼ばれています。もし、GitLab Container Registry 以外のレジストリを利用する場合は、対象のサービスやツールに合わせて認証情報を変数に定義してください。また、他のコンテナレジストリを利用する場合は、レジストリに接続するユーザーにイメージをプッシュすることが可能な権限が必要です。正しく設定されているか、コンテナレジストリ側のユーザーの権限を事前に確認しておきましょう。

6-4-3　コンテナイメージビルド

続いて Buildah を使い、コンテナイメージをビルドします。ビルドの実行は、Containerfile が配置されているディレクトリで `buildah bud`（`build`）コマンドを実行します。

List 6-17　Job[quarkus-container-package] のコンテナイメージビルド

```
quarkus-container-package:
  stage: package
  image:
    name: quay.io/buildah/stable
…<省略>…
  variables:
    BUILDAH_ISOLATION: "rootless"
…<省略>…
  script:
    - cd ${BUILD_HOME}
    - buildah bud -t "${CI_REGISTRY_IMAGE}:${CI_COMMIT_SHORT_SHA}" .
```

Job[quarkus-container-package] は他のジョブと異なり、Buildah のコンテナイメージ（`quay.io/buildah/stable`）を使ってジョブを実行しています。このように、ジョブセクションの中で image キーワードを使うことによって、グローバルレベルで定めたコンテナイメージとは別のイメージを使ってジョブが実行できます。また、`buildah bud` コマンドを実行する際は、タグを付与しておくことが重要です。Job[quarkus-container-package] ではコンテナイメージと Git コミットとの依存関係が分かるように、定義済み変数`<CI_COMMIT_SHORT_SHA>`（コミット ID の短縮）を使って連携します。これによって、パイプライン後段のデプロイ作業やトラブルシューティングが効率的に行えます。

なお、ビルド時に Buildah コマンドに多くのオプションを与えて可読性を下げないために、事前に Git リポジトリの設計を行い、ビルドに必要なコンテンツを揃えておくとよいでしょう。Buildah に限らずコンテナイメージをビルドするには、事前にビルドコンテキストと Containerfile の依存関係が揃うように準備しておく必要があります。これらに関しては、もう少し深く内容を見ていきましょう。

■ ビルドコンテキスト

ビルドコンテキストとは、コンテナイメージをビルドする際に Buildah がアクセスできるファイルのセットです。通常は`buildah bud`コマンドの最後にローカルディレクトリの相対パスまたは絶対パスで`<ビルドコンテキスト>`を指定します。Job[quarkus-container-package] では、`${BUILD_HOME}`に移動し、カレントディレクトリ上で実行するため「.（ドット)」がコマンドの最後に指定されています。

○ Buildah build コマンドの例

```
$ buildah bud [オプション] < ビルドコンテキスト >
```

ビルドコンテキストの対象となるディレクトリの中身を確認してみましょう。GitLab CI/CD の dependencies 機能を使って、アーティファクトの展開を行っている点に注目してください。

◎　GitLab Tutorial アプリケーションのビルドコンテキスト

```
gitlab-tutorial/build
 ├──Containerfile
 ├──mvnw
 ├──pom.xml
 ├──src
 ├──system.properties
 └──target  ## アーティファクトの展開（dependencies)
     └──quarkus-app
         ├──app
         ├──lib
         ├──quarkus
         ├──quarkus-app-dependencies.txt
         └──quarkus-run.jar
```

ビルドコンテキストのトップには Containerfile を配置することよって、直下に配置された Conatinerfile がビルド時に利用されます。また、ここでは GitLab Tutorial アプリケーションのソースコード（`gitlab-tutorial/build/src`）や設定ファイルは利用しません。代わりに、すでに Job[quarkus-build] でビルドされているアーティファクトを dependencies を使って展開し、そのコンテンツを取得します。

List 6-18　Job[quarkus-container-package] の dependencies

```
quarkus-container-package:
  stage: package
…<省略>…
  dependencies:
    - quarkus-build
```

dependencies の設定により、Job[quarkus-container-package] 実行時に Job[quarkus-build] のアーティファクトが「`gitlab-tutorial/build/target`」配下に展開され、GitLab Tutorial アプリケーションの jar バイナリやライブラリを取得できます。このように、アーティファクトが展開される位置やビルド対象をあらかじめ想定しておくことが、GitLab CI/CD のパイプライン設計に大きく依存します。

■ Containerfile

ビルドコンテキストの配置が確認できたら、Containerfile の中身とその構造について見てみましょう。

List 6-19　gitlab-tutorial/build/Containerfile

```
FROM registry.access.redhat.com/ubi9/openjdk-17-runtime:1.15-1 ## (1)
ENV LANG='en_US.UTF-8' LANGUAGE='en_US:en'

# We make four distinct layers so…
COPY --chown=185 /target/quarkus-app/lib/ /deployments/lib/ ## (2)
COPY --chown=185 /target/quarkus-app/*.jar /deployments/
COPY --chown=185 /target/quarkus-app/app/ /deployments/app/
COPY --chown=185 /target/quarkus-app/quarkus/ /deployments/quarkus/

EXPOSE 8080
USER 185
ENV AB_JOLOKIA_OFF=""
ENV JAVA_OPTS="-Dquarkus.http.host=0.0.0.0…
ENV JAVA_APP_JAR="/deployments/quarkus-run.jar"
```

(1) UBI の OpenJDK ランタイムイメージを利用
(2) GitLab Tutorial アプリケーションのライブラリやバイナリをコピー

ビルドコンテキストに準備したアーティファクトのコンテンツは、Containerfile の中でコンテナイメージにコピーしています。ここでは GitLab Tutorial アプリケーションの Jar ファイルをはじめライブラリを 4 回に分けて COPY 命令で実行しています。

コンテナイメージはレイヤー階層構造でできており、イメージに変更があった場合は変更対象レイヤーよりも下位のレイヤーを再利用するとともに、変更対象のレイヤーとその上位のレイヤーの再ビルドを行います。ここで言うレイヤーとは、Containerfile 内の行で示される命令です。COPY 命令を 4 回に分けることで 4 つのレイヤーが構成され、アプリケーションコード変更時もライブラリの再利用性を上げ、コンテナイメージの軽量化やビルド時間の短縮を図っています。

ジョブやパイプラインの実行時間は、開発ライフサイクルのスピードや開発者体験に大きな影響を与えます。ジョブの実行時間を減らせるように、アーティファクトの継承を効率的に使い、Containerfile 内の命令の実行順序にも注意してみてください[*9]。

6-4-4　コンテナレジストリへのプッシュ

コンテナビルドを実行したら、次はビルドしたコンテナイメージをコンテナレジストリにプッシュします。Buildah でコンテナイメージをプッシュする際には、「`--digestfile`」オプションを用いて、コンテナイメージの**ダイジェスト値**をファイルとして保存しておきます。このオプションを利用することにより、ビルドするカレントディレクトリにファイルが作成され「`sha256:`」から始まるダイジェスト値が生成されます。

◎　コンテナイメージのダイジェスト値の例

```
sha256:89581bed4ccfa235f4e8fe7b35a3230b0c158eb6007a533c54faf225933c55ae
```

ダイジェスト値はコンテナレジストリの中でコンテナを一意に特定するための重要な値です。

＊9　General best practices for writing Dockerfiles
https://docs.docker.com/develop/develop-images/guidelines/

List 6-20 Job[quarkus-container-package] のコンテナレジストリへのプッシュ

```
quarkus-container-package:
  stage: package
…<省略>…
  script:
…<省略>…
    - buildah push --digestfile="./container-digest.env"
        "${CI_REGISTRY_IMAGE}:${CI_COMMIT_SHORT_SHA}"
        docker://${CI_REGISTRY_IMAGE}:${CI_COMMIT_SHORT_SHA}
    ## Making an environment value of the pushed container digest.
    - sed -ie '1s/^/CI_IMAGE_DIGEST=/g' ${BUILD_HOME}/container-digest.env
    - cat ${BUILD_HOME}/container-digest.env
```

パイプラインの中で作成したコンテナイメージは、コンテナイメージのビルド時に生成されたダイジェスト値を用いてデプロイを行うことをおすすめします。コンテナイメージのタグを利用することも可能ですが「latest」をはじめとした任意のコンテナ名を利用すると、どのジョブで作成されたコンテナイメージなのか分かりづらくなるだけでなく、不正なコンテナイメージに置き換えられるといったリスクもあり、セキュリティ面でも望ましくありません。そのため、コンテナイメージを一意に特定できるダイジェスト値を取得して後続ジョブに引き継ぎます。

このように GitLab CI/CD でステージをまたいで値やファイルを引き継ぐには、artifact を利用します。これまでのジョブでも artifact を利用してきましたが、今回は「6-3-3 テストレポートの保存」で紹介した Artifacts Reports Types の一つである dotenv という型を使います。

List 6-21 Job[quarkus-container-package] の artifacts

```
quarkus-container-package:
  stage: package
…<省略>…
  artifacts:
    reports:
      dotenv: ${BUILD_HOME}/container-digest.env
```

dotenv は [key=value] 形式で定義した.env 拡張子のテキストを作ることによって、環境変数をアーティファクトとして扱うことができる Artifacts Reports Type です。dotenv は、もともと環境変数をファイルに定義する仕様[*10]ですが、GitLab で利用する際は、以下の制約を守って定義する必要があります。

- 変数名には、文字、数字、アンダースコア（_）のみが利用可能。
- .env ファイルの最大サイズは、GitLab.com を利用する場合は 5KB まで（Self-managed 型の GitLab では変更可能）。
- GitLab.com の場合、契約しているプランによって継承可能な変数の数が異なる。Free プランの場合は 50 個まで（セルフマネージド型の場合は変更可能）。
- 変数の値を複数行で定義することはサポートされない。

Job[quarkus-container-package] では環境変数`<CI_IMAGE_DIGEST>`にコンテナイメージのダイジェスト値を設定したいため、Buildah が生成したハッシュ値のファイルを `sed` コマンドで「`CI_IMAGE_DIGEST=sha256:89581bed4ccfa23…`」（[key=value]）という形に整形しています。また、ログ上で設定内容を確認できるように `cat` コマンドでファイルの中身を出力しています。プロジェクトページのサイドバーにある［Build］>［Jobs］から該当の Job[quarkus-container-package] を探し、ログから `dotenv` ファイルの変数とダイジェスト値を確認してみてください。この作業によって、後段ステージの各ジョブは環境変数`<CI_IMAGE_DIGEST>`を用いて、このパイプラインで作成されたコンテナイメージを特定できます（Figure 6-12）。

Figure 6-12　dotenv ファイルの確認

＊10　dotenv
　`https://github.com/motdotla/dotenv`

また Job[quarkus-container-package] の処理が期待通り完了していれば、プッシュされたコンテナイメージも確認してみましょう。GitLab Container Registry は、プロジェクトページの［Deploy］>［Container Registry］からアクセスできます。GitLab Container Registry では、プロジェクト名と同じ名前のコンテナイメージが表示されており、選択すると短縮版のコミット ID タグが付いたコンテナイメージリストが表示されます。その中から最新のコミット ID の詳細（Toggle details）を展開することで、コンテナイメージのダイジェスト値が確認できます（Figure 6-13）。

Figure 6-13　ビルドされたコンテナイメージ

もし、後続のジョブでコンテナイメージの引き継ぎがうまくいかない場合は、環境変数<CI_IMAGE_DIGEST>の値と、アーティファクトに定義された dotenv ファイルのダイジェスト値や GitLab Container Registry に定義されたダイジェスト値が一致するかを確認してみましょう。

6-4-5　コンテナレジストリからのログアウト

最後に、コンテナレジストリからのログアウト処理を行っておきます。

ログアウト処理は after_script キーワードを用いて定義します。after_script では、script や before_script で実行するコマンドやスクリプトが成功しても失敗しても、ジョブの最後に実行される処理を定義できます。そのため、Job[quarkus-container-package] ではコンテナレジストリへの接続セッションが残らないように、ログアウトを行っています。

List 6-22　Job[quarkus-container-package] の after_script

```
quarkus-container-package:
  stage: package
…<省 略>…
  after_script:
    - buildah logout "${CI_REGISTRY}"
```

このように、after_script にはジョブの最後に行わなければいけないクロージング処理を定義します。内容は script 同様に、実行するコマンドやスクリプトをリスト形式で表記するだけですが、after_script で実行するコマンドは、script や before_script とは異なるシェルで実行されることを覚えておきましょう。つまり、after_script 内ではカレントディレクトリがデフォルトに戻り、script で設定したコマンドエイリアスや変数、キャッシュは反映されません。

以上で Job[quarkus-container-package] は完了です。

6-5　まとめ

本章では継続的インテグレーションに関連するパイプラインを見てきました。GitLab CI/CD を利用することによって、アプリケーションのビルドやテスト、コンテナパッケージ化という処理を自動化できます。これらの処理を自動化しておくだけでも、開発者がオペレーションを意識することなく、コード開発に集中できる状態ができます。

アプリケーションの開発ライフサイクルでは、コード変更後のビルドやテストがどれほど速く終わるかによって、次の機能追加や修正作業の時間が確保できるかが決まります。これはまさしく、アジャイル開発における迅速かつ品質の高い開発ライフサイクルを回すことに繋がり、アイデアを素早く形にするというビジネス価値に繋がります。そのためにも、GitLab CI/CD では、属人的なジョブ作成やプラットフォームに依存する設定を避けながら、再利用性の高い継続的インテグレーションを構築することが重要です。

GitLab CI/CD を使う場合は`.gitlab-ci.yml`の構成を頻繁に見直す機会があるため、特定の管理者だけでなく、チームメンバー全員が正しく利用できるように、日頃から知識の共有を行っておきましょう。

第7章

開発レビュー

開発レビューでは、前章で作成したコンテナイメージをデプロイメントし、その結果を早い段階かつ少ない労力でレビューする仕組みを構築します。

ここで言うレビューとは継続的インテグレーションにおける開発レビューを表しています。レビュー環境は本番環境のリリースとは異なり、開発者が開発したアプリケーションの変更ごとにサンドボックス環境を用意し、期待した実装ができているかをレビューアやデザイナー、プロダクトオーナーが確認する場です。アプリケーション変更をトリガーとした迅速なレビューサイクルを回すためには、人によるオペレーションを極力なくし、設定漏れやオペレーションミスを排除することが求められます。

本章では、こうした高頻度な開発のレビュー環境の自動構築とシフトレフトに伴うコンテナセキュリティテストについて紹介していきます。

7-1 開発レビューのプロセス

本章では、前章で作成したコンテナイメージに対するセキュリティスキャンを実行し、レビュー用のサンドボックス環境へデプロイするまでの流れを取り扱います（Figure 7-1）。

具体的なパイプラインとしては、以下のジョブを取り上げます。

(1) コンテナイメージスキャニング

GitLab Container Scanning を使用して、Trivy による GitLab Tutorial アプリケーションのコンテナイメージのセキュリティスキャンを行う。

(2) レビュー環境へのデプロイメント

レビュー環境に GitLab Tutorial アプリケーションをデプロイする。

(3) レビュー環境の停止

必要に応じてレビュー環境を削除する。

Figure 7-1　開発レビューのパイプライン

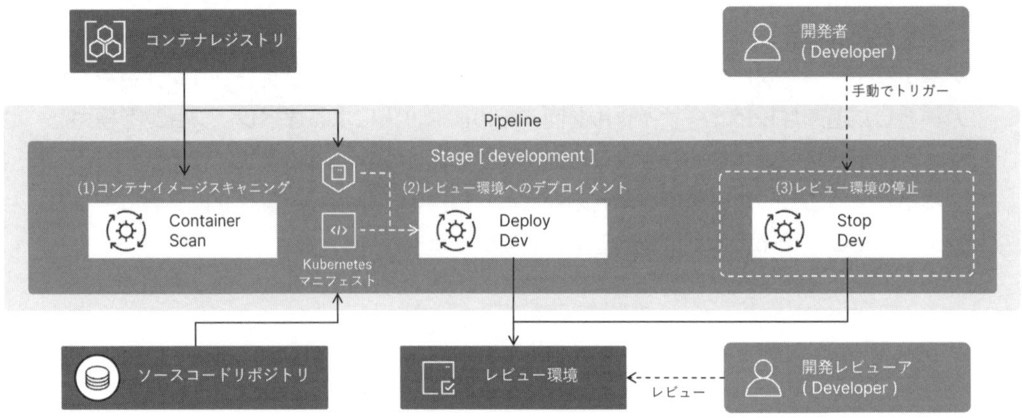

第1章でも取り上げたとおり、DevSecOps の実践においては、パイプラインのできる限り早いステージで問題を発見するアプローチが欠かせません。GitLab は「The DevSecOps Platform」であり、セキュリティやガバナンスを遵守し、シフトレフトを実装するための実装方法を提供しています。開発ライフサイクルに取り込むべきセキュリティタスクにもいくつかの種類がありますが、今回はこの中からコンテナイメージスキャニングをパイプラインに取り込みます。

また本章の最後では、セキュリティ検証結果の確認と承認を得るためのインターフェイスである Merge Request を作成します。この仕組みによって、開発レビューアが feature ブランチ上の変更内容を確認するだけでなく、チーム全体でセキュリティポリシーへの準拠を確認し、責任を共有することの大切さを学んでいきます。

なお、本章では Merge Request の起票までを継続的インテグレーションとして取り扱い、実際のマージ実行については、次章の継続的デリバリにて実施します。

7-2 コンテナイメージスキャニング

コンテナイメージスキャニングとは、コンテナイメージ内にあるライブラリや OS パッケージの脆弱性を特定する作業です。コンテナイメージは、必要最低限のライブラリだけをコンテナイメージに入れることが基本ですが、OS に備わっているライブラリだけでなく、アプリケーションプロセスを稼働させるためのライブラリが複数含まれます。これらに対する脆弱性は、ビルド時点だけに限らず、時間の経過とともに新たに発見されるため、継続的な検出が必要になります。そのため、継続的インテグレーションの一環として動的なコンテナイメージスキャニングを継続的インテグレーションのパイプラインに統合することによって、セキュリティを強化していきます。

本来であればシフトレフトの概念に従い、Stage[test] などのパイプライン前段でコンテナイメージスキャニングを実施したいところですが、コンテナイメージスキャニングを実施するためにはコンテナイメージへのパッケージ化が終わっていないと実施できません。したがって、ここでは開発レビューである Stage[development] の 1 つのジョブとして実施しています。

それでは、早速 Job[container_scanning] を見ていきましょう。

List 7-1　Job[container_scanning] の定義 (gitlab-tutorial/.gitlab-ci.yml)

```
container_scanning:
  stage: development
  variables:  ## (1)
    CS_IMAGE: $CI_REGISTRY_IMAGE:$CI_COMMIT_SHORT_SHA
    CS_ANALYZER_IMAGE: registry.gitlab.com/security-products/container-scanning/trivy:6
```

(1) テンプレートを使ったコンテナイメージスキャニング

Job[container_scanning] では、変数の定義を除くと本来ジョブ定義に必要なキーワードがほとんどありません。実は、Job[container_scanning] はここまでのジョブとは異なり、テンプレートを活用してジョブを実装しており、すでに別の場所でジョブ実行に必要な定義が行われています。本節で GitLab CI/CD

におけるコンテナイメージスキャニングの実装とともに、ジョブテンプレートの仕組みについても確認していきましょう。

7-2-1 Trivyによるコンテナイメージスキャニングの概要

まずテンプレートの実装に入る前に、改めてコンテナイメージスキャニングについて紹介します。

多くのコンテナイメージスキャニングは、各OSディストリビューションやGo、Ruby、Pythonを始めとするプログラミング言語の脆弱性情報データベースと、コンテナイメージに含まれるライブラリのバージョンを照合することで結果を出力します（Figure 7-2）。この脆弱性情報データベースとして広く知られているものがCVE（Common Vulnerabilities and Exposure：共通脆弱性識別子）です。CVEは非営利団体であるThe MITRE Corporationが公開しており、ベンダーを問わない形で脆弱性を一意に特定できるように実装されています。そのため、主要なソフトウェアやOSベンダーの脆弱性情報には、CVEとCVE IDが付与されてデータベースとして公開されます。

Figure 7-2 コンテナイメージスキャニング

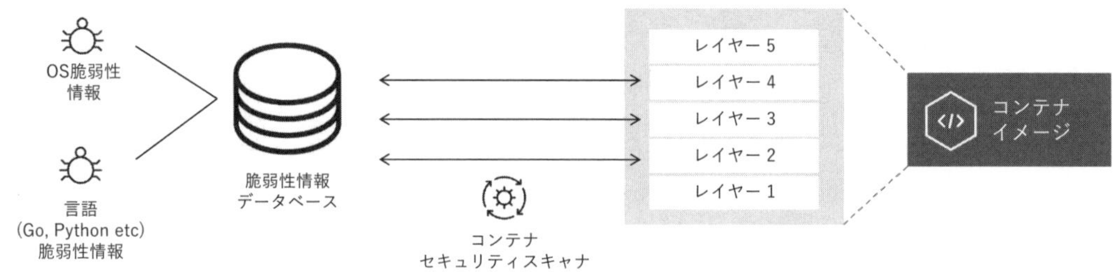

コンテナイメージスキャニングツールは、CVEを始めとする脆弱性情報をコンテナイメージのレイヤーごとに比較分析し、既知の脆弱性を検知します。特にコンテナイメージを新たにビルドする際は、新しいレイヤーを追加するごとに、新たな脆弱性が生じるリスクがあります。したがって、パイプラインの中で動的にコンテナイメージの脆弱性を検出できる仕組みは欠かせません。

こうした作業の自動化によって、市場のセキュリティ脅威の状況が変化しても、常に最新の情報で対応できます。

■ コンテナイメージスキャニングのサポート

コンテナイメージスキャニングはオープンソースのものからベンダー製品まで数多くのツールが提供されています。

代表的なオープンソースツールには以下の3つがあります。

- Clair：既知の脆弱性をコンテナのレイヤーごとに検査するAPI形式の分析エンジン
- Trivy：Aqua Securityが管理するCLIベースの脆弱性スキャニングツール
- Grype：Anchoreが管理するCLIベースの脆弱性スキャニングツール

この中でGitLab CI/CDがサポートできるコンテナイメージスキャニングとしては「Trivy」と「Grype」があります。双方とも、CLIによる静的なコンテナイメージスキャニングによって脆弱性を検知します。また、コンテナイメージに限らず、設定ファイルやSecret、ローカルデータなどの脆弱性検知にも利用できます。

ここで言うサポートとは、GitLabのサブスクリプションに含まれる提供機能を表しています。GitLabでは、すべての機能がすべてのユーザーに提供されているのではなく、セキュリティを始めとした機能の一部がサポート対象として有償提供されています。主にGitLabのWebポータル上から視覚的にセキュリティ脆弱性を管理できる機能が、Ultimate以上のプランには含まれています。

Table 7-1　GitLabのコンテナイメージスキャニング

機能	機能概要	Free, Premium	Ultimate
Configure Scanners	パイプライン内での利用	○	○
Customize Settings	変数などのカスタマイズ設定	○	○
View JSON Report	アーティファクトを活用したレポート閲覧	○	○
Generation of a JSON report	アーティファクトを利用したレポート出力	○	○
UBI Image Support	UBIベースのTrivy/Grypeの利用	○	○
Support for Trivy / Grype	Trivy/Grypeコンテナイメージの活用	○	○
Inclusion of GitLab Advisory Database	脆弱性情報(GitLab Advisory Database)の利用	Limited	○
Support for the vulnerability allow list	脆弱性のAllow Listの利用		○
Access to Security Dashboard page	セキュリティダッシュボードの利用		○
Access to Dependency List page	依存性リストページの利用		○

たとえばUltimateプランでは、GitLab Advisory Databaseのデータが利用されて脆弱性情報が強化されます。一方、PremiumおよびFreeプランでは、GitLab Advisory Database（Open Source Edition）の脆弱性情報のみが利用されます。あくまでこれらも執筆時点の情報であり、一度にすべての違いを把握することは難しいですが、必要に応じて公式ドキュメント[*1]を見ながら利用したい機能を確認してく

＊1　Container Scanning - Capabilities
https://docs.gitlab.com/ee/user/application_security/container_scanning/#capabilities

ださい。

なお、本書ではGitLab.comのFreeプランを利用しており、パイプラインの中でのコンテナイメージスキャニングの実装のみを行います。

■ Trivyの利用

GitLabのドキュメントの中では、TrivyやGrypeといったスキャニングを行う側のコンテナイメージを**アナライザー**（Analyzer）と呼んでおり、本章ではGitLab Tutorialアプリケーションの脆弱性が診断できるTrivyをアナライザーとして選択します。

Trivyは、Go言語で開発されたシングルバイナリであり、以下のコマンドを実行するだけでコンテナイメージの脆弱性が診断できます。

◎ Trivyコマンドの書式

```
$ trivy image <options> <container image>
```

`<options>`には、コンテナイメージスキャニングのためのオプションを任意で指定し、`<container image>`には診断対象のコンテナイメージレジストリとイメージ名を指定します。今回はGitLab Container Registry上にあるコンテナイメージを対象として診断を行いますが、Quay.ioやDocker Hub、Amazon Elastic Container Registryといった外部のコンテナレジストリのコンテナイメージを診断対象にできます。

実際にTrivyを使ってコンテナイメージスキャニングを行うと、以下のような診断結果がログとして標準出力に表示されます。もし手元で実装してみたい場合は、Trivy公式ドキュメント[*2]からコマンドをインストールしてから実施してください。

◎ Trivyコマンドの実装例

```
$ trivy image registry.gitlab.com/cloudnative_impress/gitlab-tutorial:check-tutorial
20YY-MM-DDT04:12:12.069Z	INFO	Vulnerability scanning is enabled
…
registry.gitlab.com/cloudnative_impress/gitlab-tutorial:check-tutorial (redhat 9.2)
```

＊2 Installing Trivy
https://aquasecurity.github.io/trivy/latest/getting-started/installation/

```
Total: 134 (UNKNOWN: 0, LOW: 47, MEDIUM: 76, HIGH: 11, CRITICAL: 0)
┌─────────────┬────────────────┬──────────┬────────┬───────────────────┬─────
│   Library   │ Vulnerability  │ Severity │ Status │ Installed Version │ …
├─────────────┼────────────────┼──────────┼────────┼───────────────────┼─────
│ avahi-libs  │ CVE-2021-3468  │ MEDIUM   │ fixed  │ 0.8-12.el9        │ …
└─────────────┴────────────────┴──────────┴────────┴───────────────────┴─────
…
```

Trivyを利用することにより、コンテナ内のパッケージ管理ファイルだけでなく、アプリケーションが依存するライブラリの脆弱性も動的に検出できます。ただし、脆弱性診断の対象OSディストリビューションや診断に利用する脆弱性情報は、アナライザーの種類によっても違いがあるため、事前に確認しておきましょう。

まずは、GitLabがサポートできるOSディストリビューションの違いを見てみます。

Table 7-2　サポート対象のOSディストリビューション

OSディストリビューション名	Grype	Trivy
AlmaLinux		○
Alpine Linux	○	○
Amazon Linux	○	○
BusyBox	○	
CentOS	○	○
CBL-Mariner		○
Debian	○	○
(Google) Distroless	○	○
Oracle Linux	○	○
Photon OS		○
Red Hat (RHEL)	○	○
Rocky Linux		○
SUSE		○
Ubuntu	○	○

次に、アナライザーが参照している脆弱性情報のデータベースの違いを紹介します。TrivyやGrypeのアナライザーイメージは毎日更新されており、ここに示す各データベースからのデータを参照しています。

Table 7-3　利用する脆弱性情報のデータベース

データベース名	Grype	Trivy
AlmaLinux Security Advisory	○	○
Amazon Linux Security Center	○	○
Arch Linux Security Tracker		○
SUSE CVRF	○	○
CWE Advisories		○
Debian Security Bug Tracker	○	○
GitHub Security Advisory	○	○
Go Vulnerability Database		○
CBL-Mariner Vulnerability Data		○
NVD	○	○
OSV		○
Red Hat OVAL v2	○	○
Red Hat Security Data API	○	○
Photon Security Advisories		○
Rocky Linux UpdateInfo		○
Ubuntu CVE Tracker（2021 年中頃以降のデータのみ利用）	○	○

プログラミング言語や利用するコンテナのベースイメージに合わせて、使用するセキュリティスキャンツールを選択するとよいでしょう。本書の GitLab Tutorial アプリケーションは、ベースイメージとして Red Hat UBI（Universal Base Image）を、そしてプログラミング言語として Java を使用しているため、今回は Trivy を選択しています。

DevSecOps を実施するためには、ランタイム環境のマルウェアやウイルススキャン、Web アプリケーションの脅威対策やアクセス制御など、各フェーズでのセキュリティの対策が必要です。Trivy を入れればすべてが解消すると考えずに、使いどころを正しく理解した上で有効に利用していきましょう。

7-2-2　ジョブテンプレートの活用

通常、GitLab CI/CD ではすべてのジョブには script キーワードの定義が必要ですが、Job[container_scanning] の中にはこの定義がありません。この仕組みにはジョブテンプレートが活用されています。

ジョブテンプレートとは、ジョブの実行に必要な script や変数定義を`.gitlab-ci.yml`とは別のファイルとして管理できる機能です。コンテナイメージスキャニングでは、予め用意されているテンプレートの内容をジョブ実行時にマージすることにより、利用者は最小限の変数設定を`.gitlab-ci.yml`に定義するだけでコンテナイメージスキャニングの実行やアーティファクトの取得ができます。

よく利用されるジョブテンプレートはGitLabが公開しており、今回のコンテナイメージスキャニングでも「`Security/Container-Scanning.gitlab-ci.yml`」というジョブテンプレートを使用します。GitLabには、コンテナイメージスキャニング以外にも様々なジョブを実行するテンプレートが用意されています。これらはプロジェクトページから［Build］>［Pipeline editor］とアクセスし、エディター画面上部の［Browse template］から参照できます。また、GitLabの公式リポジトリ上で確認することも可能です。なお、公開されているテンプレートには、パイプラインに組み込むことができないものもあります。各ジョブテンプレートの冒頭部分に利用条件に関するコメントが記載されているので、利用する際は必ずコメントを確認するようにしましょう。

○ GitLabが公開しているジョブテンプレート一覧

`https://gitlab.com/gitlab-org/gitlab-foss/-/tree/master/lib/gitlab/ci/templates`

それでは、このテンプレート一覧にあるコンテナイメージスキャニングのジョブテンプレートを見ていきましょう。今回使用するジョブテンプレートである「`Security/Container-Scanning.gitlab-ci.yml`」の実装は「`Jobs/Container-Scanning.gitlab-ci.yml`」という別のジョブテンプレートを参照しているだけのジョブテンプレートです。

List 7-2　Security/Container-Scanning.gitlab-ci.yml

```
include:
  - template: Jobs/Container-Scanning.gitlab-ci.yml
```

実際にコンテナイメージスキャニングの実装を行っているのは、こちらの「`Jobs/Container-Scanning.gitlab-ci.yml`」です。

改めてこちらの内容を確認してみましょう（List 7-3）。

List 7-3　Jobs/Container-Scanning.gitlab-ci.yml

```
…<省略>…
variables:
  CS_ANALYZER_IMAGE: "$CI_TEMPLATE_REGISTRY_HOST/security-products/container-scanning:6"
  CS_SCHEMA_MODEL: 15

container_scanning:
```

```
  image: "$CS_ANALYZER_IMAGE$CS_IMAGE_SUFFIX"
  stage: test
  variables:
  …<省略>…
  artifacts:
    reports:
      container_scanning: gl-container-scanning-report.json
      dependency_scanning: gl-dependency-scanning-report.json
      cyclonedx: "**/gl-sbom-*.cdx.json"
    paths: [gl-container..., gl-dependency..., **/gl-sbom-*.cdx.json" ]
  dependencies: []
  script:
    - gtcs scan
  rules:
    - if: $CONTAINER_SCANNING_DISABLED == 'true' || $CONTAINER_SCANNING_DISABLED == '1'
      when: never
    - if: $CI_COMMIT_BRANCH &&
          $CI_GITLAB_FIPS_MODE == "true" &&
          $CS_ANALYZER_IMAGE !~ /-(fips|ubi)\z/
      variables:
        CS_IMAGE_SUFFIX: -fips
    - if: $CI_COMMIT_BRANCH
```

「Jobs/Container-Scanning.gitlab-ci.yml」では、ジョブ実行に使用するコンテナイメージやアーティファクト、また実行コマンドなどが定義されています。テンプレートの内容を細かく解説はしませんが、これらを活用することによって、利用者は自身の.gitlab-ci.yml に最小限の定義を記述するだけで、コンテナイメージスキャニングをパイプラインに組み込むことができます。

ちなみに、上記のテンプレートの script には、trivy コマンドは記載されておらず、代わりに「gtcs scan」を実行しています。「gtcs」は GitLab が提供するコンテナイメージスキャニングのラッパーコマンドであり、ジョブ変数に応じて trivy または grype のいずれかを起動して実際のコンテナイメージスキャニングを行います。

では、Job[container_scanning] を再度見てみます（List 7-4）。

List 7-4　Job[container_scanning] の定義 (gitlab-tutorial/.gitlab-ci.yml)

```
container_scanning:
  stage: development
  variables:
    CS_IMAGE: $CI_REGISTRY_IMAGE:$CI_COMMIT_SHORT_SHA
    CS_ANALYZER_IMAGE: registry.gitlab.com/security-products/container-scanning/trivy:6
```

ここで注目すべき点はジョブ名です。ジョブテンプレートを利用する場合は、ジョブテンプレートで定義されているジョブ名 Job[container_scanning] と、.gitlab-ci.yml 上で定義するジョブ名 Job[container_scanning] を合わせておく必要があります。これにより、ジョブテンプレートのジョブ定義と.gitlab-ci.yml で定義したジョブ定義がマージされるとともに、.gitlab-ci.yml のジョブセクションに定義した変数が、ジョブテンプレートの内容を上書きます。

実際にジョブ実行された Job[container_scanning] では、以下のようにマージされて実行処理されます。

List 7-5 ジョブテンプレートがマージされた Job[container_scanning]

```
…<省略>…
variables:
  CS_ANALYZER_IMAGE: "$CI_TEMPLATE_REGISTRY_HOST/security-products/container-scanning:6"
  CS_SCHEMA_MODEL: 15

container_scanning:
  image: "$CS_ANALYZER_IMAGE$CS_IMAGE_SUFFIX"
  stage: development  ##(1)
  variables:  ##(2)
    CS_IMAGE: $CI_REGISTRY_IMAGE:$CI_COMMIT_SHORT_SHA
    CS_ANALYZER_IMAGE: registry.gitlab.com/security-products/container-scanning/trivy:6
    GIT_STRATEGY: none
  allow_failure: true
  artifacts:
    （中略）
  dependencies: []
  script:
    - gtcs scan
  rules:
    （中略）
```

(1) ジョブテンプレートの「stage: test」は、Job[container_scanning] の「stage: development」によって上書きされる

(2) variables は、.gitlab-ci.yml の Job[container_scanning] のキーと値がマージされる

このようにジョブテンプレートを活用することにより、最小限のジョブ定義のみでコンテナイメージスキャニングの機能を追加できます。ここで、ジョブテンプレートのカスタマイズと活用についてもう少しだけ見てみましょう。

■ ジョブテンプレートの呼び出し

先ほどの「Jobs/Container-Scanning.gitlab-ci.yml」では、ジョブテンプレートと同じジョブ名にすることによって、ジョブテンプレートを.gitlab-ci.yml にマージできると紹介しましたが、利用するジョブテンプレートは事前に呼び出しておく必要があります。その設定が include キーワードです。

GitLab Tutorial アプリケーションの.gitlab-ci.yml 冒頭部分を確認してみましょう。

List 7-6　gitlab-tutorial/.gitlab-ci.yml の include

```
include:
  - template: Security/Container-Scanning.gitlab-ci.yml
```

ここではグローバル領域で指定している include によって「Jobs/Container-Scanning.gitlab-ci.yml」を呼び出し、.gitlab-ci.yml のパイプラインを拡張しています。今回はあらかじめ用意されたテンプレートを利用しましたが、開発者がジョブや変数の定義をテンプレートとして作成し、include で呼び出すことも可能です。ただし、必ずしもテンプレートの中身はジョブである必要はなく、パイプライン全体を呼び出すことや単一の変数定義だけが定義されたテンプレートもあります。したがって、include の挿入位置もグローバルレベルとジョブレベルのどちらでも定義できます。

include では、外部テンプレートの呼び出し方法として 4 つのサブキーを持っています。

- local：同じプロジェクトにある yaml ファイル
- project：同じ GitLab ホスト上にある別のプロジェクトの yaml ファイル
- remote：パブリック上にある HTTP/HTTPS リクエストでアクセス可能な yaml ファイル（認証付けアクセスは不可）
- template：GitLab が標準でテンプレートとして公開している yaml ファイル（https://gitlab.com/gitlab-org/gitlab-foss/tree/master/lib/gitlab/ci/templates に格納されている）

List 7-7　include の利用例

```
job1:
  include:
    - local: '/templates/.job-template-01.yml'  ##(1)
```

```
job2:
  include:
    - project: 'sample-user/sample-project'  ##(2)
    - file: '/templates/.job-template-01.yml'

job3:
  include:
    - remote: 'https://gitlab.com/<省略>/-/row/main/…/container-scanning.yaml'  ##(3)

job4:
  include:
    - template: 'Jobs/Container-Scanning.gitlab-ci.yml'  ##(4)
```

(1) 同一プロジェクトのルートディレクトリに対する絶対パスを指定
(2) 対象プロジェクトの完全なパスを指定し、リポジトリのルートディレクトリからの絶対パスを指定
(3) 外部の公開リポジトリ上のテンプレートを指定
(4) テンプレートのディレクトリ（lib/gitlab/ci/templates）をルートにした相対パスを指定

includeを利用する場合は、指定されたyamlファイルの内容がパイプラインの実行時に`.gitlab-ci.yml`にマージされます。マージの際には、以下のルールが適用されるため、注意しておきましょう。

- includeにより指定されたファイルは、`.gitlab-ci.yml`で定義された順序で読み取られ、その順番でパイプライン定義にマージされる。
- includeにより指定されたファイル内で再度includeの指定がある（ネスト状態になっている）場合、ネストされている内容が最初にマージされる。
- includeで指定された定義同士でキーワードが重複する場合、パイプライン定義にマージされる際に、最後に定義されたファイル内容が優先される。
- `.gitlab-ci.yml`上の定義をメインとし、includeで指定された定義がマージされた後で、メインの設定がマージされる。

これらのルールがあるため、同じキーワードや変数定義は極力避け、シンプルに新規ジョブのみをincludeで追加し、変数値のみを`.gitlab-ci.yml`で制御することをおすすめします。特にincludeを用いるときは変数のマージルールや読み取りの順番[*3]に留意してください。

＊3　Merge method for include
https://docs.gitlab.com/ee/ci/yaml/includes.html#merge-method-for-include

■ テンプレートの変数定義

Job[container_scanning] では、スキャン対象のコンテナイメージ（CS_IMAGE）と使用するコンテナスキャンツールのイメージ（CS_ANALYZER_IMAGE）のみを変数に指定しました。ただし、今回使用したジョブテンプレートにはこれ以外にも様々な変数が用意されており、利用者の要件に合わせてスキャンの設定などをカスタマイズできます（Table 7-4）。

Table 7-4　GitLab のコンテナイメージスキャニングで利用可能な変数

変数名	デフォルト値	内容
CI_APPLICATION_REPOSITORY	$CI_REGISTRY_IMAGE/ $CI_COMMIT_REF_SLUG	スキャン対象のイメージが格納されたイメージレジストリの URL デフォルト値は、パイプラインのトリガーとなったプロジェクト名とコミットの短縮 ID が設定されているコンテナイメージを指す
CI_APPLICATION_TAG	$CI_COMMIT_SHA	スキャン対象のイメージのタグ
CS_ANALYZER_IMAGE	registry.gitlab.com/security-products/ container-scanning:6	セキュリティスキャンツールのイメージ 本書執筆時点でのデフォルトイメージは Trivy を利用している
CS_DISABLE_DEPENDENCY_LIST	false	イメージにインストールされているパッケージの依存関係スキャンの無効
CS_DISABLE_LANGUAGE_ VULNERABILITY_SCAN	true	イメージにインストールされている言語固有のパッケージの依存関係スキャンの無効
CS_IGNORE_UNFIXED	false	修正されていない脆弱性の無視
CS_SEVERITY_THRESHOLD	UNKNOWN	スキャン結果を出力する重大度レベルのしきい値
CS_IMAGE	$CI_APPLICATION_REPOSITORY: $CI_APPLICATION_TAG	スキャン対象のコンテナイメージ
CS_REGISTRY_PASSWORD	$CI_REGISTRY_PASSWORD	認証が必要なイメージレジストリにアクセスする際に使用するパスワード
CS_REGISTRY_USER	$CI_REGISTRY_USER	認証が必要なイメージレジストリにアクセスする際に使用するユーザー ID
SECURE_LOG_LEVEL	info	最小のログ出力レベル

これらの変数を.gitlab-ci.yml内のジョブに定義することで、スキャンツールの動作をデフォルトから変更できます。また、今回はスキャンツールとしてTrivyを選択しましたが、テンプレートおよび変数はTrivy、Grypeで共通となっており、スキャンツールのイメージ指定（CS_ANALYZER_IMAGE）を変更するだけで、Grypeを使用することも可能です[*4]。

また、コンテナイメージを外部のコンテナレジストリに保存している場合は、レジストリのログインに必要なIDとパスワードをジョブに定義します。

List 7-8　外部レジストリの認証情報の定義例

```
include:
  - template: Security/Container-Scanning.gitlab-ci.yml

container_scanning:
  variables:
    CS_REGISTRY_USER: dockerhub
    CS_REGISTRY_PASSWORD: "$DOCKER_REGISTRY_PASSWORD"
    CS_IMAGE: "docker.io/sample/image:tag"
```

外部レジストリに認証付けで保存したコンテナイメージをスキャニングする場合は、.gitlab-ci.ymlに直接パスワード情報を定義しないよう注意してください。.gitlab-ci.ymlは、プロジェクトにアクセスできる権限があれば誰でも参照することができます。したがって「6-2-1 ビルド変数の定義」で触れた、シークレット変数を活用することをおすすめします。

7-2-3　コンテナイメージスキャニングのアーティファクト

GitLabのコンテナイメージスキャニングでは、ジョブの完了後にスキャン結果のレポートを生成します。ジョブテンプレート[Jobs/Container-Scanning.gitlab-ci.yml]では、下記のようにアーティファクトが定義されています。

◎　テンプレート[Jobs/Container-Scanning.gitlab-ci.yml]のartifact

```
artifacts:
```

＊4　スキャンツールのコンテナイメージには、Trivy、Grypeともに、通常のイメージの他に、FIPS（連邦情報処理標準）に準拠するためにRed Hat社が提供するUniversal Base Image（UBI）をベースイメージに利用した、FIPS準拠版のコンテナスキャナイメージもそれぞれ用意されています。

```
    reports:
      container_scanning: gl-container-scanning-report.json  ##(1)
      dependency_scanning: gl-dependency-scanning-report.json  ##(2)
      cyclonedx: "**/gl-sbom-*.cdx.json"  ##(3)
    paths: [gl-container..., gl-dependency..., **/gl-sbom-*.cdx.json" ]
```

実際に生成されるレポートは、利用するスキャナによって異なります。Trivy を利用した場合、デフォルトで以下の 3 つのレポートを生成します。

(1) コンテナセキュリティスキャンのレポート
(2) 依存関係スキャンのレポート
(3) CycloneDX フォーマットの SBOM レポート

これらのレポートはジョブテンプレートの変数で出力可否を設定できますが、近年はソフトウェアサプライチェーンセキュリティの観点でこれらのレポートが必要とされるため、特別な事情がない限りデフォルトのままで出力しておくとよいでしょう。生成されたレポートは、アプリケーションテストのレポートなどと同様に、アーティファクトとして保存されます（Figure 7-3、Figure 7-4)）。

Figure 7-3　コンテナセキュリティスキャンのアーティファクト

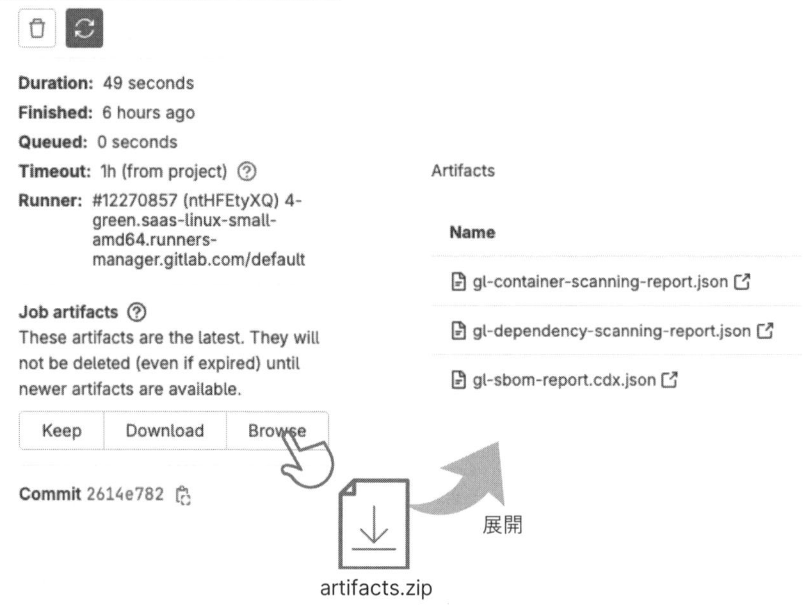

Figure 7-4　Job[container_scanning] の実行結果

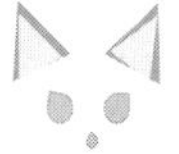

Column　CI/CD Catalog

パイプライン（およびジョブ）の再利用をより簡単に行う仕組みとして「CI/CD Catalog」があります。

本書で取り扱う「ジョブテンプレート」もジョブを再利用する機能として紹介しましたが、もともとこちらはGitLab AutoDevOpsと言われるの自動パイプライン機能の一部として利用されてきたものでした。したがって、テンプレート内にはステージや属性がハードコーディングされているものも多く、利用者は各ジョブの呼び出し時に上書きする必要がありました。本書でも同じ名前でのジョブ登録を行った経緯はここにあります。

こうした混乱を避けるために、より汎用性が向上したテンプレート実装としてCI/CD Catalogが提供されています。CI/CD Catalogでは、ジョブのテンプレートを「コンポーネント」と呼びます。コンポーネントはジョブ定義に加え、そのジョブ内で利用するコンテンツ一式をバージョン管理できます。また、呼び出し時にパラメータを使って各ジョブの値や適用するステージを選択できます。こうした改善により、ジョブテンプレートよりも扱いやすいコンポーネントのテンプレート実装が進んでいます。そして、このコンポーネントをプロジェクトとして公開している場がCI/CD Catalogです。

○ GitLabが提供するCI/CD Catalog
https://gitlab.com/explore/catalog

これらのコンポーネントを活用する場合は、includeキーワードのcomponentを使用して呼び出します。

List 7-9　コンポーネントの利用

```
include:
  - component: gitlab.com/$CI_PROJECT_PATH/my-component@$CI_COMMIT_SHA
    inputs:
      stage: build
```

本書では機能紹介を含め、隠しジョブやジョブテンプレートを駆使しましたが、今後はジョブテンプレートではなく、こちらのCI/CD Catalogを利用する方向で開発が進められています。

■ コンテナイメージスキャニングのレポート

最後に、Trivy実行によって出力されたコンテナイメージスキャニングの結果レポートについて簡単に紹介します。

Trivyを実行すると共通脆弱性評価システム（CVSS）に基づいて、前ページのFigure 7-4のような評価結果が出力されます。CVSS（Common Vulnerability Scoring System：共通脆弱性評価システム）とは、セキュリティ脆弱性に対する重要度を示す評価手法であり、ベンダーに依存しない共通の評価方法です。

Trivyではこのスコアに基づいて評価された結果を、5つの脆弱性レベルに分類します。

- UNKNOWN：CVSSなどに脆弱性に対する適切な情報がなく、リスクの評価が定まらない状態
- LOW：セキュリティリスクは比較的低く、システムへの影響はわずかか、影響を与える可能性があっても悪用が困難であり、重大な問題を引き起こす可能性が低い
- MEDIUM：一定のセキュリティリスクはあるが、システムへの影響や悪用の可能性はあるが、比較的低い
- HIGH：セキュリティリスクは高く、限られた範囲でシステムへの重大な影響がや悪用の可能性が高い
- CRITICAL：非常に深刻なセキュリティリスクであり、ユーザーの介入を必要とせずに実行できるなど、悪用の可能性が高い

同じ脆弱性の影響を受ける攻撃であっても、ベンダーや対象のライブラリを利用するソフトウェアごとに深刻度の評価が異なります。たとえば、TrivyではCVSSの**重大度**（Severity）より、各ベンダーが判断している重大度を重視しています。脆弱性が検知されると利用者がそのCVEの内容を確認し、対応を判断する必要がありますが、どのライブラリにも時間の経過とともに必ずセキュリティ脆弱性は潜むため、一つひとつ確認することは困難です。また昨今のアプリケーションの多くは依存するラ

イブラリが非常に多岐にわたるため、サービスの影響を受けない指摘項目まで対応できません。

こうした脆弱性に対しては、脆弱性レベルに応じてパイプライン内で動的に判断することが望まれます。したがって、CRITICALのような高い脆弱性レベルが出たときや、HIGH以上の件数があらかじめ設定したしきい値以上の場合にジョブとして異常終了ステータスを返す、あるいは、脆弱性レベルが低いものに関しては結果を出力するだけにとどめるといった対応を検討してください。

7-3 レビュー環境へのデプロイメント

さて、ここからは作り上げてきたコンテナイメージをKubernetes環境に展開していきます。まずは継続的インテグレーションにおける、レビュー環境へのデプロイメントについて見ていきましょう。

GitLabでは、アプリケーションの安全なデリバリのため、変更の都度サンドボックス環境へアプリケーションをデプロイし、開発レビューアが動くアプリケーションを確認するというプロセスを推奨しています（Figure 7-5）。

Figure 7-5　アプリケーションのレビュープロセス

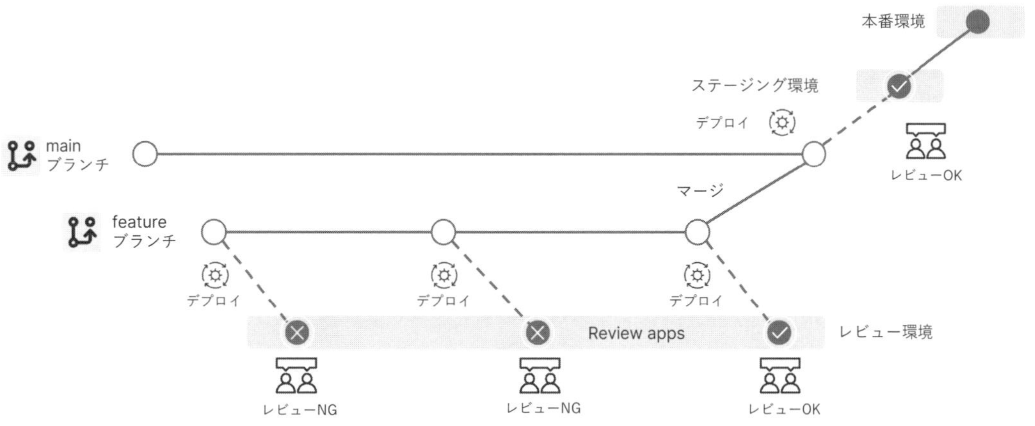

「5-1-2 ブランチ戦略」で紹介したGitHub Flowに従った開発では、通常以下の流れでレビューサイクルを構築します。

(1) 開発者がトピックブランチ（featureブランチ）上でアプリケーションを変更する。

(2) トピックブランチの更新ごとに、レビュー環境へデプロイされる。

(3) 開発レビューアによる判定が合格になるまで変更を繰り返す。

(4) 合格した変更が、mainブランチにマージされ、ステージング環境にデプロイされる。

(5) 開発レビューアによってステージング環境での検証が合格になると、本番環境にデプロイされる。

各トピックブランチの変更をレビューアが確認するための環境を「**レビュー環境**」と言い、GitLab では対象のブランチとレビュー環境をマッピングする機能を「**Review apps**」と言います。

開発レビューアは Merge Request に記載された内容やコードの変更点、単体テスト、コンテナイメージスキャンなどの結果を確認しますが、GitLab CI/CD ではこれらに加え、Review apps にアクセスして変更内容を確認します。これにより自動テストだけでは確認が難しい UI やデザイン上の表現も、Review apps により開発ライフサイクルの早い段階で確認ができます。

開発レビューアはトピックブランチ上の Review apps でアプリケーションの変更内容に問題がないことを確認したあと、main ブランチへのマージ承認を行います（Figure 7-6）。

Figure 7-6　Merge Request から Review apps へのアクセス

それでは、演習用リポジトリのレビュー環境デプロイ（Job[deploy-dev]）を見てみましょう。

List 7-10　Job[deploy-dev] の定義（gitlab-tutorial/.gitlab-ci.yml）

```
deploy-dev:
  stage: development
  extends:  ##(1)
    - .deploy
  environment:  ##(2)
    name: review/${CI_COMMIT_REF_SLUG}
    url: http://${CI_ENVIRONMENT_SLUG}-quarkus-app.example.com/
    on_stop: stop-dev
    deployment_tier: development
```

```
rules:  ##(3)
  - if: $CI_COMMIT_BRANCH == "main"
    when: never
  - if: $CI_COMMIT_BRANCH =~ /^feature(\/|-)/
```

(1) デプロイメントテンプレートの呼び出し
(2) デプロイメント環境の定義
(3) ジョブの実行条件制御

Job[deploy-dev] では extends、environment、rules といった、見慣れないジョブキーワードがいくつか定義されています。これらの仕組みについて、一つずつ詳しく紹介していきます。

7-3-1 デプロイメントテンプレートの呼び出し

まずは、デプロイメントの実行を担う、デプロイメントテンプレートの呼び出しです。

「7-2-2 ジョブテンプレートの活用」で紹介した、ジョブテンプレートについて思い出してください。コンテナイメージスキャニングでは、ジョブテンプレートと同じ名前の Job[container_scanning] を利用することによって、パイプライン実行時にジョブがマージされました。デプロイメント作業においても、環境ごとに同じ処理実行内容や、環境変数を複数回定義すると`.gitlab-ci.yml`が肥大化するだけでなく、可読性が失われていきます。そのため、前節同様にジョブテンプレートを活用したいところですが、コンテナイメージスキャニングで利用したジョブテンプレートはジョブ名を呼び出す側と呼ばれる側で同じとすることでジョブ定義のマージを行う仕組みであったため、パイプライン内でユニークな実行処理を行うことを前提としていました。したがって、デプロイメントのように複数のジョブで同じタスクだけを再利用したい場合には、1 つのジョブ名で完結することは望まれません。

このような際に活用する機能が「**隠しジョブ**（Hidden Job）」です。隠しジョブとは、ジョブセクション内の個別定義を塊として、同じパイプライン内の複数ジョブから呼び出して利用できる仕組みです。利用方法はこれまでのジョブセクションにあったジョブ名の先頭を`.`（ピリオド）から始めるだけで、GitLab CI/CD のパイプラインとして扱われない、隠しジョブとして認識されます。

実際の定義内容を見た方が分かりやすいため、隠しジョブの定義例を見てみましょう。

List 7-11　HiddenJob[.tests] を利用した定義例

```
.tests:  ## HiddenJob[.tests]
  script: echo "test template"
  stage: test
  only:
    refs:
      - branches

Job01:  ## Job[Job01]
  extends: .tests
  script: echo "job01"
  only:
    changes:
      - Containerfiles
```

この例では上部のジョブセクションで HiddenJob[.tests] という隠しジョブを作成しています。実際の処理は、Job[Job01] の中で extends を用いて HiddenJob[.tests] を呼び出しています。これらの隠しジョブの呼び出しは、パイプライン実行時に HiddenJob[.tests] の定義が Job[Job01] にマージされます。ただし、同じキーが存在する場合、参照元（extends 定義されているジョブ）の値が優先される点に注意しておきましょう。

HiddenJob[.tests] がマージされた結果、実行時には Job[Job01] は以下のようになります。

List 7-12　HiddenJob[.tests] がマージされた Job[Job01]

```
Job01:
  script: echo "job01"
  stage: test
  only:
    changes:
      - Containerfiles
    refs:
      - branches
```

GitLab Tutorial の演習用リポジトリでは「`gitlab-tutorial/gitlab/ci/template-deployment.yml`」内に HiddenJob[.deploy] が定義されています。これを各環境のデプロイメントジョブで呼び出すことにより、レビュー環境やステージング環境、本番環境のデプロイメント作業に再利用できます。

`template-deployment.yml` は `.gitlab-ci.yml` とは別のファイルとして定義しているため、事前に include を使ってデプロイテンプレートをマージしておく必要があります。

List 7-13　.gitlab-ci.yml のグローバル領域

```
include:
  - template: Security/Container-Scanning.gitlab-ci.yml
  - local: .gitlab/ci/template-deployment.yml ##(1)
```

ただし、include の定義だけでは外部ファイルにある隠しジョブが読み込まれるだけであり、実行処理としては何も起こりません。隠しジョブは、その内容を適用したいジョブセクションで明示的に extends を使って、初めて内容が呼び出されます。

include と extends には、以下の役割があります。

- include：主にグローバルレベルで使用し、外部の YAML ファイルを用いて `.gitlab-ci.yml` のパイプライン定義を拡張する。
- extends：ジョブキーワードの塊をテンプレート化して、ジョブ内の特定の処理を再利用する。

GitLab Tutorial アプリケーションでは、Job[deploy-dev] の冒頭で extends を利用しています。

List 7-14　Job[deploy-dev] の extends

```
deploy-dev:
  stage: development
  extends:
    - .deploy
…<省略>…
```

この仕組みにより、実行される Job[deploy-dev] では Kubernetes のデプロイメントに必要な様々な設定や処理がマージされて実行されます（Figure 7-7）。ここでは extends により隠しジョブを呼び出すことで、デプロイメントテンプレートが利用できることを覚えておいてください。

List 7-15　Job[deploy-dev] の実行時のイメージ

```
deploy-dev:
  image:  ## Job[.deploy] からマージ
    name: docker.io/bitnami/kubectl:1.26
    entrypoint: [""]
  dependencies:  ## Job[.deploy] からマージ
    - quarkus-container-package
```

```
    stage: development
    variables:  ## Job[.deploy] からマージ
      GITLAB_AGENT_ID: "eks"
    environment:
      name: review/${CI_COMMIT_REF_SLUG}
      url: http://${CI_ENVIRONMENT_SLUG}-quarkus-app.example.com/
      on_stop: stop-dev
      deployment_tier: development
  …<省 略>…
```

Figure 7-7　デプロイテンプレートと環境デプロイ・停止ジョブ

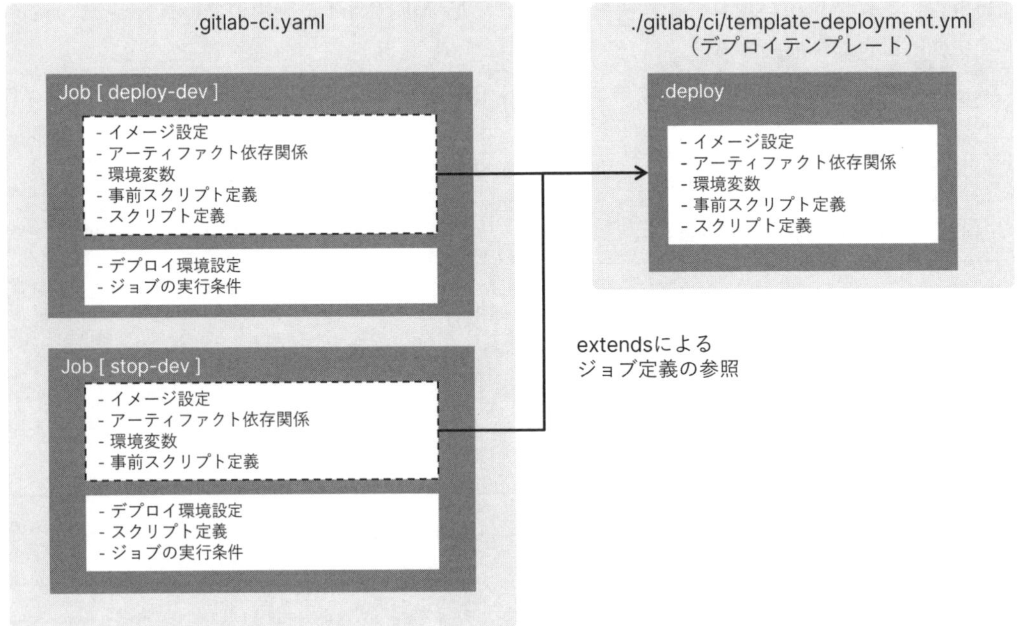

なお、HiddenJob[.deploy] 内に定義されたデプロイメント処理については、次節にて詳しく解説します。

7-3-2　デプロイメント環境の定義

次に Review apps に必要なデプロイメント環境の定義を見てみましょう、

「5-1-1 アプリケーションの開発ライフサイクル」でも少し触れたとおり、アプリケーションのデプロイメント環境にはチームによって様々な呼び方があります。GitLab では、deployment_tier（デプロイメント層）を用いてそれぞれの環境名を定義するだけでなく、デプロイメント環境のあり方について、静的環境と動的環境の2つを意識してデプロイメント環境を構築します。

- **静的環境**（Static Environment）
  - 環境は変更のたび再利用され、基本は削除しない。
  - 組織やチームのルールに従って、手動または自動でデプロイする。
- **動的環境**（Dynamic Environment）
  - 環境は使い回されることなく、アプリ変更の都度作成され、その後停止・または削除する。
  - 環境名や URL は動的に払い出される。
  - CI/CD により必ず自動でデプロイされる。

これらのデプロイメント環境の認識をチーム内で合わせておくことが重要です。これによって、静的環境では常に同じ環境設定を再利用し、Review apps のような動的環境では環境変数を工夫することが意識付けられます。今回の GitLab Tutorial アプリケーションでは、ステージング環境や本番環境は「**静的環境**」に、Review apps を使った開発環境は「**動的環境**」に位置付けています。

こうしたデプロイメント環境を定義する仕組みが environment キーワードです。特に動的環境である Review apps の実現には、この environment の定義が欠かせません。まずは Job[deploy-dev] に設定された environment について見てみましょう。

List 7-16　Job[deploy-dev] の environment

```
deploy-dev:
  stage: development
…<省略>…
  environment:
    name: review/${CI_COMMIT_REF_SLUG}
    url: http://${CI_ENVIRONMENT_SLUG}-quarkus-app.example.com/
    on_stop: stop-dev
    deployment_tier: development
```

environment では、デプロイメント環境の名前（environment.name）やそこにアクセスするための URL（environment.url）に定義済み変数を使用していることに注目してください。

- CI_COMMIT_REF_SLUG：更新したブランチ名の短縮文字列
- CI_ENVIRONMENT_SLUG：生成された環境名（environment.name）の短縮文字列

レビュー環境では、開発者が作成したブランチの変更内容を独立して確認できるよう、ユニークな環境名と接続先 URL を設定する必要があります。その際、<CI_COMMIT_REF_SLUG>を環境名と URL の一部に利用することで、ブランチ名が結び付くレビュー環境情報が定義されます。さらに Review apps では、環境名を「{固有の文字列}/{動的な値}」とすることによって、同じ「{固有の文字列}」を名前に持つ環境がグルーピングされ、環境の把握や管理がしやすくなります（Figure 7-8）。

Figure 7-8　Environment の表示例

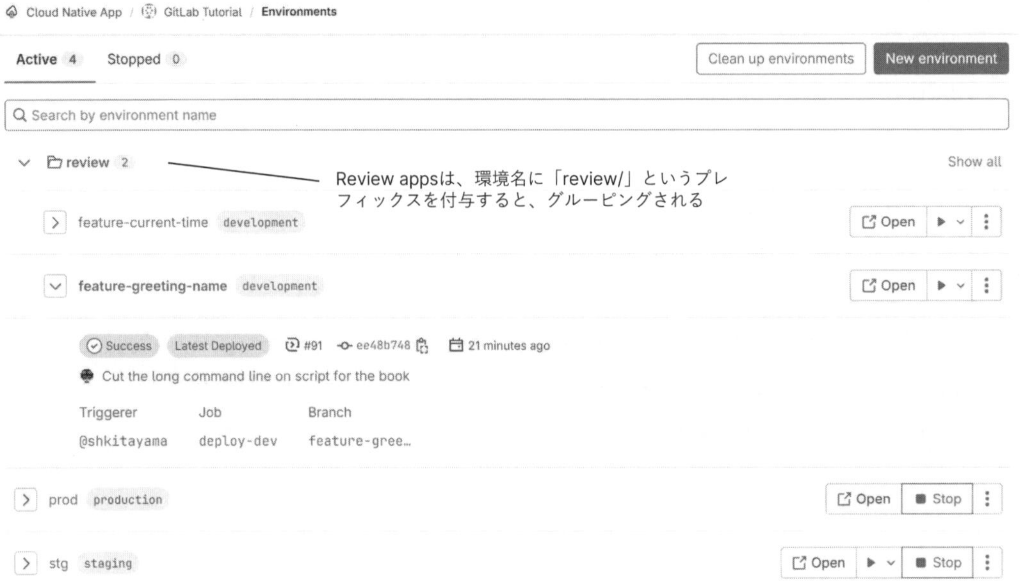

今回の Job[deploy-dev] の environment では、name に「`review/`」というプレフィックスを付与しています。一度プロジェクトページへ行き、サイドバーの［Operate］>［Environments］を開いてみてみましょう。なお、environment はあくまで開発者やレビューアがデプロイメント環境を把握するための機能であり、勝手に接続先 URL のドメインを DNS に登録するような機能は持ち合わせていません。したがって、Kubernetes の場合であれば Ingress などを用いて、デプロイ作業時に同じ名前のドメインを動的に生成する必要があります。

environment では、環境名や接続 URL の他にも有効期限などが設定できます。また、deployment_tier を定めておくと、この環境が静的環境なのか動的環境なのかが判断しやすくなります（Table 7-5）。

Table 7-5　environment のオプション

オプション	内容
name	環境名の設定　　例： production, stating, qa など
url	環境の展開先 URL を指定　　例： http(s)://gitlab-service.example.com
on_stop	Review apps を停止するためのジョブ名を定義。停止する場合は、トリガージョブ側で action: stop を指定
action	環境に対するアクションを定義する。stop が指定されると、ジョブ実行後に GitLab 上の Environment のステータスが停止状態に変更される
auto_stop_in	環境の有効期限を指定
deployment_tier	環境の階層を指定。環境名に production や staging といった一般的な名称を使用しない場合に、環境のカテゴリ (production, stating など) を設定するために使用 例： production, staging, testing など

7-3-3　ジョブの実行条件制御

1 つのパイプラインの中で複数のジョブを実行しようとした場合、特定の条件のときだけジョブを実行したいことがあります。

たとえば、特定のブランチでのみ実行したいデプロイジョブや、前のステージでジョブが失敗したときにのみ実行したいジョブがある場合などです。このような実行条件の制御には rules や when キーワードを使います。

rules は、条件式を記述順に評価していき、条件に合致した場合にジョブの実行、またはスキップを行うキーワードです。rules の評価式には、通常、定義済み変数やグローバル領域やジョブセクションで定義された変数の値を用います。rules にはいくつかのオプションがあり、指定したファイルの変更有無によるジョブの実行制御や、条件に合致し場合に指定した変数の値を変更するといった制御も可能です（Table 7-6）。

Table 7-6　rules のオプション

オプション	内容
if	条件式の評価が true の場合、他のオプションの設定に基づいてジョブを実行する
changes	指定したファイルやディレクトリに変更があった場合、ジョブを実行する
exists	指定したファイルがリポジトリに存在する場合に、ジョブを実行する
allow_failure	ジョブが失敗した場合にも、パイプラインを停止させない
variables	指定した変数の値を設定、または変更する
when	前のステージの実行結果に応じて、ジョブの実行有無を制御する (Table 7-7)

ただし、rules ではアーティファクトで継承された dotenv 内の環境変数は利用できないことに注意しましょう。これは、rules による条件の評価がジョブの実行前に行われることに対して、dotenv 内の環境変数はジョブが開始した後にアーティファクトの取得と展開が行われるためです。

一方、when キーワードは、前のステージの実行結果に応じてジョブの実行制御を行いたい場合に利用します。たとえば、あるステージのジョブが失敗すると以降のジョブは実行されずパイプライン自体が終了してしまいます。こういった場合に when キーワードを利用することで、たとえジョブが失敗したとしても環境のリカバリやクリーンアップなどのジョブを実行してからパイプラインを終了できます。

List 7-17　when を利用したジョブの定義例

```
cleanup_env_job:
  stage: cleanup_env
  script:
    - cleanup env when failed
  when: on_failure

cleanup_job:
  stage: cleanup
  script:
    - cleanup after jobs
  when: always
```

List 7-17 の例の Job[cleanup_env_job] は、同一ステージ内のジョブが失敗した場合に実行され、Job[cleanup_job] は同一ステージ内のジョブが終わった後に必ず実行されます。なお、when に関しては単独でも利用することができる他、rules などのオプションとして組み合わせることも可能です（Table 7-7）。

Table 7-7　when のオプション

オプション	内容
on_success	前のステージで失敗となったジョブが存在しない場合、ジョブを実行する。デフォルト
on_failure	前のステージのジョブが 1 つ以上失敗した場合、ジョブを実行する
never	前のステージのジョブのステータスに関係なく、ジョブを実行しない
always	前のステージのジョブのステータスに関係なく、ジョブを実行する
manual	手動でトリガーされた場合のみ、ジョブを実行する
delayed	指定した期間、ジョブの実行を待機する

これらを前提として、改めてJob[deploy-dev]のrulesについて確認してみましょう。

GitLab Tutorialアプリケーションの開発では、featureブランチを開発用ブランチと位置付けているため、レビュー環境はfeatureブランチに対するコミットが行われた際に用意します。そのため、Job[deploy-dev]は、Merge Requestなどによりmainブランチにコミットが行われた場合にデプロイが実行されないよう実行条件を設定しています。

List 7-18 Job[deploy-dev]のrules

```
deploy-dev:
  stage: development
…<省略>…
  rules:
    - if: $CI_COMMIT_BRANCH == "main"  ##(1)
      when: never
    - if: $CI_COMMIT_BRANCH =~ /^feature(\/|-)/ ##(2)
```

(1) コミット先のブランチ名が「main」の場合、対象のジョブは実行しない
(2) コミット先のブランチ名が「feature」+「\/|-」のいずれかで始まる場合、対象のジョブを実行する

ここのrulesでは、<CI_COMMIT_BRANCH>の値を評価する(1)、(2)の2つのルールをifオプションで設定しています。rulesは、定義されたルールを上から(1)、(2)の順に評価し、該当しない場合は下の評価に移ります。ここでは評価対象のブランチ（コミットブランチ）がmainブランチだった場合は(1)に該当し、その実行条件（when）が採用されます。また、評価対象のブランチがfeatureから始まるブランチ名の場合は(1)には該当せず(2)に該当し、その実行条件が採用されます。なお、ここで(1)、(2)のいずれにも該当しない場合は、ジョブは実行されません。

このようにrulesで複数のルールを取り扱う場合には、先に該当したルールが採用される点に気を付けなければいけません。たとえば、rulesに以下のifを使った2つのルールがあった場合について考えてみましょう。

- 1つ目のルールに該当するとジョブは実行しない(when: never)
- 2つ目のルールに該当するとジョブを実行する(when: on_success)

ここで表した2つのルールが完全に排他的ではなくどちらにも該当する場合、2つ目のルールを参照したかったにも関わらず、1つ目のルールに該当してジョブが実行されない場合があります。また、1つのルールの中でifやchangesといったオプションを組み合わせた場合、すべてのオプションの評価

が true となったときに、条件式全体が true と評価される点にも注意が必要です。

このように、rules を用いたジョブの実行制御は、条件が複雑なほど意図しない挙動を招くリスクがあります。複数のルールを定義する場合には、あらかじめ条件の検証を十分に行っておきましょう。

7-4 デプロイメントテンプレート

ここでは、前節で触れたデプロイメントテンプレートについて紹介します。本書で想定している作業だけでは、現時点で Job[deploy-dev] でジョブが失敗しています。これらについても、デプロイメントテンプレートの仕組みを理解しながらジョブがうまく動くよう再実行していきましょう。

本来アプリケーションをデプロイする場合、デプロイメント環境側の構成差分を最小限にした上で、できる限り共通の手順でデプロイメントできることが理想です。GitLab Tutorial アプリケーションのパイプラインでは、デプロイメントに関する共通の設定やタスクをテンプレートとして定義しています。

HiddenJob[.deploy] の内容を、まずは見てみます。

List 7-19 デプロイメントテンプレート（gitlab-tutorial/.gitlab/ci/template-deployment.yml）

```
.deploy:
  image:
    name: docker.io/bitnami/kubectl:1.26  ## kubectl 実行用イメージ
    entrypoint: [""]
  dependencies:
    - quarkus-container-package  ## イメージダイジェスト <CI_IMAGE_DIGEST> の取得
  variables:
    GITLAB_AGENT_ID: "eks"
  before_script:
    - kubectl config get-contexts
    - kubectl config use-context "${CI_PROJECT_PATH}:${GITLAB_AGENT_ID}"  ##(1)
    - sed -ie "s#___IMAGE_URL___#${CI_REGISTRY_IMAGE}#g"
        ${MANIFESTS_HOME}/quarkus-app.yaml  ##(2)
    - sed -ie "s#___IMAGE_DIGEST___#${CI_IMAGE_DIGEST}#g"
        ${MANIFESTS_HOME}/quarkus-app.yaml
    …<省略>…
  script:  ##(3)
    - kubectl get namespace ${CI_ENVIRONMENT_SLUG} 2> /dev/null ||
         kubectl create namespace ${CI_ENVIRONMENT_SLUG}
    …<省略>…
```

デプロイテンプレートは HiddenJob[.deploy] でできており、大別して以下の 3 つのタスクを定義しています。

(1) kubectl の事前認証設定
(2) Kubernetes マニフェストの編集
(3) アプリケーションのデプロイメント

これらについて、一つひとつ見ていきます。

Column　環境差異の少ないデプロイメントを目指して

デプロイメント作業の抽象化や自動化が前提となっているクラウドネイティブ環境では従来のデプロイメントとはその思想が異なります。

クラウド上でのWebアプリケーションのプラクティスを定義した「The Twelve-Factor App」*5や、コンテナ化されたアプリケーションのプラクティスをまとめた「Beyond the Twelve-Factor App」*6においても、環境差異を極力作らないデプロイメント運用が推奨されています。

Kubernetesを使ったアプリケーションでは、デプロイメントに伴う環境設定はすべてマニフェストとして管理するため、環境固有の情報は外部ファイルとして取り扱いしやすく、容易にデプロイメント手順を共通化できます。

こうしたクラウドネイティブな実装の恩恵を受けるためにも、その再利用性と再現性を踏まえた設計をあらかじめ検討しておきましょう。

7-4-1　kubectl の事前認証設定

まずはGitLab Runnerが、デプロイ対象のKubernetesに接続するための認証を行っておきます。

「5-3-1 ローカル環境のセットアップ」で行ったように、多くの場合 kubectl はローカル環境から手動で実行しますが、GitLab CI/CDのパイプラインではジョブが kubectl を実行します。そのため、Executor内から kubectl が実行できるよう、事前にKubernetesクラスタへの認証/認可を行っておく必要があります。

方法としては、kubeconfig の内容をあらかじめシークレット変数に入れたり、リポジトリに接続情報を保存することが考えられますが、どちらも kubeconfig の内容をリポジトリに公開することになるため、セキュリティ的に望ましくありません。

---

*5　The Twelve-Factor App
https://12factor.net/ja/

*6　Beyond the Twelve-Factor App
https://tanzu.vmware.com/content/blog/beyond-the-twelve-factor-app

そこで考えられた手法が第5章で紹介した「GitLab Agent for Kubernetes (agentk)」です。すでにKubernetes上にセットアップしているGitLab Agentの働きによって、GitLab RunnerがKASを経由してkubectlを実行する権限を持っています。これによって、GitLab Runnerへ特に設定を行わずとも、ジョブ実行時に生成されたkubeconfigを読み込むだけで対象のKubernetesクラスタに対する操作ができます。

実際のkubectlの認証は以下のbefore_scriptにて実行しています。

List 7-20　HiddenJob[.deploy]のbefore_script

```
.deploy:
  …<省略>…
  variables:
    GITLAB_AGENT_ID: "eks"
  before_script:
    - kubectl config get-contexts
    - kubectl config use-context "${CI_PROJECT_PATH}:${GITLAB_AGENT_ID}"
```

生成されるkubeconfigには、{GitLab プロジェクトの絶対パス}:{GitLab Agent}という名前で、GitLab Agentをインストールしたクラスタのコンテキスト情報が格納されています。これを指定することによって、クラスタが判別されkubectlが実行できます。

◎　GitLab Agentによって生成されたコンテキスト情報

```
$ kubectl config get-contexts
CURRENT   NAME                                CLUSTER   AUTHINFO          NAMESPACE
          <groupname>/gitlab-tutorial:eks     gitlab    agent:<authID>
```

プロジェクトページのサイドバーから［Build］>［Jobs］をたどり、完了したJob[deploy-dev]を見ると、上記のように接続クラスタのコンテキストが表示されています。

7-4-2　Kubernetesマニフェストの編集

次に、KubernetesにGitLab Tutorialアプリケーションを展開するマニフェストの内容を、デプロイ先環境に合わせて変更していきます。演習用リポジトリの「gitlab-tutorial/deploy」配下に2つのマニフェストファイルを用意しています。

- quarkus-app.yml：アプリケーションのコンテナをデプロイするマニフェスト

(Deployment、ServiceAccount、Service)

- quarkus-app-ingress.yaml：デプロイしたコンテナの外部接続を設定するマニフェスト(Ingress)

これらをHiddenJob[.deploy]のbefore_scriptで編集することによって、`kubectl`で正しくデプロイできる準備を行っています。それぞれのマニフェストの編集ポイントを見ていきましょう。

■ Deploymentのマニフェスト編集

`quarkus-app.yaml`には、3つのオブジェクトが1つのファイル内に定義されています。具体的には、アプリケーションのデプロイメントに関するDeployment、コンテナイメージをプルするために必要な認証情報に関するServiceAccount、アプリケーションをネットワークに対して公開するためのServiceが含まれています。本来であれば、それぞれのオブジェクトごとにファイルを分けますが、ここは演習として1つのファイルにしています。

注目すべき点は、Deploymentに定義されたコンテナイメージ(.spec.template.spec.containers[].name)名です。このマニフェストはテンプレートであり、実際にジョブが実行する際にコンテナイメージ名を環境に合わせて機械的に書き換えやすいように`"___IMAGE_URL___@___IMAGE_DIGEST___"`)というダミー文字列を定義しています。このダミー文字列を「6-4 コンテナイメージのパッケージ化」でビルドしたコンテナイメージ名と置換することで、正常に動作するDeploymentを生成しています。

List 7-21 quarkus-app.yamlのDeployment

```
apiVersion: apps/v1
kind: Deployment
  …<省略>…
spec:
  …<省略>…
  template:
    metadata:
      labels:
        app: quarkus-app
        version: v1
    spec:
      serviceAccountName: quarkus-app
      containers:
      - name: quarkus-app
        image: ___IMAGE_URL___@___IMAGE_DIGEST___  ## デプロイ対象のイメージ名に変更が必要
        imagePullPolicy: Always
      （中略）
```

置き換える文字列は以下のとおりです。

- ___IMAGE_URL___：ビルドして GitLab Container Registry に保存したコンテナイメージ名
- ___IMAGE_DIGEST___：Job[quarkus-container-package] の中で dotenv ファイルの中に保存したイメージダイジェスト名

これらを GitLab の変数を応用して、以下のスクリプト内で置き換えています。

List 7-22 HiddenJob[.deploy] の before_script

```
.deploy:
  …<省略>…
  before_script:
    …<省略>…
    - sed -ie "s#___IMAGE_URL___#${CI_REGISTRY_IMAGE}#g"
        ${MANIFESTS_HOME}/quarkus-app.yaml
    - sed -ie "s#___IMAGE_DIGEST___#${CI_IMAGE_DIGEST}#g"
        ${MANIFESTS_HOME}/quarkus-app.yaml
```

ここでは、簡単にコンテナイメージを対象としていますが、Service や ServiceAccount なども環境に応じて変更することができます。また、sed コマンドにて置換作業を行っていますが、マニフェスト生成を Helm Chart や Kustomize[*7]を応用することによって、より複雑な設定を行うことも可能です。

■ Ingress のマニフェスト編集

次に quarkus-app-ingress.yaml の設定を行います。quarkus-app-ingress.yaml は、公開した Service に対する外部からのアクセスをコントロールする Ingress に関するマニフェストです。環境を外部に公開する場合、環境に合わせたホスト名で Ingress を設定する必要があります。

List 7-23 ./deploy/quarkus-app-ingress.yaml

```
apiVersion: networking.k8s.io/v1
kind: Ingress
metadata:
  name: quarkus-app
```

＊7 Kustomize
https://kubectl.docs.kubernetes.io/installation/kustomize/

```
spec:
  ingressClassName: nginx
  rules:
  - host: quarkus-app.example.com  ##デプロイしたアプリケーションを公開するホスト名に変更が必要
    http:
      paths:
      …<省略>…
```

Ingressで公開するドメイン名は、environmentで設定したURLから正規表現でドメイン部分だけを取得しています。これらをDeploymentと同様にbefore_script内で置き換えています。

List 7-24　HiddenJob[.deploy]のbefore_script

```
.deploy:
  …<省略>…
  before_script:
    …<省略>…
    - export CI_ENVIRONMENT_DOMAIN=$(echo ${CI_ENVIRONMENT_URL} |
        sed -E 's/^.*(http|https):\/\/([^/]+).*/\2/g')
    - echo ${CI_ENVIRONMENT_DOMAIN}
    - echo ${CI_COMMIT_REF_SLUG}
    - sed -ie "s#quarkus-app.example.com#${CI_ENVIRONMENT_DOMAIN}#g"
        ${MANIFESTS_HOME}/quarkus-app-ingress.yaml
```

コンテナイメージのタグや環境先の公開ドメイン名を固定することによって、動的にマニフェストを生成せずともKubernetesへコンテナをデプロイすることは可能です。ただし、コンテナイメージのタグを応用することにより、コンテナがデプロイされた後もビルド時に生成されたアーティファクトやコミットログが透過的に追跡できます。

7-4-3　アプリケーションのデプロイメント

今度は`kubectl`によってデプロイメントを行っているscriptの中身を見ていきましょう。

List 7-25　HiddenJob[.deploy]のscript

```
.deploy:
  …<省略>…
  script:
    - kubectl get namespace ${CI_ENVIRONMENT_SLUG} 2> /dev/null ||
```

```
        kubectl create namespace ${CI_ENVIRONMENT_SLUG}  ##(1)
    - kubectl config set-context $(kubectl config current-context)
        --namespace=${CI_ENVIRONMENT_SLUG}
    …<省略>…
    - kubectl get secret gitlab-token 2> /dev/null ||
        kubectl create secret docker-registry gitlab-token
        --docker-server="${CI_REGISTRY}"
        --docker-username="${CI_DEPLOY_USER}"
        --docker-password="${CI_DEPLOY_PASSWORD}"  ##(2)
    - kubectl apply -f ${MANIFESTS_HOME}/quarkus-app.yaml  ##(3)
    - kubectl apply -f ${MANIFESTS_HOME}/quarkus-app-ingress.yaml
```

script の内容は、以下の 3 つのタスクで成り立っています。

(1) Namespace の作成
(2) デプロイトークンによる Pull Secret の作成
(3) マニフェストの適用

■ Namespace の作成

まずは Kubernetes クラスタに、デプロイメント環境となる Namespace を作成します。今回のデプロイメント環境はすべて Namespace として作成しており、レビュー環境は feature ブランチごとに生成されるように設計しています。script の中では<CI_ENVIRONMENT_SLUG>を設定しています。

List 7-26　HiddenJob[.deploy] の script

```
.deploy:
  …<省略>…
  script:
    - kubectl get namespace ${CI_ENVIRONMENT_SLUG} 2> /dev/null ||
        kubectl create namespace ${CI_ENVIRONMENT_SLUG}
    - kubectl config set-context $(kubectl config current-context)
        --namespace=${CI_ENVIRONMENT_SLUG}
```

定義済み変数<CI_ENVIRONMENT_SLUG>は、environment 名に設定した「review/${CI_COMMIT_REF_SLUG}」の短縮形であり「/」など URL などに利用できない文字列の変換を動的に行ってくれる変数です。24 文字を超える環境名の切り詰めや大文字の置き換えが動的に行われるため、DNS や URL、Kubernetes のラベルなどの利用に適しています。

List 7-27　Job[deploy-dev] の environment

```
deploy-dev:
  stage: development
…<省略>…
  environment:
    name: review/${CI_COMMIT_REF_SLUG}
…<省略>…
```

この設定と Ingress のドメイン設定により、どのデプロイメント環境も environment の値によってすべて統一されるように設計しています。本書で取り扱うマニフェストは簡単な置き換えですが、実務では複雑な動的変更が必要となるため、属人的な設定にならないように日々注意して運用を行いましょう。

■ デプロイトークンの作成

Kubernetes のマニフェストが確認できたところで、`kubectl` を実行してコンテナイメージをデプロイしたいところですが、もう一つステップがあります。

コンテナイメージのデプロイメントに限らず、GitLab の外で稼働するホストや Kubernetes クラスタ上のプロセスが GitLab にあるコンテンツにアクセスするには、認証が必要です。開発中のコンテンツを含め、すべてを認証なしに公開することはとても危険な行為です。その一方で `.gitlab-ci.yml` に直接コンテンツを取得するための認証情報をハードコーディングするのはセキュリティ上のリスクがあります。このような場合に利用するのが **「デプロイトークン（deploy token）」** です。

デプロイトークンは GitLab 上のコンテンツを特定のデプロイメント環境にデプロイするために使う特殊なトークンです。主に、以下の特徴があります。

- プロジェクト単位で設定することができる。
- 権限のスコープを設定することができる。
- 有効期限を設定することができる。

このような権限のスコープや有効期限を設定することにより、CI/CD などのツールによるアクセスのための認証情報のセキュリティを強化し、コンテンツへの不正アクセスのリスクを回避できます。

Column　Deploy token と GitLab CI/CD job token

ここで「6-4-2 コンテナレジストリへのログイン」で利用した定義済み変数 `<CI_REGISTRY_USER>` と

<CI_REGISTRY_PASSWORD>の組み合わせとデプロイトークンの違いが気になる方もいるのではないでしょうか。

これらのトークンは、GitLab CI/CD job token と呼ばれており、こちらでも同様に GitLab Container Registry からコンテナイメージを取得できます。しかし、GitLab CI/CD job token は GitLab Runner が GitLab Container Registry にレジストリに書き込みを行うための認証情報であり、コンテンツ取得よりも強い権限を持っています。また、今回のように Kubernetes クラスタがコンテナイメージを取得する行為は、GitLab サーバーからすると第三者にコンテンツ取得の権限を付与することに値します。

一方デプロイトークンは「username」と「token(password)」のペアからなっており、GitLab サーバーの外部から GitLab Container Registry へアクセスする場合や別の外部 CI/CD サーバーから GitLab 内のコンテンツにアクセスする際に利用します。

第三者がプロジェクトにアクセスする場合は、有効期限やプロジェクトが細かく設定できるデプロイトークンを活用することを心掛けてください。

デプロイトークンを使用する際は、あらかじめプロジェクトページの［Settings］>［Repository］>［Deploy tokens］からデプロイトークンを作成しておく必要があります。これまで、この認証情報が設定されていなかったために、Job[deploy-dev] で script が失敗していました。ここで改めてデプロイトークンを作ってみましょう（Figure 7-9）。

Figure 7-9　デプロイトークンの作成

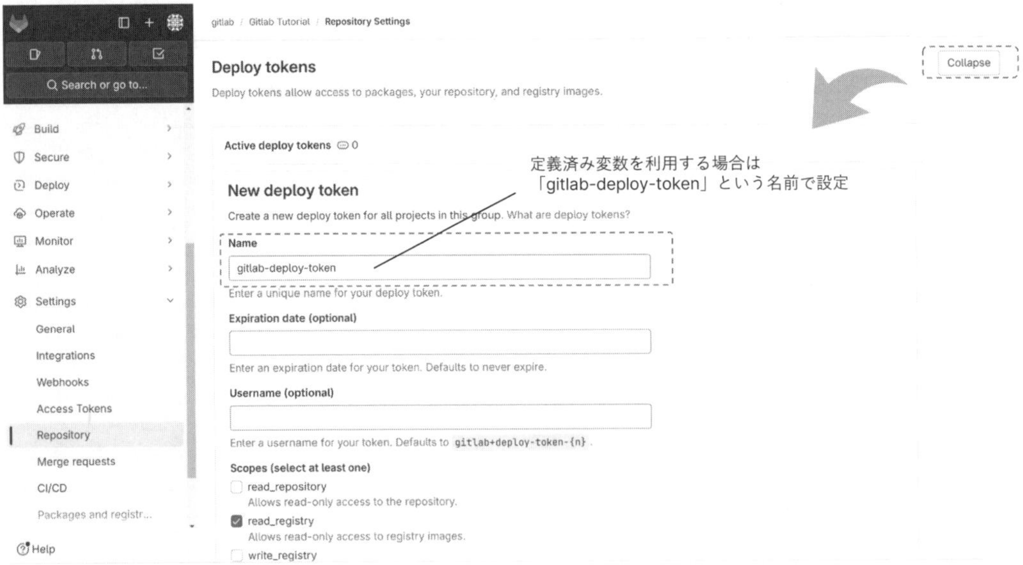

定義済み変数を利用する場合は
「gitlab-deploy-token」という名前で設定

デプロイトークンは任意の数作ることができますが、GitLab CI/CD のパイプライン上で利用するためには必ず「gitlab-deploy-token」という名前にする必要があります。この名前を利用することによって、デプロイトークン名（<CI_DEPLOY_USER>）とパスワード（<CI_DEPLOY_PASSWORD>）を定義済み変数として取り扱うことができます。本書では「gitlab-deploy-token」という名前でデプロイトークンを生成することを前提に script を定義しているため、他の名前のデプロイトークンは利用できません。なお、定義済み変数とは関係なく、外部のプロセスや API などからデプロイトークンを利用する場合は、任意の名前を付けることができます。

デプロイトークンの作成には、トークン名とともにスコープを指定する必要があります（Table 7-8）。

Table 7-8　デプロイトークンのスコープ

スコープ	内容
read_repository	プロジェクトの Git リポジトリに対する読み取り専用アクセスを許可（git clone が可能）
read_registry	プロジェクトのコンテナレジストリに対する読み取り専用アクセスを許可（イメージ Pull が可能）
write_registry	プロジェクトのコンテナレジストリに対する書き込みアクセスを許可（イメージ Push が可能）
read_package_registry	プロジェクトのパッケージレジストリに対する読み取り専用アクセスを許可
write_package_registry	プロジェクトのパッケージレジストリに対する書き込みアクセスを許可

GitLab Tutorial アプリケーションでは、Kubernetes 上からコンテナイメージが取得できる必要があるため「read_registry」だけをスコープとして設定します。今回はそれ以外のコンテンツに対するアクセスは不要なため、セキュリティの観点から外しておきましょう。

■ デプロイトークンによる Pull Secret の作成

それではデプロイトークンを利用して、ビルドしたコンテナイメージを GitLab Container Registry から取得するための Pull Secret を作成します。Kubernetes では公開されていないレジストリからコンテナイメージを参照するためには Pull Secret が必要です。Pull Secret を作成するために必要な認証情報は以下の 3 つです。

- CI_REGISTRY：コンテナレジストリの URL
- CI_DEPLOY_USER：デプロイトークンとして作成されたユーザー名
- CI_DEPLOY_PASSWORD：デプロイトークンとして作成されたパスワード

このうち、<CI_DEPLOY_USER>と<CI_DEPLOY_PASSWORD>は、発行したデプロイトークンから自動的に値が設定されます。これらを使って、デプロイ先の Namespace に docker-registry タイプの Secret を作成します。

List 7-28　HiddenJob[.deploy] の script

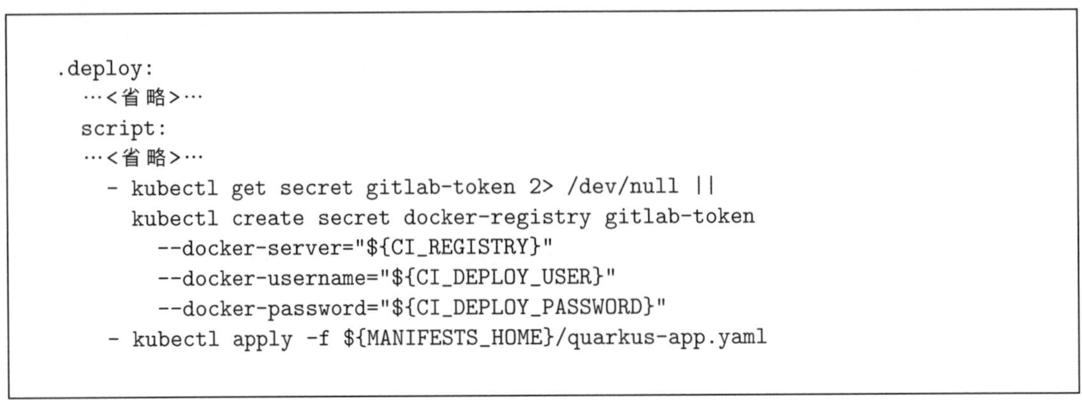

```
.deploy:
  …<省略>…
  script:
  …<省略>…
    - kubectl get secret gitlab-token 2> /dev/null ||
      kubectl create secret docker-registry gitlab-token
        --docker-server="${CI_REGISTRY}"
        --docker-username="${CI_DEPLOY_USER}"
        --docker-password="${CI_DEPLOY_PASSWORD}"
    - kubectl apply -f ${MANIFESTS_HOME}/quarkus-app.yaml
```

デプロイトークンを作成する前は、この Pull Secret を作成する変数が空のため「`kubectl create secret`」コマンドがエラーを起こし、パイプラインが失敗していました。正しく「`gitlab-deploy-token`」という名前のデプロイトークンが発行されると Pull Secret が生成されます。

デプロイトークンを設定した後に、再度パイプラインを実行してみましょう。パイプラインの再実行は、プロジェクトページのサイドバーにある［Build］＞［Pipelines］へ遷移し、右上に表示される［Run pipeline］ボタンから実行してください。ただし、実行時は必ずパイプラインの実行対象を「`feature-greeting-name`」ブランチに合わせてから実行しましょう（Figure 7-10）。

Figure 7-10　パイプラインの再実行

デプロイトークンが期待通り設定できていれば、今回の設定で feature ブランチにおけるパイプラインがすべて成功します。もし成功しない場合は、再度デプロイトークンを作り直してみてください。また、パイプライン実行後、生成された Secret の中身を `kubectl` コマンドにてデコードし、デプロイトークンの内容が正しく設定されているかを確かめてください（Figure 7-11）。

◎　Kubernetes クラスタ上に格納された Secret

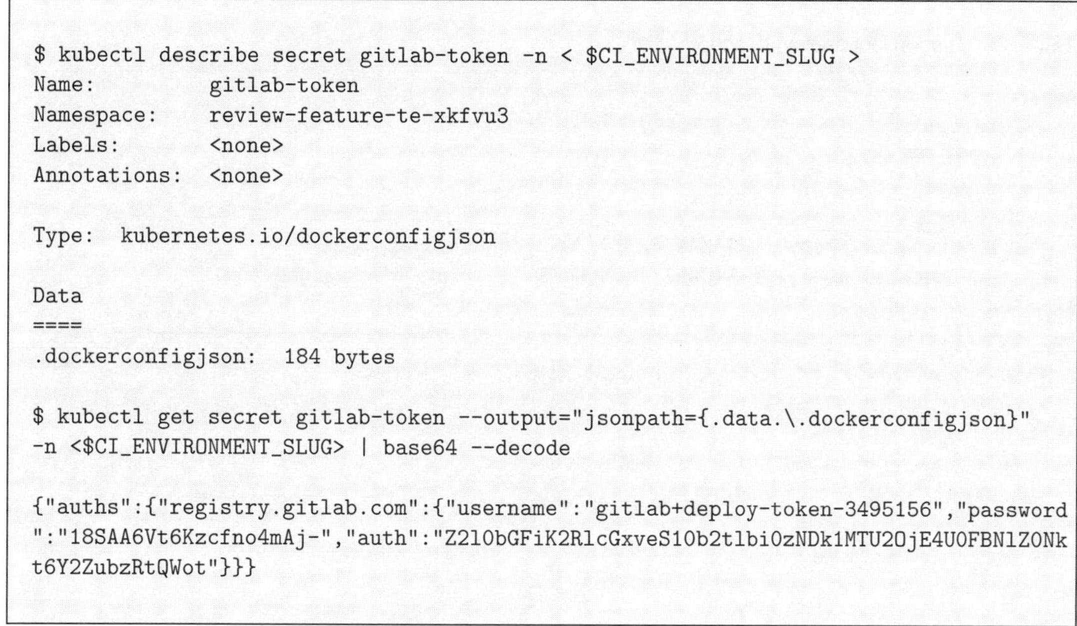

```
$ kubectl describe secret gitlab-token -n < $CI_ENVIRONMENT_SLUG >
Name:         gitlab-token
Namespace:    review-feature-te-xkfvu3
Labels:       <none>
Annotations:  <none>

Type:  kubernetes.io/dockerconfigjson

Data
====
.dockerconfigjson:  184 bytes

$ kubectl get secret gitlab-token --output="jsonpath={.data.\.dockerconfigjson}"
-n <$CI_ENVIRONMENT_SLUG> | base64 --decode

{"auths":{"registry.gitlab.com":{"username":"gitlab+deploy-token-3495156","password
":"18SAA6Vt6Kzcfno4mAj-","auth":"Z2l0bGFiK2RlcGxveS10b2tlbi0zNDk1MTU2OjE4U0FBNlZ0Nk
t6Y2ZubzRtQWot"}}}
```

Figure 7-11　成功したパイプライン

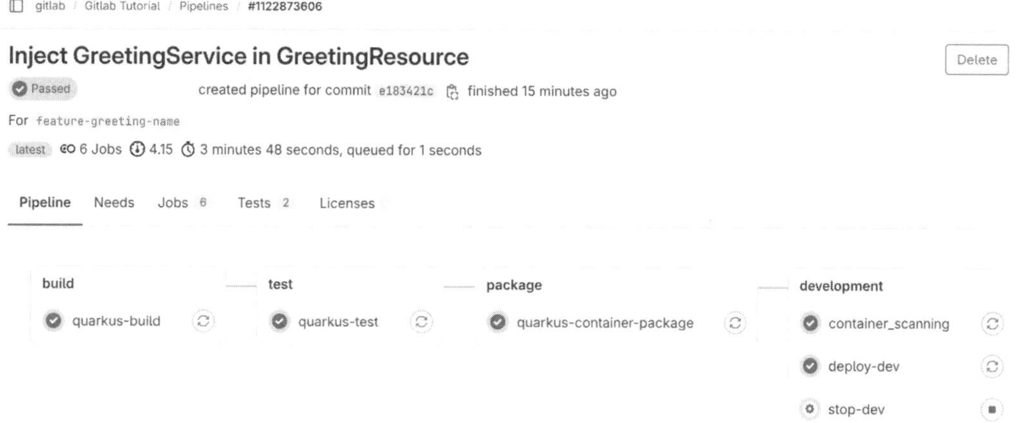

■ マニフェストの適用

ここまでの準備が整ったら、最後に 2 つのマニフェストをデプロイ先の Namespace に展開します。再度パイプラインを実行し、Job[dev-deploy] が成功していると、Kubernetes 上にアプリケーションがデプロイされます。

List 7-29 HiddenJob[.deploy] の script

```
.deploy:
  …<省略>…
  script:
  …<省略>…
    - kubectl apply -f ${MANIFESTS_HOME}/quarkus-app.yaml
    - kubectl apply -f ${MANIFESTS_HOME}/quarkus-app-ingress.yaml
```

以上の内容が、デプロイテンプレートとして用意している内容です。

このデプロイメントテンプレートは、この後のステージング環境や本番環境でも利用します。本書のデプロイメント環境は構成の違いが非常に少ないため、マニフェストも同じものを利用できます。しかし実務では、Pod のレプリカ数や Request、Limit といったリソース制限が環境ごとに異なることもよくあります。特に環境差異やデプロイプロセスについては、何を共通とすべきかについて留意し、チーム内でしっかりと認識を合わせてから実装を行いましょう。

7-5 レビュー環境の停止

最後に、デプロイした Review apps を削除するための Job[stop-dev] を確認しましょう。

動的環境では、不要になった環境をそのまま放置すると、インフラリソースを圧迫して多額のコストが発生してしまうだけでなく、部外者のアクセスによるセキュリティリスクの恐れも出てきます。これらを避けるため、Review apps では開発レビューアによる確認が完了したら、すぐにレビュー環境を破棄できる Job[stop-dev] を作成しておきます（Figure 7-12）

Figure 7-12 Review apps の削除

先ほど紹介したenvironmentを応用すると、環境を作るだけでなく、Review appsに関連するレビュー環境を削除するジョブを新たに定義できます。これを利用するとGitLabのプロジェクトページ上に環境を停止、削除するためのボタンが作成され、開発者や開発レビューアが簡単に環境を破棄できます。

List 7-30　Job[stop-dev]の定義（gitlab-tutorial/.gitlab-ci.yml）

```
stop-dev:
  stage: development
  extends:
    - .deploy
  when: manual ##(1)
  script: ##(2)
    - kubectl delete namespace ${CI_ENVIRONMENT_SLUG}
  environment: ##(3)
    name: review/${CI_COMMIT_REF_SLUG}
    url: http://${CI_ENVIRONMENT_SLUG}-quarkus-app.example.com
    action: stop
    deployment_tier: development
  rules:
    - if: $CI_COMMIT_BRANCH == "main"
      when: never
    - if: $CI_COMMIT_BRANCH =~ /^feature(\/|-)/
```

(1) when: manualは、このジョブが自動で実行されることがなく、手動によるトリガーで実行できる
(2) HiddenJob[.deploy]のscriptを上書きして、レビュー環境を削除するコマンドを実行する
(3) ジョブの実行後、プロジェクトページの［Operate］>［Environments］を停止状態とするためにaction: stopを指定する

アプリケーションの削除は「`kubectl delete`」を実行して強制的にNamespaceを削除しています。Kubernetes上のNamespaceを削除することで、Job[deploy-dev]で実行したPodが停止されるとともに、DeploymentやIngressなどのマニフェストで設定した各種オブジェクトも削除されます。なお、`kubeconfig`などのクラスタ設定が必要なため、ここでもextendsにてデプロイテンプレートを再利用しています。また、Job[stop-dev]ではジョブセクションでscriptを定義しているため、Job[.deploy]のscriptはマージされず、before_scriptの内容だけがマージされます。

7-6 Merge Request の作成

ここまでで feature ブランチに対するパイプラインが正常に実行できたら、開発レビューアにアプリケーションの変更レビューを受けます。

これまでも何度か出てきていますが、GitLab で開発コードの変更レビューを受ける機能が「Merge Request」です。Merge Request についての説明は次章でも行うため、まずは開発者として Merge Request の作成を行ってみましょう。

プロジェクトページの［Code］>［Merge requests］に遷移し、［New merge request］を押すと、マージ元のブランチとマージ先のブランチおよびリポジトリを指定する画面に移ります。多くの開発現場では、main ブランチをターゲットブランチ（Target branch）とするため、デフォルトで main ブランチが指定されています。また、他のプロジェクトからフォークしたプロジェクトの場合は、フォーク元のプロジェクトを指定することも可能です。

ここでは今回 feature ブランチ（feature-greeting-name）へコミットした変更内容を、main ブランチにマージする Merge Request を作成します。Source branch のリポジトリ名に「`<groupname>/gitlab-tutorial`」を選択し、ブランチ名に「`feature-greeting-name`」を選択してから、［Compare branches and continue］ボタンをクリックします（Figure 7-13）。

Figure 7-13　Compare branches

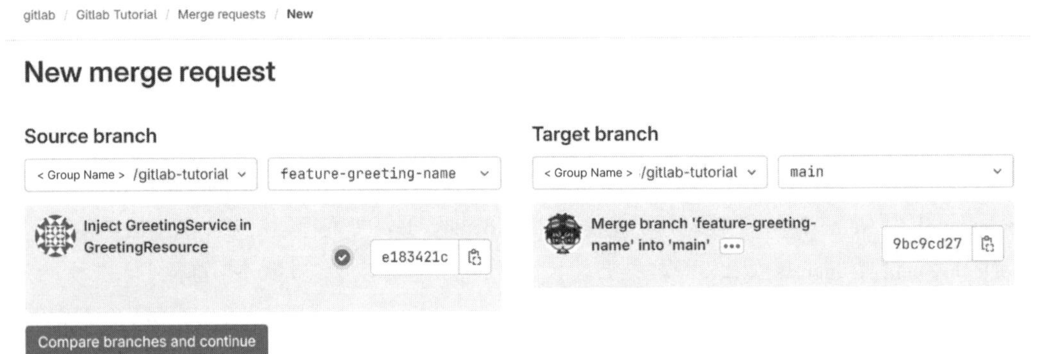

Merge Request の作成画面に遷移したら、Merge Request のタイトルと説明を入力しましょう。説明には、この Merge Request が解決する課題内容などを記しておくと親切です。本書では Table 7-9 の項目を参考に Merge Request を作成しています。

Table 7-9 Merge Request の入力項目

オプション	概要	GitLab Tutorial の入力項目
Title	Merge Request のタイトル	Inject GreetingService in GreetingResource
Description	Merge Request の内容詳細	## What does this MR do? … ## What are the relevant issue numbers? # < Issue ID >
Assignee	Merge Request の対応を行うメンバー	@developer (Assign to me)
Reviewer	Merge Request をレビューするメンバー	Unassigned
Milestone	マイルストーンとの連携	No milestone
Labels	Merge Request のラベル	なし
Merge options	マージした際のブランチ変更オプション	なし

Merge Request を作成するときにレビューアや担当者を選択できますが、作成時は起票者自身を担当にしておき、Merge Request 内のディスカッションで担当者を改めて割り当てます。また、この Merge Request の作成画面では、[Commits] [Pipelines] [Changes] のそれぞれのタブから、マージ元ブランチのパイプラインの実行状況やソースコードの変更内容を GUI で比較できます。

それらの情報を参照して問題ないことが確認できたら、いったん開発レビューアの指定を行わずに [Create Merge Request] をクリックして、Merge Request を作成しましょう (Figure 7-14)。マージ作業は次の章で行います。

Figure 7-14 Merge Request の作成画面

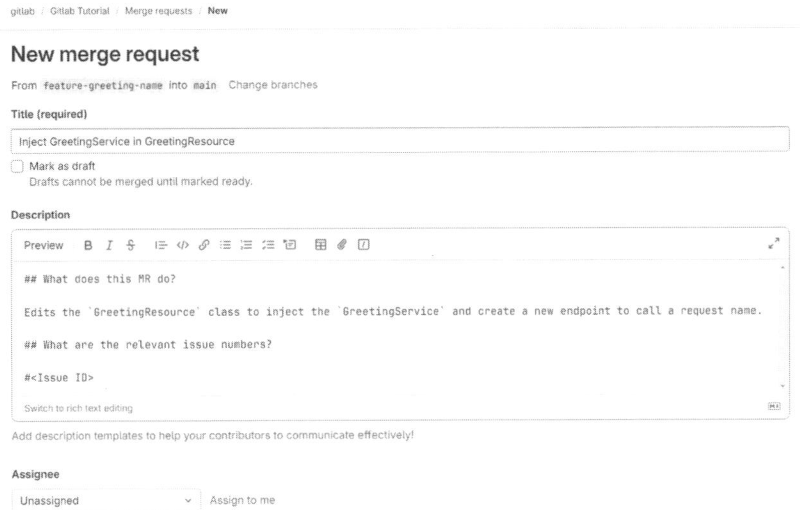

あらかじめ Slack や Mattermost などのチャットツールと連携を行っておくと、Merge Request が作成されたことと同時に、チームのチャンネルに通知を飛ばすこともできます。

7-7 まとめ

安定的かつ高頻度なサービスのリリースを行うためにはいかに環境差異をなくし、動的なデプロイメントを実現するかが重要です。

これはアプリケーションの展開だけにとどまらず、インフラ環境においても同じことが言えます。コンテナ環境を活用することにより、これまで一つひとつのアプリケーションをデプロイしていた作業はコンテナイメージとして展開され、設定作業は構成管理ツールや Kubernetes のようなオーケストレーターが管理します。このようにパッケージやコードによるデプロイの自動化は、継続的インテグレーションの段階で仕組みとして構成されます。つまり、サービス提供者として運用を行うチームでは、このデプロイメントパイプラインに関わるメンバー間のコミュニケーションパスをいかに簡略化し、品質の高いデプロイを継続できるかが重要なポイントです。

Column　ソフトウェアサプライチェーンセキュリティ

近年ではアプリケーションやサービスを構成する要素が複雑化する中で、ソフトウェアサプライチェーンと呼ばれるソフトウェア製品やサービスが開発される過程における一連のステップや関与する要素に対するリスクが高まっています。このため、動的アプリケーション・セキュリティ・テスト（DAST）や静的アプリケーション・セキュリティ・テスト（SAST）といったツールや、ソフトウェア部品表（Software Bill of Materials/SBOM）作成などの各種セキュリティ評価・分析、ガバナンスのためのツールなど様々なものを開発プロセスの中に組み込む必要性が増えています。アプリケーションを素早く継続的にリリースするための作業に加えて、こういったセキュリティやリスク対策を一貫して継続的に実施していく上では、ツールを導入するだけでなく、それらのツールを人手を介さず効率的に実行できるような環境も合わせて整えていきましょう。

第8章 継続的デリバリ

ソフトウェア開発は、アーティファクトが作成できただけで終わりではありません。次のステップとしてデプロイメントを強化し、安定したサービスをリリースすることが求められます。

チームでサービス開発を行っている場合、開発スピードを維持しながらアプリケーションの信頼性や品質を担保するためには、開発レビューアは効率的なレビューを実施する必要があります。また、アプリケーションの規模や複雑度が高くなるとレビューの件数やレビュー観点も合わせて増えていきます。そのため、コードレビューやテスト結果など確認すべき情報をスムーズに確認・評価する仕組みが必要です。

さらに、デプロイメントの自動化では、ステージング環境や本番環境を問わず、どの環境においても同じ方法でデプロイできることが求められます。これは裏を返せば、デプロイメント方法が環境ごとに異なることほど危険なリリースはないということです。加えて、人のオペレーションが介在するデプロイプロセスでは、設定漏れやオペレーションミスといった品質低下を自ら招いていることに他なりません。これらを避けるためにも、GitLab CI/CD を使って自動化された品質の高いリリースを実装することが重要です。

本章を通じて、Merge Request（マージリクエスト）を用いたコードレビューから始まる一連のプロセスを体験してリリースに至るまでの全体像を理解し、GitLab を用いた効率的な「継続的デリバリ」の方法を学びましょう。

8-1 継続的デリバリのパイプライン

ここでは、Merge Request から Review apps で行ったデプロイメントのレビューを行い、本番環境へのデリバリ、リリースに至るまでの一連の流れを確認していきましょう。

開発レビューアは、Merge Request の UI 上でコードの変更点やレビュー環境にデプロイされたアプリケーションの動作確認を行った後、コミット内容を main ブランチにマージすることを承認します。マージが承認されると、コミット内容は main ブランチへ取り込まれると同時に、GitLab CI/CD が継続的デリバリのパイプラインを実行します。

継続的デリバリのパイプラインは Figure 8-1 に示す 3 つのジョブで構成されています。

Figure 8-1 継続的デプロイのパイプライン

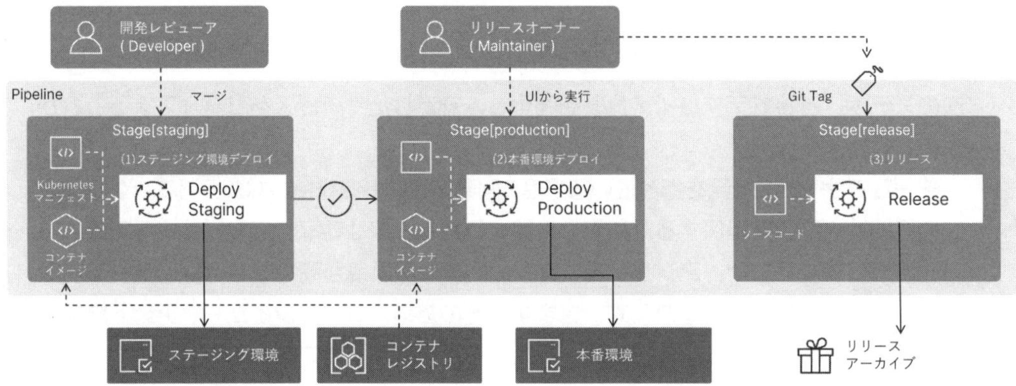

(1) ステージング環境へのデプロイ

　GitLab Tutorial アプリケーションをステージング環境へデプロイする。

(2) 本番環境へのデプロイ

　GitLab Tutorial アプリケーションを本番環境へデプロイする。

(3) リリース

　本番環境へリリースした GitLab Tutorial アプリケーションのスナップショットを作成する。

多くの場合、マージをトリガーにして自動的にデプロイするのはステージング環境までとし、本番環境へのデプロイの前に追加のオペレーションを必要としたり、あるいはリリースそのものを手動で実施することもあります。今回の演習でも、本番環境へのデプロイは GitLab の Web ポータルからの操作をトリガーとする前提のもとでパイプラインを構成しています。

8-1-1 Merge Requestの確認とマージ

継続的デリバリのパイプラインを実行するために、ここでは前章で作成したMerge Requestを確認し、mainブランチへのマージを行います。Merge Requestは、featureブランチに修正されたコードを開発レビューアが別のブランチに反映するための承認チケット機能です。これを使うことで、1つの画面から以下の作業をまとめて実施できます（Figure 8-2）。

- コードの差分の閲覧
- 自動テストの結果レポートの確認
- 実行されたCIパイプラインの状態の確認
- Review appsとして実際にデプロイされたアプリケーションへのアクセス

Figure 8-2　Merge Requestのレビュー

開発レビューアはこれらの情報を元に、アプリケーションに対する変更内容の妥当性や正常性を評価できます。開発レビューアの視点で、GitLab Tutorialアプリケーションのマージ作業を行いましょう。

■ Merge Requestの確認

まずはパイプラインの実行状態を確認します。プロジェクトページの［Code］＞［Merge requests］から、前章で作成したMerge Requestを開いてみましょう。

これはマージ元のfeatureブランチ（feature-greeting-name）のパイプライン実行結果であり、プロジェクトページにある［Build］＞［Pipelines］と同じものが表示されます。GitLab Tutorialアプリケーションでは1つしかfeatureブランチを構成していないため、Merge Requestにパイプラインがリンクされている必要性は低いですが、複数の開発が同時に走るような環境ではマージ元ブランチを特定することにも工数がかかります。また、間違ったパイプライン結果を開発レビューアが見比べてしまうと、マージ先の環境にも影響を及ぼしてしまいます。したがって、開発レビューアはMerge Requestに表示されたパイプラインを確認して、これらのジョブが期待通りに成功しているかを確認します。

また、パイプラインのジョブが成功しているかに加え、テスト結果レポートやデプロイされたアプリケーションへのアクセスもMerge Requestから確認できます。

テスト結果は［Test Summary］に、Job[quarkus-test]で行ったJUnitのテストレポートが表示されます。ただし、ここだけではテストの詳細は見られないため［Full report］のリンクをたどり、テストページへ遷移します。

一方、レビュー環境用のアプリケーションの確認には［View app］からリンクをたどります。GitLab TutorialアプリケーションはReview appsによって、以下のようなドメインが割り当てられています。

○ Review appsによって生成されたドメイン

```
http://<CI_ENVIRONMENT_SLUG>-quarkus-app.example.com/
```

こちらのアクセスドメインは、前章でIngressによってKubernetes上には設定されていますが、ローカル環境では名前解決が設定されていません。Review appsはローカル環境のDNSや`hosts`にドメインを自動登録する機能があるわけではないため、こちらにアクセスするには名前解決を行う必要があります。

名前解決にはいくつか方法がありますが、コマンドラインからレビュー環境上で稼働するGitLab Tutorialアプリケーションに接続し、動作確認を行ってみましょう。レビュー環境のドメインは`<CI_ENVIRONMENT_SLUG>`を特定する必要がありますが、ここでは簡単にKubernetes上のNamespaceから取得します。

◎ レビュー環境のドメイン名を特定

```
$ export REVIEW_NAMESPACE=$(kubectl get namespace | grep review-feature\
  |awk '{print $1}')
$ echo ${REVIEW_NAMESPACE}
review-feature-gr-7s81ui
```

`<CI_ENVIRONMENT_SLUG>`は Review apps によってユニークな名前が振られており、Job[dev-deploy] のログからも確認できます。ここで出力された値を Review apps によって生成されたドメインと合わせることによって、レビュー環境に接続できます。エンドポイントの IP アドレスは、Ingress で作成された AWS のエンドポイントです。

◎ レビュー環境への接続確認

```
$ export ELB_FRONT_DOMAIN=$(kubectl -n ${REVIEW_NAMESPACE} get ingress \
  quarkus-app -o=jsonpath={.status.loadBalancer.ingress[0].hostname})

$ echo ${ELB_FRONT_DOMAIN}
<ELB_NAME>.<AWS_REGION>.elb.amazonaws.com

$ curl -H "Host: ${REVIEW_NAMESPACE}-quarkus-app.example.com" \
   http://${ELB_FRONT_DOMAIN}/hello/greeting/John -w "\n"

hello John
```

ここで名前付きの挨拶が返ってくると、アプリケーションが正常に動作しています。

ローカル環境からブラウザを利用してアプリケーションへの接続を確認したい場合は、`<ELB_FRONT_DOMAIN>`の IP アドレスを確認した上で、`hosts` ファイルに IP アドレスとドメインを明記してください。

List 8-1 hosts ファイルの例

```
<ELB_FRONT_IP>    <CI_ENVIRONMENT_SLUG>-quarkus-app.example.com
```

継続的インテグレーションで提供された成果物を確認できた後は、Merge Request 内のディスカッション機能を利用し、コードへのコメントを行いながらサービスの改善を図りましょう。Merge Request 内の［Changes］タブをクリックすると、コードの変更箇所を確認できます。行単位でレビューコメントが付けられ、ここからディスカッションも可能です（Figure 8-3）。

Figure 8-3 Merge Request 上でのコードレビュー

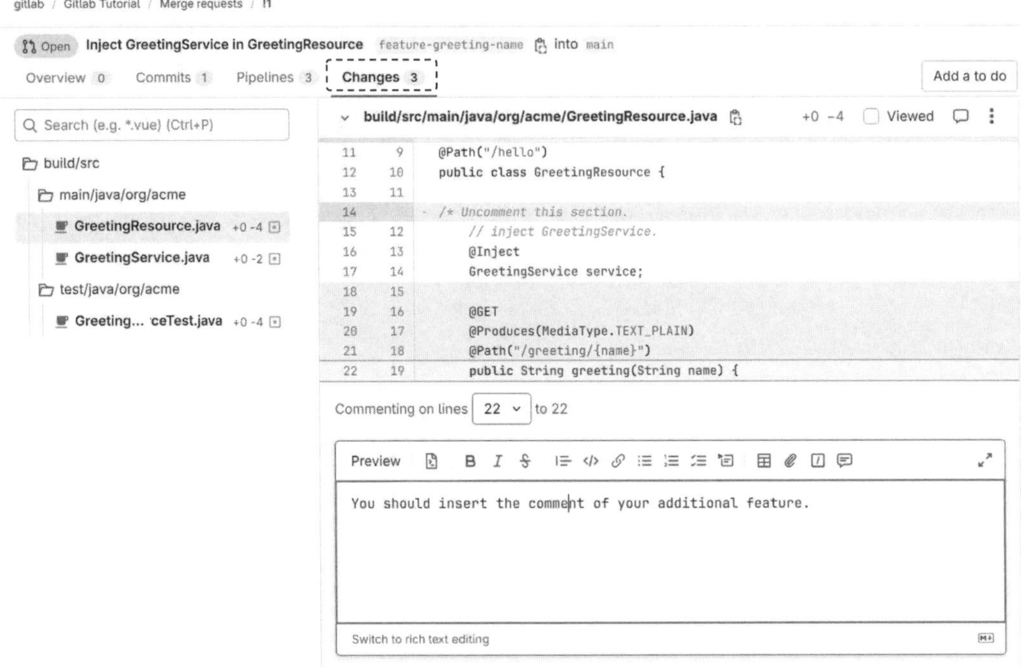

■ Merge Request のマージ

レビューが完了し、main ブランチにマージしても問題ないと判断できたら、開発レビューアは [Merge] ボタンを押してマージを実行します。

これにより、feature ブランチ上の変更点が main ブランチに対して反映されると同時に、マージをトリガーとしたパイプラインが再度開始されます。GitLab Tutorial アプリケーションでは利用しませんが、マージを行う際に下記のオプションを設定できます。

- Delete source branch：マージが完了した際に、マージ元のブランチを削除する。
- Squash commit：マージが完了した際に、ブランチのコミットを 1 つにまとめる。
- Edit commit message：コミットのメッセージを変更する。

8-2 Merge Request

継続的デリバリの各ジョブについて確認する前に、先ほど作成したMerge Requestについて、基本的な考え方や開発フロー、応用的な利用方法について理解しておきましょう。

Merge Requestとは、リモートリポジトリのブランチにプッシュした内容をチームメンバーに知らせ、レビューを行ってもらうためのチケット機能であり、コミュニケーションの場です。Merge Requestが作成されると、チームメンバーは変更箇所について議論し、必要であればその場で修正を行うことができます。開発したコードを適切な担当者にレビューしてもらいたいときは、明示的にレビューアを指定できます（Figure 8-4）。

Figure 8-4　Merge Requestを利用した開発

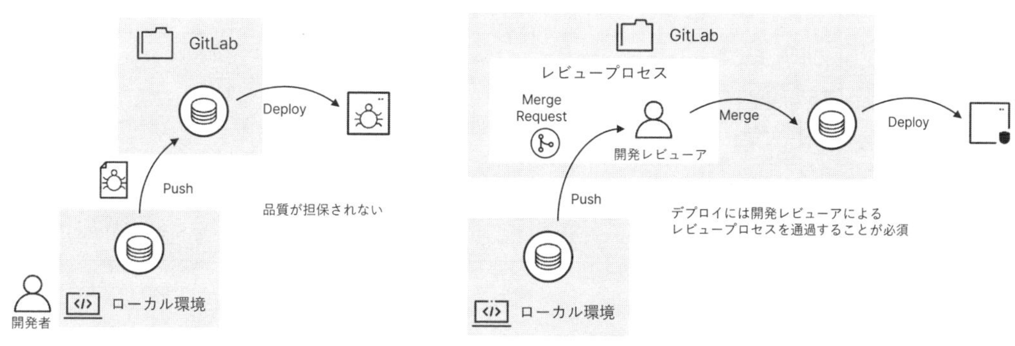

開発フローは企業やチームの開発プロセスによって異なることが多いため、まずはチーム内で合意したフローをもとに、Merge Requestを利用してみましょう。

Column　Pull RequestとMerge Request

Merge Requestと似たワードとして、GitHubのPull Request（プルリクエスト/プルリク）が有名なため、こちらのワードがより聞き馴染みのある方も多いことでしょう。基本的にGitLabのMerge RequestもPull Requestと同様の機能を提供します。ただし、GitHubやBitbucketでは最初の作業でfeatureブランチを取得（Pull）するため、「Pull Request」という名前を使用しているのに対して、最後の作業がマージ作業という観点でGitLabでは「Merge Request」を使用しています。

8-2-1 保護ブランチワークフローとフォークワークフロー

Merge Request を活用した開発フローには、2 つの方法が用意されています（Figure 8-5）。

(1) 保護ブランチワークフロー

開発メンバー全員が同じ GitLab プロジェクト上で開発を行う方法です。

(2) フォークワークフロー

main ブランチへのマージは限られたメンバーだけが行い、開発メンバーはフォークして開発を行う方法です。

Figure 8-5 Merge Request 開発フローの方法

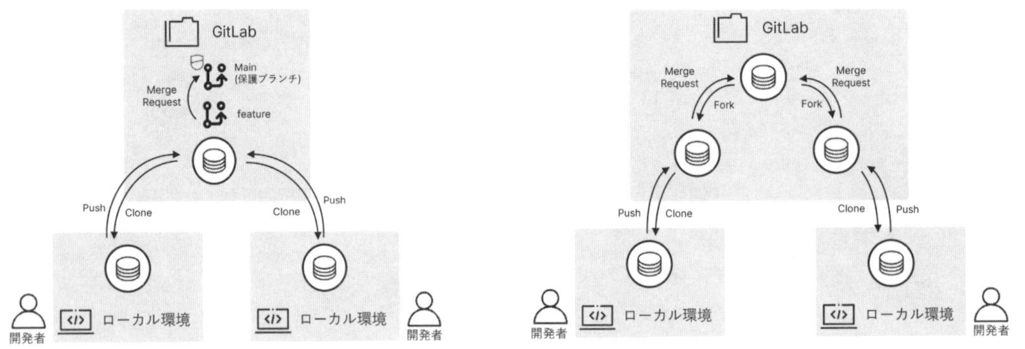

どちらの方法もコードを他のメンバーにレビューしてもらった後にマージするという観点では、同じ機能を提供しています。ただし、開発プロセスやリポジトリの更新権限によって、フォークを利用したリポジトリの取り扱い方法を選択しなければいけません。**フォーク**とは、元のリポジトリのコピーを別の名前空間に置くことができるリモートリポジトリの機能であり、元のリポジトリに影響を与えることなく開発を進められる方法です。たとえば、対象のリポジトリへの書き込み権限がない場合には、このフォーク機能を利用して更新を依頼することが可能です。

■ 保護ブランチワークフロー

保護ブランチフローでは、開発メンバー全員が 1 つの GitLab プロジェクトを利用します。つまり、1 つのリポジトリ内で開発を行うため、main ブランチを保護対象（Protected）として取り扱い、レビュー権限を持った管理者だけに更新作業を許可します。また、それぞれの開発者は Developer アクセス権限だけが付与され、feature ブランチをプロジェクトにプッシュした後に、main ブランチに対して Merge Request を作成します（Figure 8-6）。

(1) ブランチの保護

プロジェクトの管理者は、main ブランチに対して Protected 設定を行う。

(2) feature ブランチの作成

ローカルリポジトリに複製を行い、feature ブランチを作成する。

(3) リモートリポジトリの更新

作成した feature ブランチ上で開発を行い、リモートリポジトリにプッシュする。

(4) Merge Request の作成

リモートリポジトリの feature ブランチを main ブランチにマージしてもらうために Merge Request を作成する。

(5) Merge Request の確認とマージ

Merge Request の内容をレビューアが確認し、問題がなければ main ブランチにマージする。

Figure 8-6　保護ブランチワークフロー

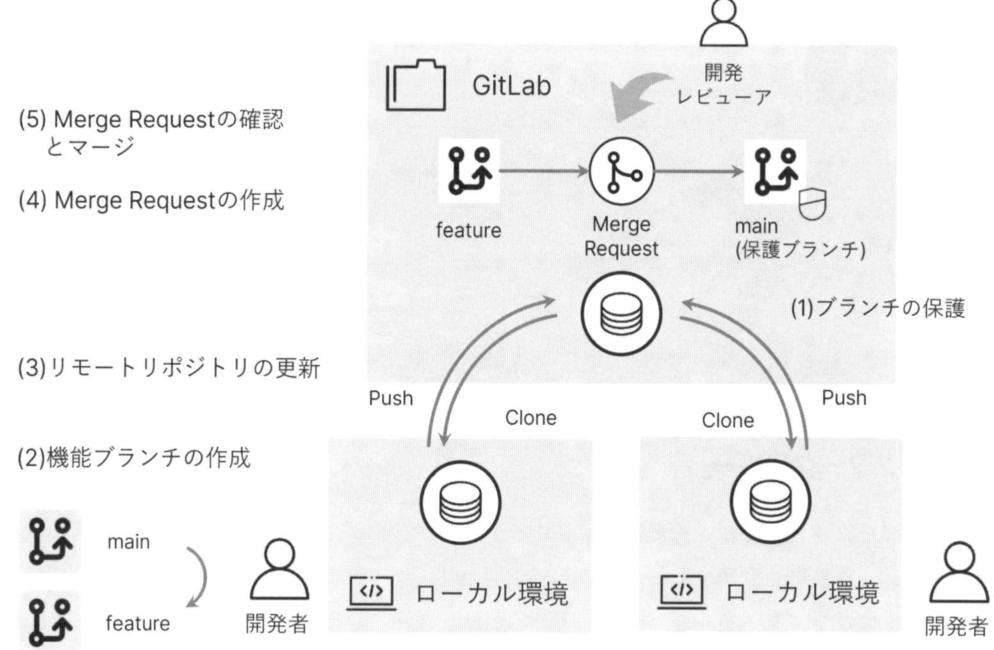

保護ブランチワークフローを利用すると、開発者はプロジェクトごとにリモートリポジトリ 1 つだ

けを管理すればよいため、開発手順やリポジトリ構造が複雑化せずに済みます。そのため、社内のチーム開発など開発者が特定できる環境でよく利用される方式です。

保護ブランチワークフローの方式を安全に運用する場合は、mainブランチが保護（Protected）状態でなければなりません。まずはmainブランチの作成がProtectedブランチとして登録されていることを確認し、プッシュやマージに対する適切な権限付与を行います。デフォルトブランチであるmainブランチはProtectedとして登録されていますが、その他のブランチもProtectedに設定したい場合は、管理者権限を持ったユーザーのプロジェクトページにある、［Settings］>［Repository］の、［Protected Branches］セクションから設定できます（Figure 8-7）。

あらかじめ適切な権限を付与することで、開発者による対象ブランチの偶発的な更新や削除を防ぐことができます。たとえば、プッシュ作業は「No one」を選択し、マージの許可に関しては「Developers+Maintainer」にしておくことによって、どのメンバーであっても保護ブランチへの更新はすべてMerge Request経由でしか変更できないことを強制できます。また、ここで指定するブランチ名にはワイルドカードも利用でき、特定の名前のブランチに対して保護することも可能です。

Figure 8-7 Protected Branches

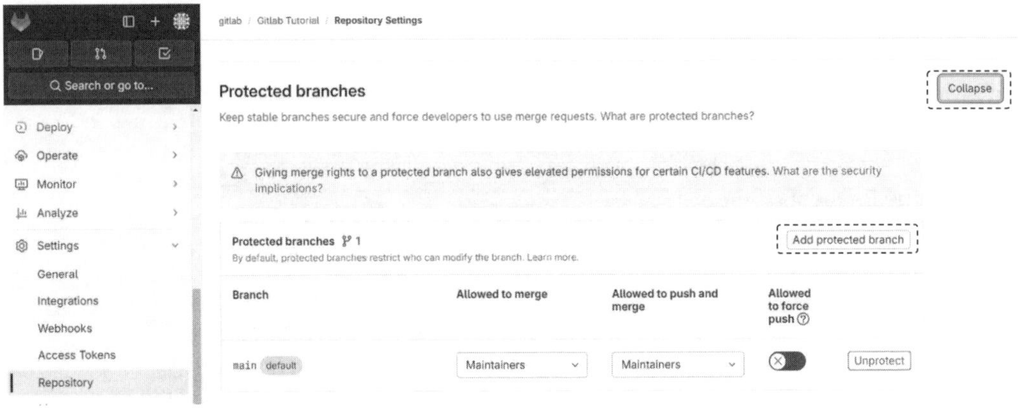

■ フォークワークフロー

フォークワークフローでは、管理者やレビューアのみがリポジトリを操作できるようになっており、開発者はフォーク機能を利用することによって、別のリポジトリで開発を行います。通常開発者には、プロジェクトに対してReporterアクセス権限だけが付与されており、フォークした自身のリポジトリ上で開発を行います。そして、mainブランチに変更を加えたい場合は、フォークに対してMerge Requestを要求します（Figure 8-8）。

(1) main ブランチの作成

プロジェクトの管理者は、開発者に対して Reporter アクセス権限を付与する。

(2) リポジトリをフォーク

GitLab 上でリポジトリをフォークする。

(3) ローカルリポジトリに複製（Clone）

リモートリポジトリをローカルリポジトリに複製する。

(4) リモートリポジトリにプッシュ（Push）

feature ブランチを作成して開発を行い、最後にフォークしたリポジトリに対してプッシュする。

(5) Merge Request の作成

フォークしたリポジトリを main ブランチにマージしてもらうために Merge Request を作成する。

(6) Merge Request の確認とマージ

Merge Request の内容をレビューアが確認し、問題がなければ main ブランチにマージする。

Figure 8-8　フォークワークフロー

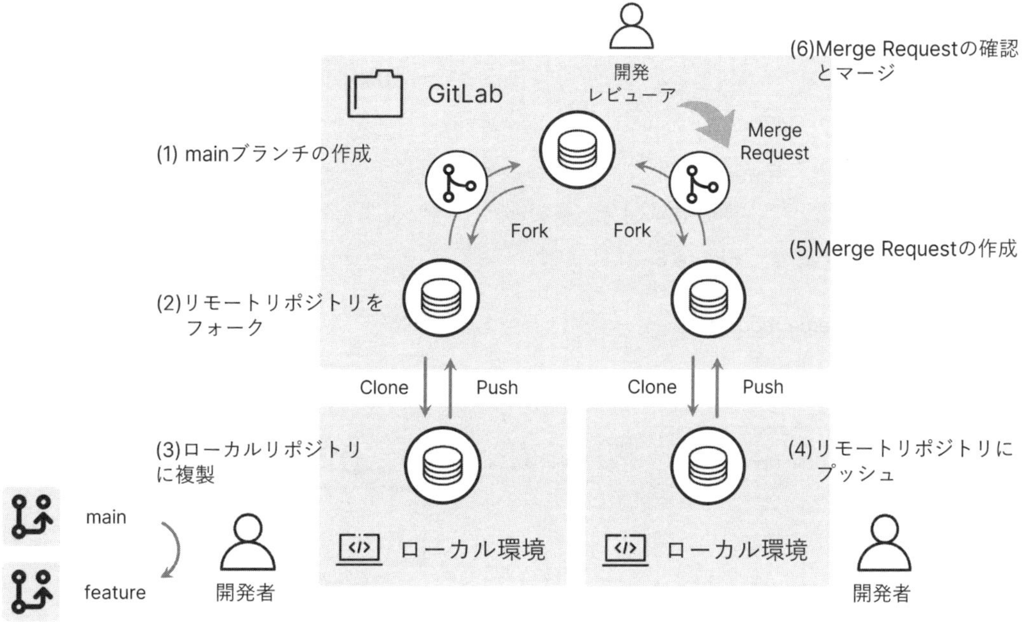

フォークワークフローでは、開発者に必要なアクセス制限が自動的に付与されるため、ブランチを Protected に設定するなどの保護ブランチフローのような追加の作業は不要ですが、開発者側でフォークのリポジトリを最新に保つ必要があり、複数のリモートリポジトリを管理するという視点でより高

度な Git スキルが必要になります。そのため、社内の開発フローでは管理が複雑化するためおすすめしません。典型的な利用例としては、オープンソースなどネット上で公開されているアプリケーション開発において、不特定多数の開発者に対してリポジトリへの書き込み権限を与えないよう管理する方式です。

8-2-2 Merge Request のコミュニケーション機能

Merge Request には、無駄なコミュニケーション工数を下げてレビューに専念するためのサポート機能が付属しています。自身が Merge Request を利用する際には、ここで紹介する機能をうまく活用しながら、品質の高いコード開発と効率的な開発プロセスを築いていきましょう。

■ Draft merge request

Merge Request は、必ずしも main ブランチにマージしなければいけないものではありません。議論を交わした結果、マージせずにそのままクローズすることも頻繁に行われます。また開発を行う中では、素早くレビューサイクルを回しながら、最終的な成果物の認識を合わせることが重要です。つまり、毎回マージを前提とした Merge Request を作成していては、一度のコミットの開発範囲が広くなってしまうので、コミュニケーションが図りづらくなるといった課題が出てきます。

そこで利用するのが Draft marge request です。この機能では、Merge Request がドラフト段階であることを明示することができ、開発レビューアが内容を勝手にマージできないように［Merge］ボタンにブロックをかけることで、開発者は開発途中であっても他の開発者と議論を交わしながら安全に開発を進めることができます（Figure 8-9）。

Figure 8-9　Draft merge request

Merge Request をドラフトに指定するには、タイトルの先頭文字を `[Draft]`、`(Draft)` または `Draft:` で

開始するか、「Mark as draft」のチェックボックスを有効にするだけです。ドラフト版の Merge Request は、開発者が［Mark as ready］ボタンを押してドラフトステータスを解除することで、通常通り開発レビューアがマージすることが可能です。

■ Merge Conflict

自身の開発ブランチを作成してから Merge Request をマージしてもらうまでの間に、同じファイルに対して別ブランチから編集が行われると、GitLab 上で競合が起きてしまいます。これを Merge Conflict と言い、この競合を解決するまで自身の Merge Request のマージができません。競合の解決方法は、競合したファイルの差分を GitLab の Web ポータル上で見比べ、手動で修正を行います。ただし、GitLab の Web ポータル上で修正が行える競合ファイルには以下の制限があるので注意しましょう。

- バイナリではなくテキストである。
- UTF-8 互換のエンコーディングがされている。
- 競合マーカーが含まれていない。
- ファイルサイズが 200KB を越えていない。
- 両方のブランチの同じパス配下に存在する。

これらの条件を満たしていると、Merge Request 上に［Resolve conflicts］といった解決リンクが表示され、修正を行うことができます（Figure 8-10）。

Figure 8-10　Merge Conflict

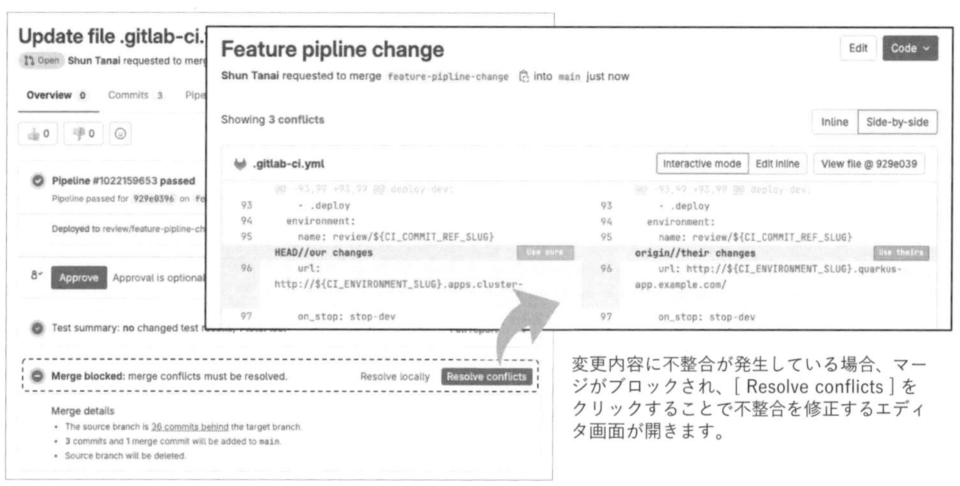

この解決リンクを開くと、自身の開発ブランチとターゲットブランチの競合箇所が色別で表示され、

どちらかのブランチの結果を反映します。この際、［Use Ours］を指定すると自身のブランチ内容が反映され、［Use theirs］を押すとターゲットブランチの内容を反映できます。また複雑な修正を行いたい場合は、［Edit inline］スライドボタンを押し、Merge Conflict Editor を使用することにより手動での変更が可能になります。これはファイルをエディターから変更できる機能であり、ローカル環境同様に競合マーカーが入っている箇所（「<<<<<<<」から「>>>>>>>」まで）を編集します。

これらのどちらの方法であっても、変更完了した後で、コミットメッセージの入力を行い［Commit to source branch］ボタンからコミットし、競合を解消できます。

■ Auto Close Issues

Merge Request によって課題チケットの内容が解決されたときに、マージと同時に自動的にチケットを完了状態にできます。課題チケットと連携するためには、Merge Request のコメント欄に課題番号と以下のキーワードを追加します。これらは、どれを利用しても同じように扱われるため、コメント欄の先頭行に記載しておくことをおすすめします（Figure 8-11）。

Figure 8-11　Auto Close Issues

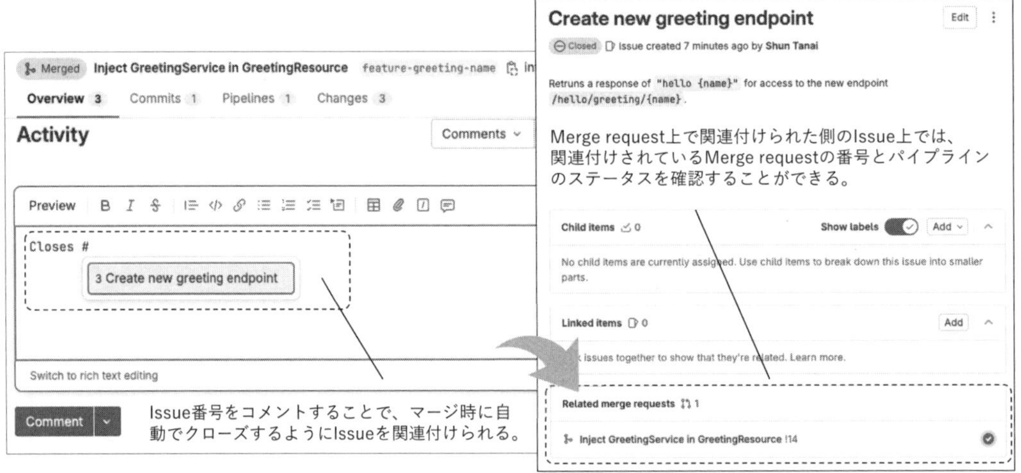

- Close、Closes、Closed、Closing、close、closes、closed、closing
- Fix、Fixes、Fixed、Fixing、fix、fixes、fixed、fixing
- Resolve、Resolves、Resolved、Resolving、resolve、resolves、resolved、resolving
- Implement、Implements、Implemented、Implementing、implement、implements、implemented、implementing

例では、課題チケット番号の前に"Closes"を付け、マージと同時に課題チケットがCloseするように連携されています。もちろん、マージされなかった場合は課題チケットもそのまま保持されます。

また、課題番号の前に「Related to」というキーワードを付けることで、関連する課題をリンクできます。この場合、マージが行われても課題チケットはCloseされません。

8-2-3 Merge Requestの利用上の注意

どのような開発プロセスであっても、Merge Requestの利用方法についてチーム間で共通の認識を持っておかなければ、邪魔なプロセスとなってしまいます。ここではMerge Requestを使う上で、チーム内で認識を合わせるポイントをいくつか紹介します。

■ Merge Requestのクロージング

本来、開発サービスごとに開発レビューアと開発者の役割を分けて開発プロジェクトを進めるべきですが、プロジェクトを立ち上げるとそう簡単にすべての役割をメンバー単位に分けられないのが現実です。また、レビューと開発業務の双方を同時に行う役割の人を増やすと、今度はどうしても開発業務に時間を取られ、レビューやフィードバックにまで手が回らないといった状況が生まれます。こうした結果、レビュー待ちリクエストが徐々に溜まってしまい、開発成果物がいつまで経ってもリリースできないだけでなく、ファイルの編集競合やコードの品質低下によるトラブルを招く原因を生んでしまいます。

このように、Merge Requestが承認されない状況を回避するためにも、チーム内でMerge Requestを定期的に減らす仕組みを考えなければいけません。

たとえば、定期的にMerge Requestのレビューとリリース作業だけを行う日を決めるといったことや、Merge Requestを1つ起票したら2つレビューを行うといったルールを決めることが重要です。こうしたMerge Requestの対応ポリシーを定め、アプリケーション開発プロセスが円滑に回るように心掛けましょう。

■ 開発規模とMerge Request

Merge Requestを利用して変更する内容は、極力小さい単位での修正に収まるように心掛けなければいけません。つまり、修正内容が大きくなると開発工数が増えるだけでなく、それに含まれる修正の数も増えてしまいます。その結果、レビューでの見落としや手戻りが発生してしまい、ひいては品質低下の原因となります。このような開発規模による Merge Request の肥大化を避けるためにも、小さい単位での Merge Request が望まれます。

ただし、ここで言及している開発規模とは、開発者の「生産性」やプロジェクトの「複雑さ」と密接に関わります。要するに、開発者の生産性を損なわない範囲とタイミングで Merge Request を作成することが重要です。またこれと同時に、複数のサービスが連携する高度な開発では、1 つのプロジェクト内で Merge Request を量産するよりもアプリケーションを分割し、管理プロジェクトを分けることが賢明です。

このように、Merge Request 単位の開発規模はチームの技術レベルやアプリケーション設計にも依存していることを、チームメンバー同士で認識できていることが望ましい環境です。

■ テストの自動化と Merge Request

Merge Request によるレビューの仕組みを効果的に実施するためには、テストの自動化は欠かせません。たとえば、シンタックスエラーやデプロイエラーなど、レビューアが確認せずとも分かる軽微な修正に関しては、Merge Request が作成される前に自動テストを実施して修正しておくべきです。これによって、レビュー時に発生するコミュニケーションコストの削減や開発者のレビュー待ち時間の短縮が見込めます。

8-3 ステージング&本番デプロイメント

本節で、Merge Request によって main ブランチにマージされたアプリケーションをステージング環境および本番環境にデプロイするパイプラインについて確認していきましょう。

デプロイするための環境設定やタスクを実行するスクリプトを定義したデプロイテンプレートについて、「6-3 開発デプロイメント」で確認しました。ステージングデプロイメントや本番デプロイメントでも、このデプロイテンプレートを使ってジョブを定義しています。また、「6-4 レビュー環境のデプロイメント」で、動的環境と静的環境について解説しましたが、ステージング環境と本番環境はどちらも静的環境に該当します。Review apps のような動的環境とは異なり、静的環境に対するデプロイメントでは同一種類の環境を複数デプロイされることを想定する必要がないため、環境名や URL などのジョブ内の環境の定義方法に違いがあります。このあたりの違いに着目してジョブ定義を確認していきましょう。

8-3-1 ステージングデプロイメント

まずは、ステージング環境へのGitLab Tutorialアプリケーションのデプロイ（Job[deploy-dev]）について確認していきましょう。

List 8-2 Job[deploy-stg]の定義（gitlab-tutorial/.gitlab-ci.yml）

```
deploy-stg:
  stage: staging
  extends:
    - .deploy
  environment: ##(1)
    name: stg
    url: http://stg-quarkus-app.example.com
    deployment_tier: staging
  rules:  ##(2)
    - if: $CI_COMMIT_BRANCH == "main"
    - if: $CI_PIPELINE_SOURCE != "merge_request_event"
  when: never
```

継続的デリバリのパイプラインでは、mainブランチにマージが行われるとJob[deploy-stg]によってコンテナイメージをステージング環境にデプロイします。

> (1) environmentパラメータにより、ステージング環境の固有のURL「`http://stg-quarkus-app.example.com`」と固有の名前「`stg`」を指定
> (2) rulesパラメータを用いて、mainブランチへのコミット、またはMerge Requestをトリガーにしてステージングデプロイを実行するように指定

Review appsでは、URLおよび環境名に対してコミットごとに値が変化する定義済変数を利用することで、1つのジョブでコミットごとに異なる環境名とURLを持つデプロイを実現していました。しかし、ステージング環境や本番環境は、パイプラインに対してそれぞれ静的な1つの環境が割り当てられています。そのため、Job[deploy-stg]や本番環境へのデプロイジョブであるJob[deploy-prod]では、environmentの環境名やURLの指定に変数を使わず、固定の値を使用しています。

また、ステージング環境へデプロイされるアプリケーションは、mainブランチ上のものだけとし、それ以外のブランチのものはデプロイされないようにする必要があります。rulesパラメータを使いコミット対象のブランチが"`main`"となっていることを条件とすることで、その制御を行っています。

rulesパラメータでは、定義済変数`<CI_PIPELINE_SOURCE>`を条件式に使用できます。これにより、パイプラインのトリガーとなったイベントの種類に応じて、ジョブの実行可否を制御することが可能で

す。たとえば、Merge Request によるマージやリポジトリへのプッシュ、外部の API からの操作などをジョブの実行条件として利用できます。

Table 8-1 CI_PIPELINE_SOURCE で指定可能な定数

オプション	内容
api	GitLab のパイプライン API 経由でトリガーされたパイプライン
chat	GitLab ChatOps により、チャットツールからトリガーされたパイプライン
external	GitLab 以外の CI サービスによりトリガーされたパイプライン
external_pull_request_event	接続設定をしている GitHub リポジトリでのプルリクエストによりトリガーされたパイプライン
merge_request_event	Merge Request の作成・更新によりトリガーされたパイプライン
parent_pipeline	同一プロジェクト内で親子関係にあるパイプライン（親パイプライン）からトリガーされたパイプライン
pipeline	API やジョブからトリガーされたマルチプロジェクトパイプライン
push	ブランチやタグを含め、プロジェクトに対するプッシュによりトリガーされたパイプライン
schedule	プロジェクトのスケジュール機能によりトリガーされたパイプライン
trigger	GitLab パイプライントリガー API 経由でトリガーされたパイプライン
web	GitLab の Web ポータルよりトリガーされたパイプライン
webide	GitLab の Web IDE よりトリガーされたパイプライン

この他にも、Merge Request をトリガーにしたパイプラインにのみ適用できる定義済変数もあります。これらを応用すると、下記の例のように feature ブランチを main ブランチにマージする際の条件を表現することも可能です。GitLab の公式ドキュメントには様々な定義例があります。皆様が新たにジョブ定義を検討する際は、ドキュメントや本書を是非参考にしながら、チームとしてどのような条件でジョブが実行されていると理解しやすい記述となるか考慮しながら実装していきましょう。

List 8-3 Merge Request 作成時に rules に利用できる変数を使用した例

```
rules:
  - $CI_MERGE_REQUEST_SOURCE_BRANCH_NAME =~ /^feature/
      && $CI_MERGE_REQUEST_TARGET_BRANCH_NAME == $CI_DEFAULT_BRANCH
```

Table 8-2　Merge request で利用可能な定義済変数

変数名	内容
CI_MERGE_REQUEST_APPROVED	Merge Request の承認ステータス。Merge Request の Approval 機能を有効にしていて、かつ Merge Request が Approval（承認）された場合は TRUE
CI_MERGE_REQUEST_DESCRIPTION	Merge Request の説明文 (description)
CI_MERGE_REQUEST_LABELS	Merge Request に付与されているラベル
CI_MERGE_REQUEST_PROJECT_ID	Merge Request の ID
CI_MERGE_REQUEST_PROJECT_PATH	Merge Request のプロジェクトパス (例: cloudnative_impress/gitlab-tutorial)
CI_MERGE_REQUEST_PROJECT_URL	Merge Request のプロジェクト URL 例: http://gitlab.com/cloudnative_impress/gitlab-tutorial
CI_MERGE_REQUEST_SOURCE_BRANCH_NAME	Merge Request のソース（マージ元）ブランチのブランチ名
CI_MERGE_REQUEST_SOURCE_BRANCH_PROTECTED	ソースブランチが保護されている (Protected) か。保護されている場合は TRUE
CI_MERGE_REQUEST_SOURCE_PROJECT_ID	ソース (マージ元) プロジェクトのプロジェクト ID ※フォーク時はフォークプロジェクトの値が設定される
CI_MERGE_REQUEST_SOURCE_PROJECT_PATH	ソース (マージ元) プロジェクトのプロジェクトパス ※フォーク時はフォークプロジェクトの値が設定される
CI_MERGE_REQUEST_SOURCE_PROJECT_URL	ソース (マージ元) プロジェクトのプロジェクト URL ※フォーク時はフォークプロジェクトの値が設定される
CI_MERGE_REQUEST_SQUASH_ON_MERGE	マージオプションに Squash が設定されているか。設定されている場合は TRUE
CI_MERGE_REQUEST_TARGET_BRANCH_NAME	Merge Request のターゲット（マージ先）ブランチのブランチ名
CI_MERGE_REQUEST_TARGET_BRANCH_PROTECTED	ターゲットブランチが保護されているか。保護されている場合は TRUE
CI_MERGE_REQUEST_TITLE	Merge Request に付与されているタイトル

ステージング環境へのデプロイが成功すると、プロジェクトページの［Environments］に今回のコミットによってデプロイされたステージング環境の情報が表示されます。サイドメニューから［Operator］>［Environments］を選択し、ステージング環境の情報を確認しましょう。動的環境である Review apps の場合は、環境が「Review」という名前でグルーピングされ折りたたまれて表示されていましたが、ステージング環境では図のようにグルーピングされていない状態で表示されます（Figure 8-12）。

Figure 8-12 ステージング環境の確認

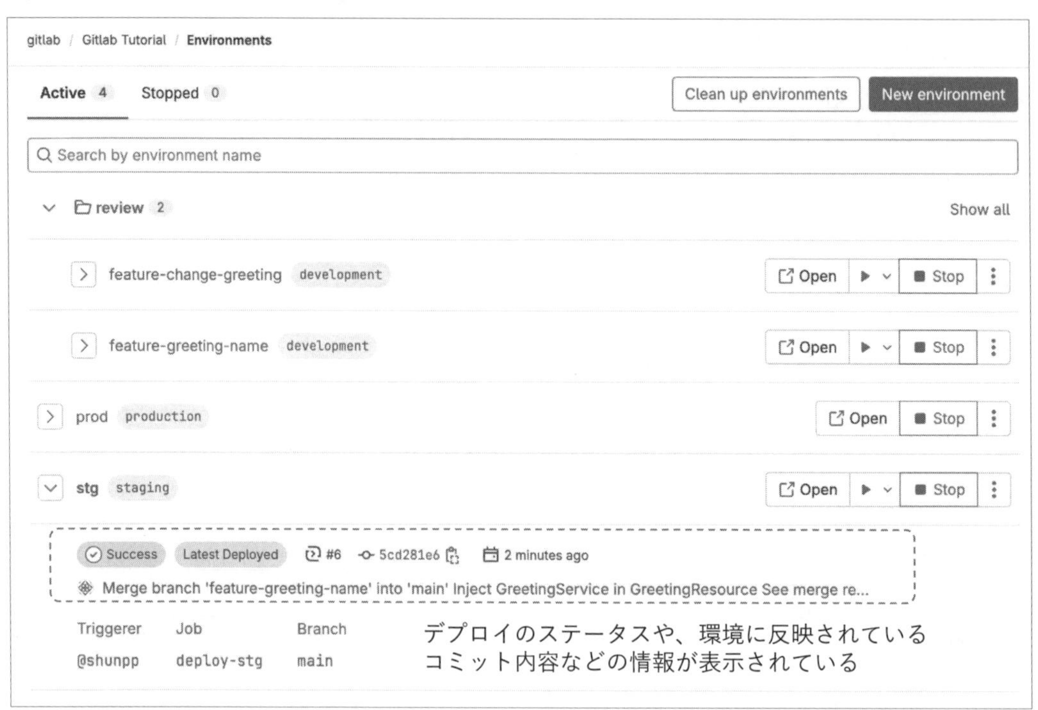

Environments[stg] に「Success」という表示とともに最新のマージ内容が反映されていることが確認できたら、コマンドラインからステージング環境にアクセスしてみましょう。アプリケーションの変更が反映されていると「stg-quarkus-app.example.com」というドメイン配下のコンテンツにアクセスすることで、"hello {name}"というレスポンスが返ってきます。

◎ ステージング環境の確認

```
$ export ELB_FRONT_DOMAIN=$(kubectl -n stg get ingress quarkus-app \
-o=jsonpath={.status.loadBalancer.ingress[0].hostname})

$ echo ${ELB_FRONT_DOMAIN}
<ELB_NAME>.<AWS_REGION>.elb.amazonaws.com

$ curl -H "Host: stg-quarkus-app.example.com" \
```

```
http://${ELB_FRONT_DOMAIN}/hello/greeting/John -w "\n"

hello John
```

8-3-2 本番デプロイメント

ステージング環境へのデプロイメントが確認できたところで、次は本番環境へのデプロイメント（Job[deploy-prod]）について確認していきしょう。

GitLab Tutorial アプリケーションでは、本番環境へのデプロイジョブはパイプラインによって自動的に実行されずに、リリースオーナーによる承認として、手動によるトリガー操作が必要となるように設定しています。そのため、本番環境へのデプロイを実行するためには、GitLab の Web ポータルから手動で本番環境へのデプロイボタンを押して、デプロイジョブを実行する必要があります。デプロイボタンは、プロジェクトの［Build］ > ［Pipelines］、または、先ほどステージング環境の確認を行う際にアクセスした、［Operator］ > ［Environments］のステージング環境からたどり着くことができます（Figure 8-13）。

Figure 8-13　本番環境へのデプロイ

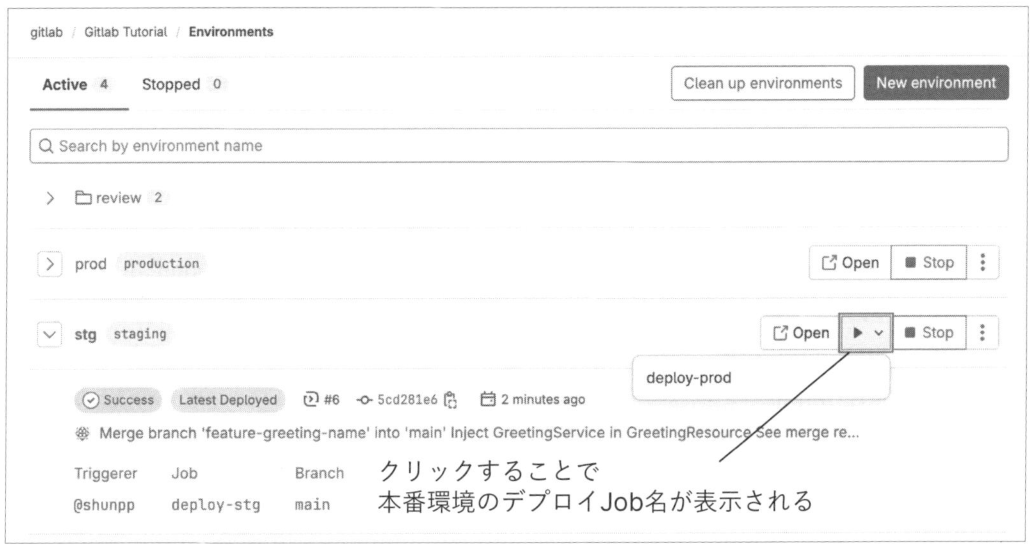

図のようにステージング環境の情報に「deploy-prod」というボタンが表示されます。この「deploy-prod」は、今回の gitlab-ci.yml 上で定義した本番デプロイジョブの Job[deploy-prod] のジョブ名と一致しています。

Job[deploy-prod] の定義内容を List 8-4 に示します。

List 8-4 Job[deploy-prod] の定義（gitlab-tutorial/.gitlab-ci.yml）

```
deploy-prod:
  stage: production
  extends:
    - .deploy
  when: manual ##(1)
  environment: ##(2)
    name: prod
    url: http://quarkus-app.example.com
    deployment_tier: production
  rules: ##(3)
    - if: $CI_COMMIT_BRANCH == "main"
      when: manual
    - if: $CI_PIPELINE_SOURCE != "merge_request_event"
      when: never
```

(1) ジョブを手動でトリガーするため、when パラメータの値を manual と設定しています。
(2) ステージング環境同様、environment パラメータにより、環境名や URL を定数値で指定しています。
(3) rules パラメータにより、コミット対象のブランチが main のときにのみジョブを手動で実行できるよう制御しています。

ステージング環境上でアプリケーションの変更が正しく反映されていることが確認できたら、このボタンを押してデプロイジョブを実行しましょう。本番環境へのデプロイが成功すると、ステージング環境同様に、Environments 上に今回行ったコミットの情報が反映されます（Figure 8-14）。

本番環境にも今回の演習で行ったアプリケーションの変更が正しく反映されていることを確認しましょう。ステージング環境同様に、コマンドラインから「quarkus-app.example.com」にアクセスすると、"hello {name}"というレスポンスが返ってきます。

これでレビュー環境からステージング環境、ステージング環境から本番環境へとデプロイメント環境を繰り上げながら安定したデリバリが実装できます。

◎ 本番環境の確認

```
$ export ELB_FRONT_DOMAIN=$(kubectl -n prod get ingress quarkus-app \
-o=jsonpath={.status.loadBalancer.ingress[0].hostname})

$ echo ${ELB_FRONT_DOMAIN}
<ELB_NAME>.<AWS_REGION>.elb.amazonaws.com

$ curl -H "Host: quarkus-app.example.com" \
http://${ELB_FRONT_DOMAIN}/hello/greeting/John -w "\n"

hello John
```

Figure 8-14 本番環境の確認

8-4 リリース

GitLabでは、インストールパッケージやリリースノートを含む、プロジェクトのスナップショットの作成物一覧を「**リリース**」と呼びます。リリースを作成すると、指定されたコミットやタグの時点のリポジトリから、プロジェクトのスナップショットやメタデータを含むアーカイブファイルが作成されます。

リリースには主に以下のものを含みます。

- ソースコードのスナップショット
- パッケージレジストリに格納したパッケージ
- リリースに関連するメタデータ情報
- リリースノート

リリースを作成する利点は、これらのリリースに関連したコードやドキュメント、Gitリポジトリの情報などを1箇所にまとめることでソフトウェア開発におけるトレーサビリティが獲得できることにあります。また、オープンソースのソフトウェア開発など、ソースコードを利用者に配布する場合にも、配布を容易にするという利点が得られます。

GitLabを用いた開発では、最終的に本番環境へデプロイできたアプリケーションのコミットに対してタグを設定します。リリースはWebポータルからも作成できますが、リポジトリへのタグの付与をトリガーにして自動的に作成するのがよいでしょう。今回のGitLab Tutorialアプリケーションにおいても、タグの作成をトリガーにしてリリースを作成するようパイプラインを構成しています。

8-4-1 リリースの作成

それでは、リリース作成（Job[release]）の定義を確認しましょう。

List 8-5 Job[release]の定義（gitlab-tutorial/.gitlab-ci.yml）

```
release:
  stage: release
  dependencies: []
  image: registry.gitlab.com/gitlab-org/release-cli:latest ## GitLabのリリースCLIのイメージ
```

```
variables: ##
  CHANGELOG: https://gitlab.com/$CI_PROJECT_PATH/blob/$CI_COMMIT_TAG/CHANGELOG.md
script: ## (1)
  - echo "Latest release Quarkus Application for GitLab Tutorial"
release: ##(2)
  name: '$CI_COMMIT_TAG'
  description: |
    See [the changelog]($CHANGELOG) :rocket:

    Quarkus documentation can be found at https://quarkus.io/guides/getting-started.
  tag_name: '$CI_COMMIT_TAG'
  ref: '$CI_COMMIT_TAG'
rules: ##(3)
  - if: $CI_COMMIT_TAG
```

(1) ダミータスクとして echo コマンドを実行
(2) release キーワードを使って、リリースを作成する際の名前や説明、リリース作成元の Git タグを指定
(3) タグをプッシュしたときに実行されるよう、rules キーワードによって実行条件を制限

Job[release] の script は、echo コマンドを実行しているだけで、各種ツールの CLI や API を操作していません。実際には、ジョブで利用するコンテナイメージとして指定された「registry.gitlab.com/gitlab-org/release-cli」にリリースを作成するための CLI ツール「GitLab Release CLI」が含まれており、ジョブに release キーワードの指定があるとコンテナ起動時にこのツールが実行されてリリース作成に必要な操作が行われます。しかし、GitLab CI/CD のジョブ定義には script キーワードが必ず必要なため、Job[release] では echo コマンドを実行することにしています。

リリースを作成するために必要な各種設定は、release 内で定義します。

■ release の利用

release は、GitLab のリリースを作成するためのキーワードです。GitLab Release CLI は、このキーワードの設定に従って、リリースの作成や Git リポジトリに対する操作を行います。通常、タグを起点にリリースを作成しますが、タグが存在しない場合はコミット SHA やリリースを作成したいブランチを指定することも可能です。また release を使って、ドキュメントを始めとするプロジェクト外のアセットをリリースに含めることも可能です。

List 8-6 release の使用例

```
job01:
  stage: release
  image: registry.gitlab.com/gitlab-org/release-cli:latest
  script:
    - echo "Job01 is a release job."
  release:
    tag_name: $CI_COMMIT_TAG
    name: '$CI_COMMIT_TAG'
    description: 'New sample app is released'
  rules:
    - if: $CI_COMMIT_TAG
```

上記の場合、コミットタグが作成されると Job[job01] が起動し、コミットタグの名前（<CI_COMMIT_TAG>）と同じ名前のリリースが作成されます。また、リリースについての説明として「New sample app is released」が設定されます。

release には、他にもいくつかのオプションがあります（Table 8-3）。

Table 8-3 release のオプション

オプション	必須	内容
tag_name	○	リリース対象の Git タグ。存在しないタグを設定すると、リリース作成時に同時に作成される
tag_message		タグを同時に作成する場合に、タグに設定するメッセージ
name		リリースに付与する名前。省略した場合、タグ名が設定される
description	○	リリースに関する説明。CHANGELOG.md など、プロジェクトルートからの相対パスを含めることが可能
ref		リリース対象となるコミットタグ、コミット SHA、ブランチ名のいずれかを指定する。tag_name に存在しない場合タグを指定する場合は必ず設定する
milestones		リリースに関連付けられている GitLab プロジェクトのマイルストーン
released_at		ISO 8601 形式のリリース日付 例) released_at: '2023-08-30T09:00:00Z'
assets:links		ドキュメントなどの任意の関連資料をリリースに含める場合に指定する

release を使わずに、script を使用して直接 GitLab Release CLI の実行時のパラメータを設定することも可能です。その場合、List 8-7 のようなコマンドを script に記述します。

List 8-7　script によるリリースの作成例

```
job01:
  stage: release
  image: registry.gitlab.com/gitlab-org/release-cli:latest
  script:
    - release-cli create --name "$CI_COMMIT_TAG" --description \
      "New sample app is released" --tag-name $CI_COMMIT_TAG
  rules:
    - if: $CI_COMMIT_TAG
```

8-4-2　タグの作成

Job[release] の内容を理解したところで、実際に main ブランチの最新のコミットからタグを作成し、リリースを作成してみましょう。

まずはローカル環境から Git コマンドを使い、「v2.0.0」という新しいタグを作成します。

◎　Git CLI でのタグの作成

```
$ cd ${REPO_BASE}
$ export GIT_TAG=v2.0.0
$ git checkout main
$ git tag -a ${GIT_TAG} -m "Version 2.0.0 - Added new GreetingService"
$ git push origin ${GIT_TAG}
```

上記のコマンドを実行することで main ブランチの最新のコミットに対してタグが作成されました。以下のようにコミットを明示的に指定してタグを作成することも可能です。

◎　コミットに対するタグの作成

```
$ cd ${REPO_BASE}
$ export GIT_TAG=v2.0.0
$ export COMMIT_SHA={本番にデプロイしたコミットのCommit SHA}
$ git tag -a ${GIT_TAG} ${COMMIT_SHA} -m "Version 2.0.0 - Added new GreetingService "
$ git push origin ${GIT_TAG}
```

また、GitLab の Web ポータルからもタグを作成することもできます。プロジェクトページの［Code］

> [Tags] からタグの一覧画面に遷移し、[New Tag] のボタンをクリックすることで、タグの作成画面へアクセスできます（Figure 8-15）。

Figure 8-15　GitLab Web ポータル上でのタグの作成

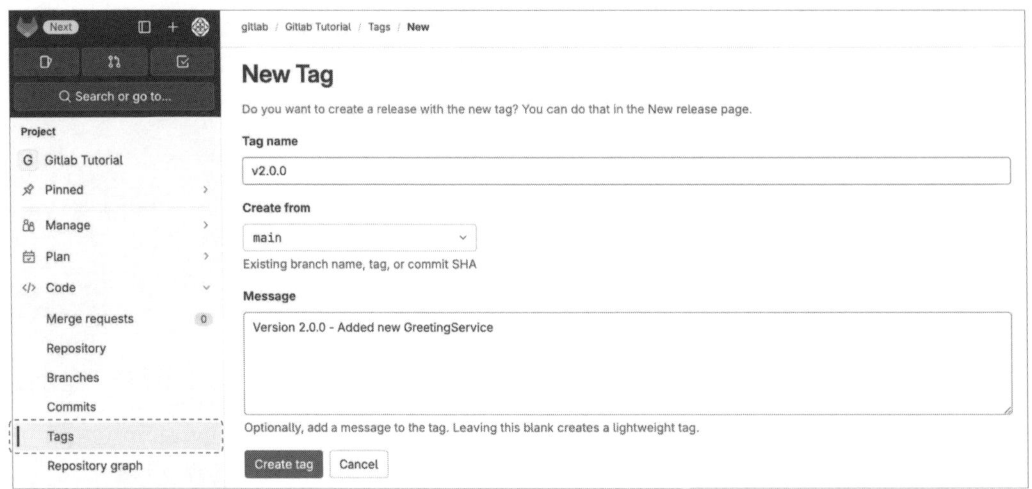

CLI で操作した際と同様に、作成元となるブランチやコミット番号とタグの説明を入力し、[Create tag] をクリックすると、タグが作成されます。作成されたタグは、タグの一覧画面上で Figure 8-16 のように一覧に表示されます。

Figure 8-16　タグの一覧画面

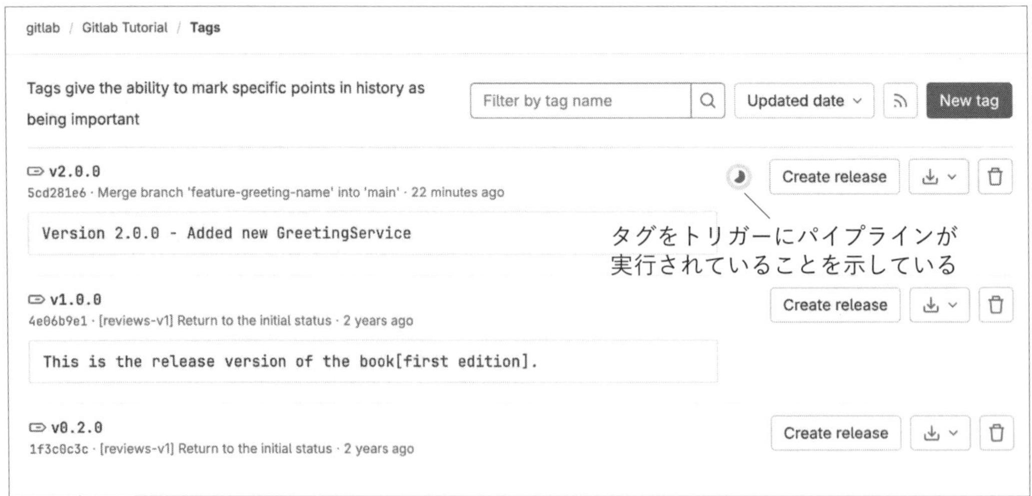

タグを作成したら、パイプラインが起動してJob[release]が正常に完了することを確認しましょう。先ほどのタグの一覧画面上にも、パイプラインの実行ステータスが「`Create release`」の左側に表示されていることが確認できます。

8-4-3 リリースの取得

Job[release]が実行されるとリリースページとともにアセットが作成され、プロジェクトページの[Deploy] > [Releases]から確認できます（Figure 8-17）。

Figure 8-17 リリース画面

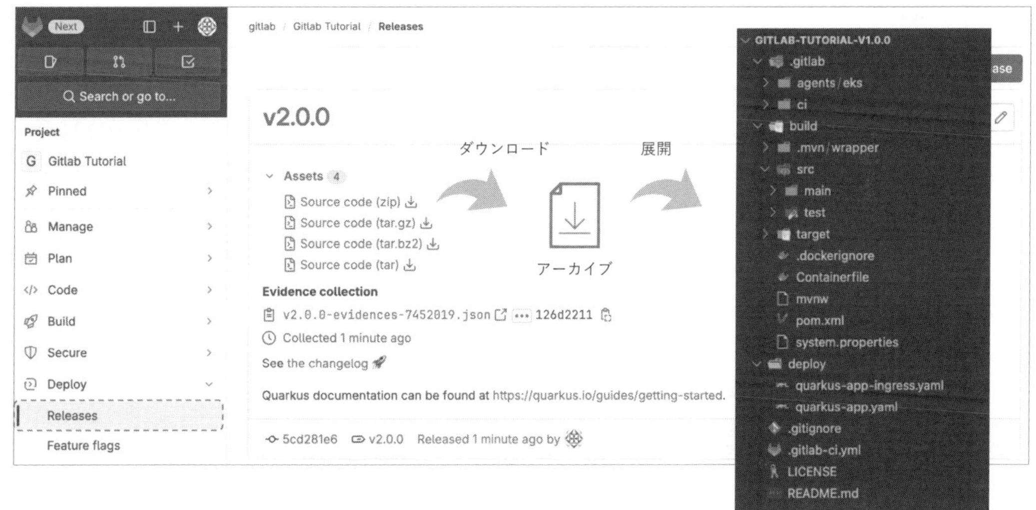

先ほど作成したv2.0.0のリリースでは、ソースコードのアーカイブファイルと、名前に「`{リリース名}-evidences`」を含むjsonファイルが作成されていることが確認できます。今回のGitLab Tutorialアプリケーションではこの2種類以外のアセットはありませんが、アプリケーションビルドで生成したnpmモジュールなどをパッケージレジストリに格納していたり、リリースノートとしてMarkdownファイルを用意している場合は、それらをリリースのアセットに含めることができます。

8-5 統計情報

GitLab には、プロジェクトのパフォーマンスを測定するためにいくつかの指標を自動で計測し、統計値としてレポートをする機能が備わっています。DevOps や DevSecOps の改善サイクルでは、アイデアがひらめいてから、ビジネスアプリケーションを展開するまでの全体のパイプラインを迅速化することが重要です。迅速なパイプラインを実現するためには、プロジェクトにおけるボトルネックを可視化し、改善を継続的に図ることが必要です。

無償プランでも利用可能なものとして、主に以下の機能があります。

- Value Stream Analytics
- Contributor Analytics
- CI/CD Analytics
- Repository Analytics

この中でも、Value Stream Analytics で可視化することができる、開発チームメンバー同士で行う課題の摺り合わせや承認プロセスに要するコミュニケーション工数は、注目すべき改善指標となります。コミュニケーションは一概に短縮すればよいというものではなく、サービス規模や各ステージに合わせて適切な時間を費やすことが重要です。もちろんこの時間は、業界標準や競合企業などと比較するものではなく、チーム間のプロセスを改善していく上での自らの指標として認識しなければいけません。最適な開発工数を目指すために、定期的にチームのプロセスを見直すことが、ビジネスの迅速性を高める第一歩です。

8-5-1 Value Stream Analytics

Value Stream Analytics（バリューストリーム分析）は、アイデアからアプリケーションとして具体化するまでのプロセスをいくつかのステージに分割し、それぞれの時間を測定してレポートする機能です。どのステージの作業に時間を要しているかチームの作業を分析することができるため、利用者は開発ライフサイクルにおけるボトルネックとなっているステージや開発を長期化させている Merge Request を特定できます。

これらをもとに改善することで、アプリケーションの開発ライフサイクル全体の時間を短縮することができます。

Value Stream Analytics へは、プロジェクトの［Analyze］>［Value stream analytics］からアクセスします。また、期間やタグ、マイルストーンなどを指定して Value Stream Analytics の対象を絞り込むこともできます（Figure 8-18）。

Figure 8-18　Value Stream Analytics

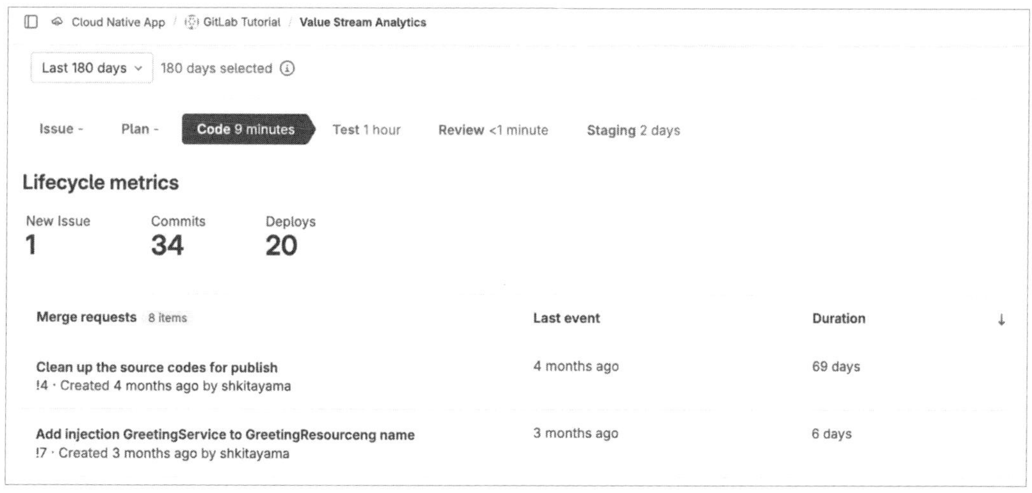

■ Value Stream Analyticsの基本ルール

Value Stream Analyticsでの分析には以下のルールが設定されており、結果を得るためにはこれに従った形でGitLab上での開発が行われている必要があります。

- Productionに展開されるIssueのみを追跡します。
- Environmentの「`production`」環境を追跡しているため、GitLab CI/CD上でEnvironmentを設定する必要があります。
- Issueを終了する際は、クロージングパターン*1に従って閉じる必要があります。
- Merge RequestもコミットメッセージにIssueの番号（#xxx）を付けて、コミット、およびクロージングを実行する必要があります。

つまり、GitLabにおけるValue Streamでは、すべてのIssueが何らかのプロダクトへの貢献に繋がっており、それぞれ改善されるべき対象であるということを意識して、Issueを発行しなければいけないということです。また、すべての変更はMerge Requestが承認された上で、Production環境に反映されなければいけません。これらのルールに則さない場合は、ステージによって「`There are 0 items to`

＊1　Manage Issues - Default closing pattern
https://docs.gitlab.com/ee/user/project/issues/managing_issues.html#default-closing-pattern

show in this stage」と表示されてしまいます。

もちろん企業独自の開発運用プロセスがうまく稼働している状況では、このルールに合わせることがとても難しいかもしれません。したがって、ルールによって開発プロセスを締め付けるのではなく、あくまで1つの指標であることを前提として改善に取り組みましょう。

■ Value Stream Analytics のステージ

Values Stream Analytics では、アプリケーションの開発ライフサイクル全体が「Issue」「Plan」「Code」「Test」「Review」「Staging」というステージで区切られており、Issue の作成や Merge Request のマージといった GitLab プロジェクト内で行われたアクションが行われた時刻に基づいて、ステージごとの所要時間が計測されます。各測定値にはアクション全体の中央値が計算されており、正確なデータを求めるものではないことに注意しておきましょう（Figure 8-19）。

Figure 8-19 ステージとアクションの関係

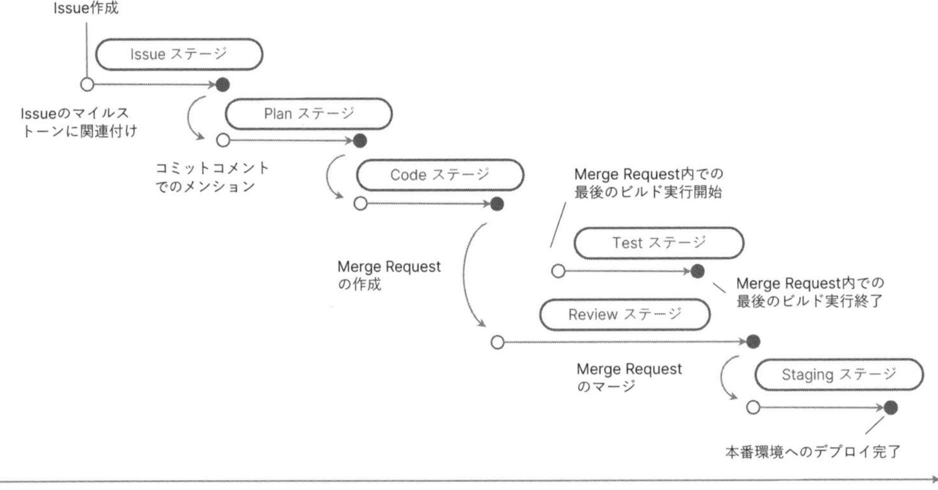

Table 8-4 Value Stream Analytics のステージ

ステージ	内容
Issue	Issue を作成してから、Milestone にアサインされるまでの時間もしくはラベルを渡されるまでの時間
Plan	[Issue] ステージを終えてから、はじめのコードが branch にコミットされるまでの時間
Code	[Plan] ステージを終えてから、Merge Request が作られるまでの時間

Test	Merge Request に関連するコミットに対するすべてのジョブを実行するのにかかる時間
Review	[Code] ステージを終えてから、コミットがマージされるまでの時間
Staging	[Review] ステージを終えてから、Environment の Production にデプロイされるまでの時間

Values Stream Analytics では、各ステージの最終的な開始イベントと停止イベントのみが集計されます。たとえば確認作業で問題が見つかり、再度コードの修正を行いテストが再実行されるような場合、最後に実行したパイプラインの実行時間が Test ステージの時間として計算されます。

8-5-2 Contributor Analytics

Contributor Analytics（貢献者分析）は、プロジェクトの貢献者の活動状況を可視化する機能です。全体のコミット数やメンバーごとのコミット数の経時的な変化といった統計値をブランチ単位で確認することができます。これを確認することで、利用者はコミット量をベースとしてプロジェクトの活動状況の変化を把握したり、ブランチごとにどの担当者がいつどれだけ貢献したかを把握できます（Figure 8-20）。

Figure 8-20　Contributor Analytics

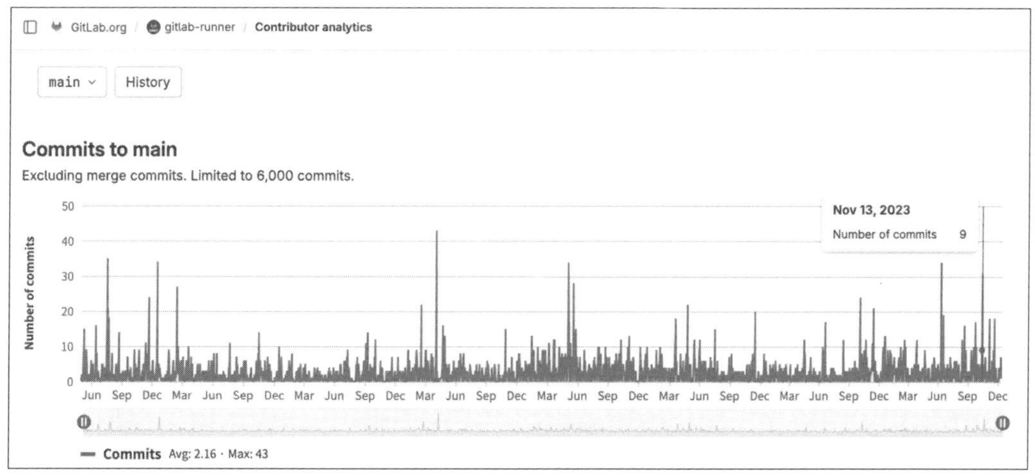

例として、Figure 8-20 では GitLab が公開している gitlab-runner プロジェクトの Contributor Analytics の中から、main ブランチに対するコミット件数のグラフを紹介しています。このグラフからは、毎日平均して 2 件程度の変更が取り込まれていることや最も多い日で 40 件を超えるコミットが発生していること、直近半年ほどの間に 20 件近いコミットが生じている日の頻度が高いことなどが見て取れます。たとえば自分のプロジェクトの開発状況を分析するといった用途の他に、ここから得られる情報

をもとに GitLab 上でプロジェクトがホストされているオープンソースについて今も活発に開発されているかを確認し、開発停止リスクがないかを判断する、といった使い方もできるでしょう。

Contributor Analytics へは、プロジェクトの［Analyze］>［Contributor analytics］からアクセスできます。

8-5-3 CI/CD Analytics

CI/CD Analytics（CI/CD 分析）は、GitLab CI/CD に関する統計情報を提供する機能です。この画面では。過去 30 件のコミットにおけるパイプラインの実行時間や、週、月、年といった単位でのパイプラインの成功率の経時的な変化を確認することができます。

例として、gitlab-runner プロジェクトの CI/CD Analytics を見てみましょう（Figure 8-21）。Overall statistics（全体傾向）のメトリクスとグラフからは、パイプラインの成功率が 63%であることや、直近のパイプラインの実行時間のボリュームゾーンが 60 分-120 分の間であることが見て取れます。この情報をもとに、たとえば直近数回のパイプラインの実行時間が 120 分を大幅に超えることが繰り返されている場合、ジョブ構成の見直しやタスクの実行時間が長期化してしまっているものがないか確認する、などのアクションのトリガーにする、といったことが考えられるでしょう。

Figure 8-21 パイプラインの全体傾向

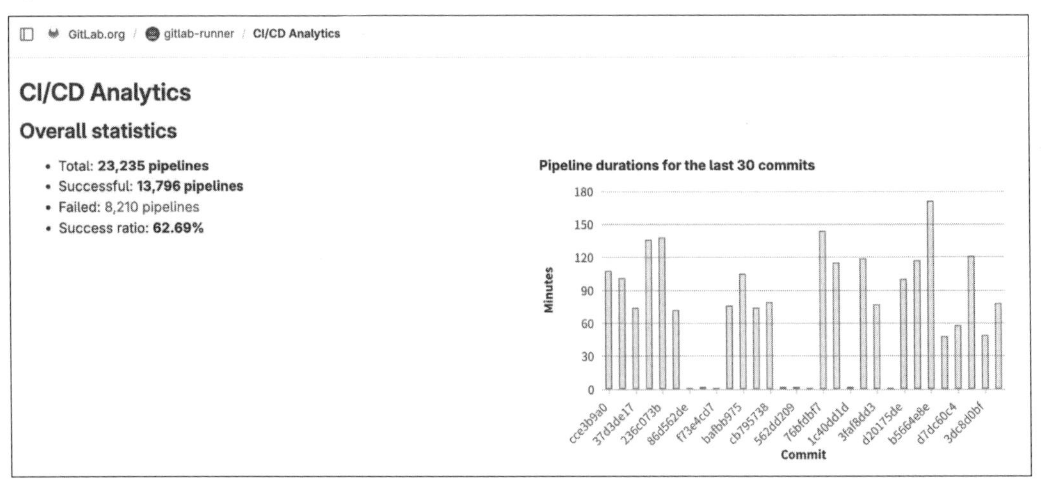

また、Pipeline Charts のグラフからは、全体件数と成功件数の変化の情報が得られます（Figure 8-22）。そのため、時間経過とともに成功率が顕著に低下している、といった事象を把握し失敗原因の特定や

対策などのアクションに迅速に繋げることが容易になります。

Figure 8-22　パイプラインの成功傾向

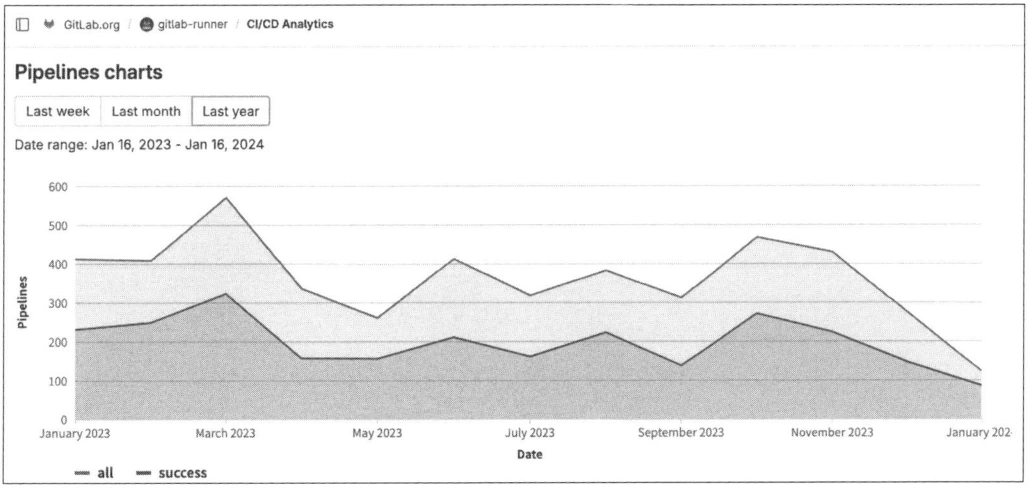

これらの情報は、プロジェクト初期ではあまり重視するべき情報ではないかもしれませんが、開発規模が大きかったり変更頻度が高い場合などには、時間を経るにつれより有益な情報となるでしょう。

CI/CD Analytics へは、プロジェクトの［Analyze］>［CI/CD analytics］からアクセスできます。

8-5-4　Repository Analytics

Repository Analytics（リポジトリ分析）は、プロジェクトのリポジトリに関する分析情報を提供する機能です。リポジトリに格納されているコードのプログラミング言語の比率や、リポジトリに対する日付や曜日、時間といったコミットのタイミングとコミット回数の関係性を確認することができます。また、GitLab のコードカバレッジ機能を利用している場合は、テストのコードカバレッジ状況も確認することができます。

再び gitlab-runner プロジェクトの例を見てみましょう（Figure 8-23）。「Programming language used in this repository」の図からは、gitlab-runner は、Go がメイン言語として使われており、その他に各種スクリプトとして Shell、Makefile、PowerShell、そして Dockerfile でプロジェクトが構成されていることが分かります。このように、リポジトリの中身を直接確認することなく、そのプロジェクトがどのような開発言語で開発されているかを把握できます。特にオープンソースのプロジェクトでは、このような情報によって、開発者がどの程度プロジェクトに貢献できているかを判断するのに役に立つことがあります。

Figure 8-23 プログラミング言語の傾向

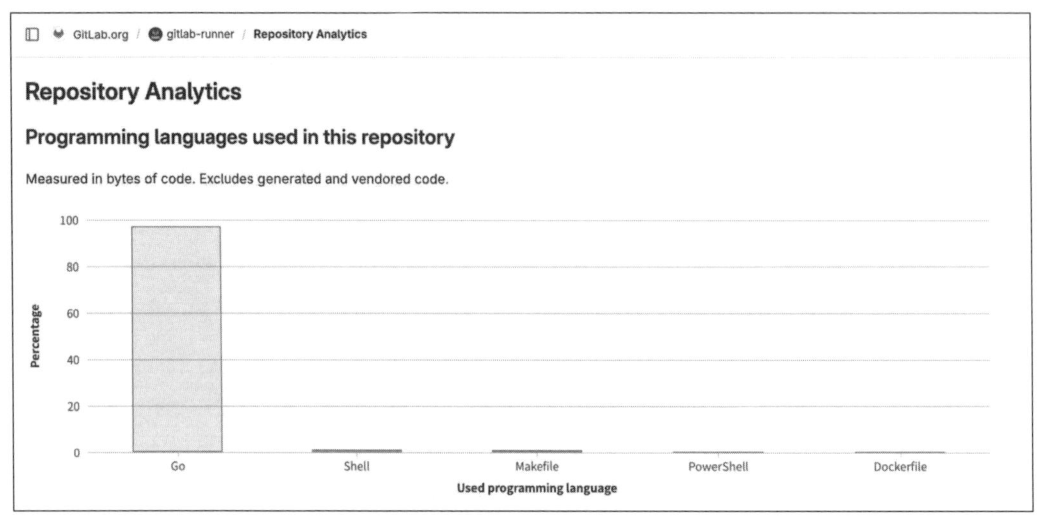

また、Commit statistics のグラフからは、gitlab-runner プロジェクトが毎月 12 日から 21 日に比較的多くのコミットが行われることや、平日のとりわけ水曜日により多くのコミットが行われる傾向が見て取れます（Figure 8-24）。

Figure 8-24 コミットタイミングの傾向

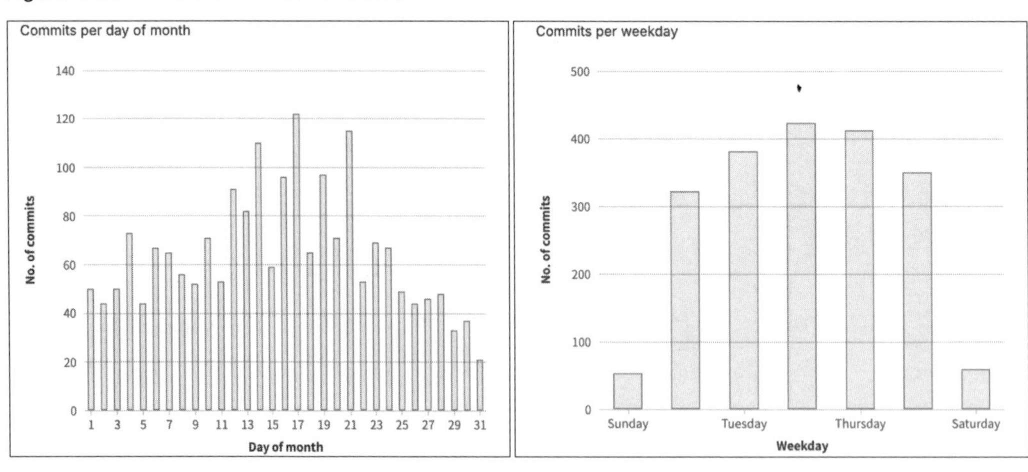

少し古い研究で、コミットする曜日とバグの発生についての相関性*2に言及したものもありましたが、ここからコミットタイミングの傾向からプロジェクトの活動傾向や状況を把握し、改善のヒントを得るという使い方も面白いでしょう。

Repository Analytics へは、プロジェクトの［Analyze］>［Repositry analytics］からアクセスできます。

GitLab にはここで紹介した統計情報の機能の他に、Model Experiments（機械学習におけるモデルの実験）に関する統計情報を提供する機能があります。また、有償プランでは、Google Cloud のプログラムである「DevOps Research Assessment（DORA）」が提唱する DevOps における重要な 4 つの指標とされている「デプロイ頻度」「変更のリードタイム」「変更障害率」「サービス復元時間」の各メトリクスを測定する機能、コードレビュー分析としてレビューの経過時間やコードの変更量といった作成者以外のコメントが付いている未解決の Merge Request の分析を支援する機能など、ソフトウェア開発に関する様々な分析やインサイトを提供する機能を利用できます。これらを自力で分析したり、測定する仕組みを検討することは簡単ではありません。そのため、チームの成熟度や目的、目標などに照らし合わせて何が必要な分析やメトリクスであるかを検討した上で、必要に応じて有償プランの利用を検討するのもよいでしょう。

8-6　まとめ

「システム」と「ビジネス」の 2 つの観点からのフィードバックは、安定的な継続的デリバリの実現には欠かせません。これらのフィードバックサイクルを繰り返すことによって、メンバーが共通の課題を認識し、課題に対する迅速な検出と修正をアプリケーションに反映できることが最終的なゴールです。さらに、開発者や運用者、そしてビジネスに携わるメンバーがツールによるレビューから組織的な改善サイクルを回すことができれば、GitLab が目指す DevSecOps そのものを体現することとなります。

本章では、GitLab CI/CD を利用したデプロイメントだけでなく、Merge Request を中心とした効率的なレビューの実現や、プロジェクトや CI/CD の状況を分析するための統計情報の機能についても解説しました。これらも、アプリケーションの開発における課題を素早く発見し、修正するために欠かせない重要な機能です。

各章で学んだ内容を通して、GitLab が目指す DevSecOps のあり方について理解するとともに、チー

＊2　Don't Program on Fridays! - Thomas Zimmermann 他
Eclipse などの OSS プロジェクトを分析したところ、金曜日に不具合を生じるコミットが多かった、というもの
http://thomas-zimmermann.com/publications/files/sliwerski-wsr-2005.pdf

ムが実現すべき DevSecOps のあり方についても日々検討できれば、今後も GitLab の機能を最大限活用できるでしょう。

おわりに

『GitLab 実践ガイド』の初版を出版させていただいたのが 2018 年 2 月。それから 6 年経ち、このたび 2024 年に本書の改版をさせていただきました。あらためて技術の移り変わりの激しさを実感しつつ、機能面としては大きく改定させていただく形になりましたが、GitLab が目指す開発スタイルという観点では変わらぬビジョンをお伝えできたのではないかと思います。

本書冒頭でもお伝えしたとおり、GitLab は「The DevSecOps Platform」としてアプリケーションの開発ライフサイクル全体の効率化を図ったサービスです。GitLab は、現場の開発者がソースコードを開発する中で直面する煩わしい作業に目を向け、今なお改善を繰り返しながら DevSecOps に関する機能を拡充しています。これらを活用して開発者、運用者、セキュリティ担当それぞれが恩恵を受けるには、プロダクトチームのメンバー同士が責任を共有し、個人に依存した作業を日々減らす努力が求められます。つまり、GitLab の恩恵によって既存の開発業務が便利になる一方、従来の開発プロセスから脱却して GitLab が求める開発プロセスに身を寄せていかなければ、その恩恵を十分に享受できません。

最後まで本書を読んでいただいた皆様は、GitLab の本にも関わらず、なぜここまで開発プロセスやチームの役割の話を繰り返すのかと疑問に思われたかもしれません。なぜならビジネスアジリティやコスト効率というビジネス価値を得る最大の手段が、既存の「開発プロセスの見直し」にあるからです。そして、これが本書で皆様にお届けしたかった最大のメッセージです。

GitLab が提供する機能を使いこなすということは、開発プロセスそのものに、先人が引いたガードレールを設けることを意味しています。ガードレールと言うと不便に感じるかもしれませんが、あらかじめ用意された規則やルールに身を寄せ、そこにチームの開発プロセスを合わせることが一番自動化の恩恵を受けられます。こうした取り組みを実践し、開発者や運用者、そしてプロダクト、ビジネスオーナーそれぞれが本来やるべき作業に時間を割くことが、結果としてビジネス価値を最大化します。

GitLab に限らず、アプリケーションの開発効率を支援するサービスは世の中にいくつも提供されています。それに伴って、今後も書籍やオンライン情報も増えていくことでしょう。しかし、本書を手にしていただいた皆様は、本書の演習を通して感じた体験をもとに、自信を持って GitLab を推奨いただけることを望んでいます。

自身も一方通行に情報を提供するだけでなく、日々の経験を振り返りながら、皆様と一緒に GitLab に貢献できるような機会を作っていければと思います。

最後に、本書が少しでも皆様のビジネスにお役に立てれば幸いです。

2024 年 03 月吉日

北山晋吾

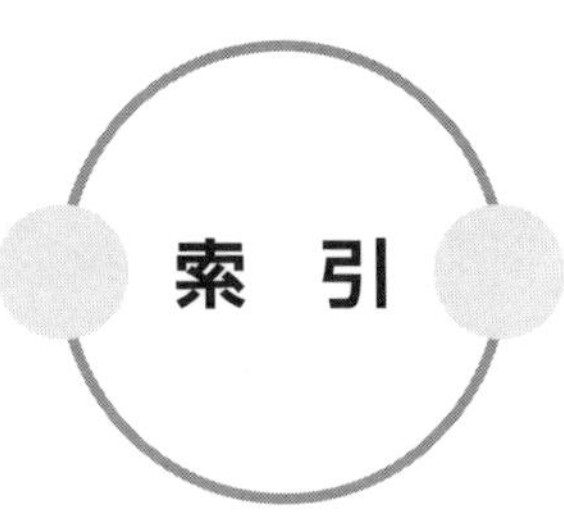

索引

H

I

K

L

M

N

O

P

Q

R

こ

さ

し

す

せ

そ

た

ち

つ

て

と

な

に

は

ひ

ふ

ほ

ま

み

め

ゆ

ら

り

れ

ろ

わ

著者プロフィール

■ 北山 晋吾 (きたやま しんご)

EC 事業の運用やシステムインテグレーション業務を経て、現在レッドハット株式会社に勤務。

エンタープライズ向けの Kubernetes 管理プラットフォームである「Red Hat OpenShift」のソリューションアーキテクトとして、製品戦略企画やコンサルティング提案に携わっている。ユーザーおよびベンダー双方の業務経験と経営視点を活かしながら業務に邁進。

またオープンソース界隈を中心とするコミュニティ活動や「Ansible 実践ガイド」「Kubernetes CI/CD パイプラインの実装」「Kubernetes 実践ガイド」(インプレス) を始めとする書籍を多数執筆。

エンタープライズの現場にもクラウドネイティブな世界を普及させることを目標に、日々支援活動を努めている。

■ 棚井 俊 (たない しゅん)

レッドハット株式会社にて、銀行や証券会社などの金融機関のお客様に対するソリューション提案業務に邁進中。

レッドハット入社以前は、証券会社の情報システム子会社においてアプリケーションエンジニアとして、健康保険組合向けの基幹システムや通信キャリアの料金計算システムなどのシステムインテグレーション業務に携わる。その後、グループ会社向けの R&D 部門へ異動し、開発効率化手法の調査や CI ツールやプロジェクト管理ツールのホスティングサービスの企画・開発を行った過程で、コンテナ技術や DevOps、GitLab や Docker、Kubernetes などのオープンソースに出会い、その世界に魅了され、より多くのエンタープライズ開発者にその素晴らしさを届けるべく出奔。今に至る。

スタッフ

カバーデザイン：岡田 章志＋ GY

編集・レイアウト：TSUC LLC

本書のご感想をぜひお寄せください

https://book.impress.co.jp/books/1122101120

読者登録サービス

アンケート回答者の中から、抽選で図書カード（1,000円分）などを毎月プレゼント。
当選者の発表は賞品の発送をもって代えさせていただきます。
※プレゼントの賞品は変更になる場合があります。

■商品に関する問い合わせ先

このたびは弊社商品をご購入いただきありがとうございます。本書の内容などに関するお問い合わせは、下記のURLまたは二次元バーコードにある問い合わせフォームからお送りください。

https://book.impress.co.jp/info/

上記フォームがご利用いただけない場合のメールでの問い合わせ先

info@impress.co.jp

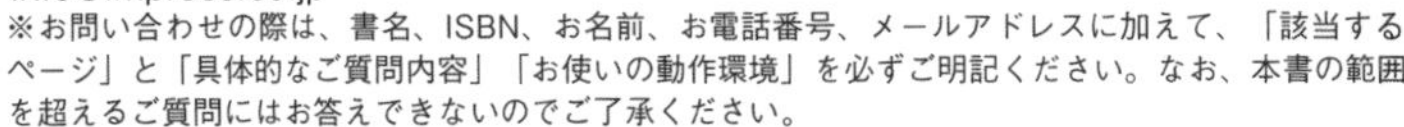

※お問い合わせの際は、書名、ISBN、お名前、お電話番号、メールアドレスに加えて、「該当するページ」と「具体的なご質問内容」「お使いの動作環境」を必ずご明記ください。なお、本書の範囲を超えるご質問にはお答えできないのでご了承ください。

●電話やFAX でのご質問には対応しておりません。また、封書でのお問い合わせは回答までに日数をいただく場合があります。あらかじめご了承ください。

●インプレスブックスの本書情報ページ https://book.impress.co.jp/books/1122101120 では、本書のサポート情報や正誤表・訂正情報などを提供しています。あわせてご確認ください。

●本書の奥付に記載されている初版発行日から3年が経過した場合、もしくは本書で紹介している製品やサービスについて提供会社によるサポートが終了した場合はご質問にお答えできない場合があります。

■落丁・乱丁本などの問い合わせ先

FAX 03-6837-5023

service@impress.co.jp

※古書店で購入された商品はお取り替えできません。

GitLab（ぎっとらぶ） 実践（じっせん）ガイド 第2版（だいにはん）

2024年3月1日　　初版第1刷発行

著者　北山（きたやま） 晋吾（しんご）、棚井（たない） 俊（しゅん）

発行人　高橋隆志

発行所　株式会社インプレス

〒101-0051 東京都千代田区神田神保町一丁目105番地

ホームページ https://book.impress.co.jp/

印刷所　大日本印刷株式会社

ISBN978-4-295-01857-5 C3055

Printed in Japan